高职高专计算机基础教育创新型教材

# C 语言程序设计

## （第二版）

主　编　方加娟
副主编　吴慧丽　李　凯
　　　　段艳文　孙雪玲

科学出版社

北　京

# 内 容 简 介

　　C 语言是国内外广泛使用的计算机语言，也是计算机程序员应掌握的一种基本程序设计语言。本书面向程序设计初学者，内容包括初识 C 语言，基本数据类型、运算符和表达式，结构化程序设计，应用数组进行程序设计，应用函数进行程序设计，应用指针进行程序设计，结构体和共用体，文件及学生成绩管理系统。本书针对程序设计初学者，以"注重基础、注重方法、注重编程技能、注重应用"为指导思想，灵活运用案例教学、任务驱动、启发式教学的方法，对 C 语言的语法知识和程序的设计思想、设计方法进行系统的介绍，特别适合将C 语言程序设计作为第一门程序设计课程的高等院校学生学习使用。

　　本书既可作为高职高专院校各专业的 C 语言课程教材，也可作为成人教育、培训机构的 C 语言培训教材，还可作为 C 语言编程爱好者的自学参考书。

**图书在版编目(CIP)数据**

C 语言程序设计/方加娟主编. —2 版. —北京：科学出版社，2021.11
（高职高专计算机基础教育创新型教材）
ISBN 978-7-03-067815-7

Ⅰ. ①C… Ⅱ. ①方… Ⅲ. ①C 语言-程序设计-高等职业教育-教材 Ⅳ. ①TP312.8

中国版本图书馆 CIP 数据核字（2020）第 268424 号

责任编辑：宋　丽　杨　昕 / 责任校对：赵丽杰
责任印制：吕春珉 / 封面设计：东方人华平面设计部

**科 学 出 版 社** 出版
北京东黄城根北街 16 号
邮政编码：100717
http://www.sciencep.com
**天津翔远印刷有限公司** 印刷
科学出版社发行　　各地新华书店经销
\*
2016 年 6 月第 一 版　　开本：787×1092　1/16
2021 年 11 月第 二 版　　印张：21 1/4
2021 年 11 月第六次印刷　　字数：503 880
定价：58.00 元
（如有印装质量问题，我社负责调换〈翔远〉）
销售部电话 010-62136230　编辑部电话 010-62135397-2032

# 第二版前言

本书第一版发行后，在教学使用过程中反响良好，但也反映出一些不足之处。第二版在第一版的基础上，结合课程组成员教学实践经验和高职学生学习特点进行修订。本次修订保留了第一版的体系与风格，将原项目二基本数据类型、运算符和表达式中的 5 个任务合并成了 4 个，原项目三结构化程序设计中的 6 个任务合并成了 5 个，原项目六应用指针进行程序设计中的 4 个任务拆分成了 5 个。

全书共有 9 个项目 37 个任务，每个项目由任务、项目实训、项目练习组成。项目三增加了"综合实训"，项目九以"学生成绩管理系统"作为综合实例。项目九包含 3 个任务，可作一次课讲解，加上其他 34 个任务刚好是 35 课时，每课时有相应的教学视频。按每学期有 18 个教学周计划，可每周安排两个任务，每周 4 课时或 6 课时均适用，每个任务有深入训练，教师可以根据实际情况安排教学计划，一半上课，一半实训。

本书是 2019 年河南省高等职业学校精品在线开放课程建设项目"C 语言程序设计"的配套教材（课程网址：https://www.icourse163.org/course/ZZYEDU-1207003810）和河南省教育厅 2017 年度高职院校立体化教材建设项目。为方便师生使用，本书提供配套教学资源，可到科学出版社职教技术出版中心网站 http://www.abook.cn 下载。

本书由郑州职业技术学院河南省高等职业学校精品在线开放课程"C 语言程序设计"课程组成员联合四川航天职业技术学院、新疆轻工职业技术学院、商丘医学高等专科学校的老师共同编写，由方加娟担任主编，吴慧丽、李凯、段艳文、孙雪玲担任副主编，鹿艳晶、黄春华、周洁和王庆澎参加了编写工作，方加娟、黄春华、吴慧丽、万宏凤、田珍、李凯和鹿艳晶参加了微课视频拍摄工作。

在本书的编写过程中，河南省教育厅、郑州职业技术学院、北京打造前程互联网教育科技有限公司的领导给予了大力支持，郑州职业技术学院软件工程系的领导和老师给予了恳切的建议和帮助，在此向他们表示衷心的感谢！

由于编者水平有限，加上时间仓促，书中疏漏和不足之处在所难免，敬请广大读者不吝指正，我们将不胜感激。您在使用本书时，若发现问题，可通过发送电子邮件与我们联系，邮箱地址为 fangjj75@126.com。

编　者
2021 年 3 月

C语言是一种高级程序设计语言，具有简洁、紧凑、高效等特点。它既可用于编写应用软件，也可用于编写系统软件。自1973年问世以来，C语言迅速发展并成为最受欢迎的编程语言之一。大多数软件开发商会优先选用C语言开发系统软件、应用程序、编译器和相关产品。这样的状态一直保持了20年，直到C语言的超集C++问世，许多开发商开始使用C++来开发一些复杂的、规模较大的项目，因此C语言进入了一个冷落时期。这个冷落时期并没有持续太长时间，随着嵌入式产品的增多，C语言因简洁高效的特点又被重视起来，被广泛地应用于手机、游戏机、机顶盒、平板电脑、高清电视、电子词典、可视电话等现代化设备的微处理器编程。随着信息化、智能化、网络化进程的发展，嵌入式系统技术的发展空间还会逐渐加大，C语言的应用范围会更加广泛。因此，学习好C语言是很有必要的，掌握C语言的编程知识，也是求职的敲门砖。

本书以"注重基础、注重方法、注重编程技能、注重应用"为指导思想，灵活运用案例教学、任务驱动、启发式教学的方法，对C语言的语法知识和程序的设计思想、设计方法进行了系统的介绍，特别适合将C语言程序设计作为第一门程序设计课程的高等院校的学生学习使用。

本书的设计和编写考虑了课程特点、学生学习基础状况和实际需要，具有以下主要特点。

1. 任务驱动和项目实训模式

本书打破传统的教材编写模式，力求在编写风格和表达形式方面有所突破，充分体现"项目导向、任务驱动"的教学理念，先明确每个项目的学习目标，然后从具体任务入手，由浅入深地对C语言的基本语法、语句、控制结构以及结构化程序设计的基本思想和方法进行详细的讲述。各项目后配有项目实训，可以让学生具备初步的编程能力，形成正确的程序设计思想，做到学以致用，为后续其他程序设计课程的学习和应用打下基础。

2. "递进式"的讲解思路，形式新颖，设计独特

本书编写思路清晰，体系结构安排合理，注重知识体系的有序衔接，力避知识的断层和重复。本书采用"递进式"的讲解思路将程序设计的思想和方法娓娓道来，以具体任务带动知识点的学习。首先讲解基础任务及必须掌握的知识点，就常见问题及应用技巧进行讲解，给出问题实现的结果，这样既提高了学生的学习兴趣，又能使学生做到举一反三、触类旁通。在此基础上，难度比较大、比较复杂的题目放在"深入训练"部分，可供基础好的学生选择性学习，为学生提供一个更大的提升空间。最后给出项目实训，它是每一部分内容的综合运用，并与实践应用相结合，可达到学以致用的目的。

### 3. 内容生动灵活，实例丰富，好学易懂

本书的设计和编写根据课程特点、学生学习基础状况和实际需要，立足于实用、清晰、简洁、易懂 4 个方面。

内容选取力求"实用"。本书力求将比较实用的内容讲解得详细且深入。

内容层次力求"清晰"。本书按"项目"组织，各项目有一个学习目标，层次清晰，学生对本项目要学习哪些内容以及重点、难点有很清楚的认识，真正做到听课不再"盲目"。

文字组织力求"简洁"。大量事实证明过多的文字会使学生产生厌烦心理。所以本书在文字上精挑细选，力争"一字千金"，并"直击要害"，以加深学生的理解，提高学习兴趣。

实例选取力求"易懂"。"C 语言程序设计"是学生接触的第一门计算机语言课程，太难、太枯燥的实例会挫伤学生学习的信心和兴趣，本书在实例方面尽可能选取一些简短的、典型的、贴近学生学习和生活实际的，比较具有说服力的程序实例，可使学生在较短时间内接受、理解并掌握。

### 4. 配套教学资源丰富

由本书作者负责的"C 语言程序设计"课程被评为郑州地方高校精品资源共享课建设项目，课程配有丰富的教学资源，方便师生使用。这些教学资源有：

（1）教学 PPT 一套（请扫描二维码获取），可与教学录像（请到 http://www.abook.cn 下载）配套使用。

（2）全书配套电子教案（请到 http://www.abook.cn 下载）。

（3）全书配套教学计划和实训计划（请到 http://www.abook.cn 下载）。

（4）各项目练习详细参考答案（请扫描二维码获取）。

（5）模拟试卷及参考答案 6 套（请扫描二维码获取）。

（6）28 个微课（请扫描二维码获取）。

全书总共 9 个项目 38 个任务，每个项目由任务、项目实训、项目练习组成，项目三增加了"综合实训"，项目九以"学生成绩管理系统"作为综合实例。项目九包含 3 个任务，可作一次课讲解，加上其他 35 个任务刚好是 36 次课，每个学期 18 个教学周，每周两个任务，每周 4 课时/6 课时都适用，每个任务都有深入训练，教师可以根据实际情况，一半上课，一半实训。

全书由郑州职业技术学院郑州地方高校精品资源共享课"C 语言程序设计"课程组成员集体编写。编写分工如下：项目一、项目四和项目五由方加娟编写，项目二和项目三由吴慧丽编写，项目六由黄春华编写，项目七由李凯编写，项目八和项目九由鹿艳晶编写。

由于编者水平有限，加上时间仓促，书中疏漏和不足之处在所难免，敬请有关专家和广大读者不吝指正。

编　者<br>2016 年 4 月

# 目　录

C 语言是国际上广泛流行的计算机高级语言，具有很多突出的优点。很多人把 C 语言作为计算机入门语言来学习。C 语言是学习和掌握更高层次语言的基础，是 C++/C#、Visual C++和 Java 语言程序设计的基础。本项目主要介绍程序设计语言的发展历史、C 语言的发展史和特点、C 语言程序的结构、简单 C 语言程序的编写和 C 语言程序的上机调试过程。

### 学习目标

（1）了解程序设计语言的发展历史。
（2）了解 C 语言的发展史和特点。
（3）能够正确运用 C 语言的基本符号、标识符和关键字。
（4）掌握 C 语言程序的结构，能够设计简单的 C 语言程序。
（5）熟悉 C 语言的开发环境并能够熟练调试和运行 C 语言程序。

## 任务一　编写简单的 C 语言程序

【知识要点】认识 C 语言。

### 一、任务分析

学习 C 语言最好的方法是实践，接下来通过设计一个简单的应用程序来认识 C 语言的特点。本任务是编写一个简单的 Hello 程序，它由一个主函数构成，在主函数中调用一条标准的格式输出函数。运行程序，可以在屏幕上输出信息 "Hello C!"。

### 二、必备知识与理论

1. 程序设计语言的发展史

程序设计语言的发展经历了从机器语言、汇编语言到高级语言的过程。

1）机器语言
计算机能够直接识别和执行由 "0" 和 "1" 组成的二进制代码，由这些代码组成的机器指令的集合就是机器语言。由于每台计算机的指令系统各不相同，在一台计算机上执行的程序，若在另一台计算机上执行，就必须重新编写，程序可移植性很差。因为机器语言是针对特定型号的计算机的，故运算效率是所有计算机语言中最高的。机器语言是第一代计算机语言。

用机器语言编写的程序全是由"0"和"1"组成的指令代码，直观性差，还容易出错。如今，除了计算机生产厂家的专业人员外，绝大多数程序员已经不再学习机器语言了。

2）汇编语言

为了克服机器语言难读、难编、难记和易出错的缺点，人们用一些简洁的英文字母、符号串来替代一个特定指令的二进制串（如用 ADD 表示运算符号"+"的机器代码），于是产生了汇编语言。汇编语言是一种用助记符表示的仍然面向机器的计算机语言。汇编语言亦称符号语言，是第二代计算机语言。汇编语言采用助记符号来编写程序，而计算机是不认识这些符号的，这就需要一个专门的程序负责将这些符号翻译成机器语言，这种翻译程序被称为汇编程序。

汇编语言同样十分依赖机器硬件，移植性不好，使用起来仍然比较烦琐、费时，属于低级语言。但是，汇编语言用于编制系统软件和过程控制软件时，其目标程序占用内存空间少，运行速度快，有着高级语言不可替代的优势。

3）高级语言

人们从最初与计算机交流的经历中意识到，应该设计一种更加方便程序员使用的计算机程序设计语言，因此高级语言发展起来。高级语言是一种比较接近人的自然语言和数学表达式的计算机程序设计语言。它不依赖计算机硬件，编写的程序能够在所有机器上通用。一般用高级语言编写的程序称为"源程序"，计算机不能识别和执行源程序，要把源程序翻译成机器指令"目标程序"后才能被计算机识别和执行，通常有编译和解释两种方式。1954 年，第一个完全脱离机器硬件的高级语言——FORTRAN 问世，随后出现了很多种高级语言。其中，影响较大、使用较普遍的有 FORTRAN、ALGOL、COBOL、BASIC、LISP、SNOBOL、PL/1、Pascal、C、Prolog、Ada、C++、Visual C++、Visual Basic、Delphi、Java 等。

2. C 语言的发展史

C 语言是国际上广泛流行的一种计算机高级语言。它适合作为系统描述语言，既可用于写系统软件，也可用于写应用软件。

C 语言是 1972 年由美国贝尔实验室的丹尼斯·里奇（Dennis Ritchie）在 B 语言的基础上设计发明的，开发 C 语言主要是为了更好地描述 UNIX 操作系统。1973 年，贝尔实验室的肯·汤普森（Ken Thompson）和 Dennis Ritchie 两人合作将用汇编语言编写的 UNIX 的 90%以上代码用 C 语言改写。后来，C 语言进行了多次改进，但主要还是在贝尔实验室内部使用。直到 1975 年 UNIX 第 6 版公布后，C 语言的突出优点才引起人们的普遍注意。1977 年，出现了不依赖具体机器的 C 语言编译文本《可移植 C 语言编译程序》，使 C 语言程序移植到其他机器时所需做的工作大大简化，这也推动了 UNIX 操作系统迅速地在各种机器上实现。随着 UNIX 的日益广泛使用，C 语言迅速得到推广。

C 语言和 UNIX 可以说是一对孪生兄弟，在发展过程中相辅相成。

随着 C 语言的广泛使用，出现了多种版本，没有一个统一的 C 语言标准。为了改变这种情况，1983 年，美国国家标准化协会（American National Standards Institute，ANSI）建立了一个委员会，在 C 语言问世以来的各种版本基础上对其发展和扩充，制定了新的标准，称为 ANSI C，使其成为现行的 C 语言标准。

目前，在微型机上广泛使用的 C 语言编译系统有 Visual C++ 6.0、Dev、CodeBlocks、Cfree、GCC 等。Visual C++ 6.0 使用广泛，参考学习的资料很多，适合作为教学、学习和入门选择。本书以 ANSI C 为基础讲解 C 语言，使用 Windows 32 位操作系统下 Visual C++ 6.0 的编译环境。Turbo C（简称 TC）是 Borland 公司开发的 16 位编译系统，是一款小巧、灵活的产品，在 DOS 界面下编译运行，使用比较方便，缺点是不能使用鼠标。如果习惯的话，也建议使用。虽然各种编译系统的基本部分是相同的，但也有一些差异。所以请大家注意自己使用的 C 语言编译系统的特点和规定（可以参阅有关手册）。

### 3．C 语言的特点

一种语言之所以能够存在和发展，并具有较强的生命力，总是具有不同于或优于其他语言的特点。C 语言的主要特点如下。

（1）C 语言是处于汇编语言和高级语言之间的一种记述性程序语言。C 语言具有高级语言面向用户、容易记忆、便于阅读和书写的优点；同时，C 语言允许直接访问计算机物理地址，能够进行位（bit）操作以及指定用寄存器存放变量等，能够实现汇编语言的大部分功能。C 语言同时具备高级语言和低级语言的特征。因此，有人认为 C 语言是中级语言。

（2）C 语言是结构化程序设计语言，即程序的逻辑结构可以用顺序、选择和循环 3 种基本结构组成。C 语言具有结构化程序设计所要求的控制语句，如 if…else 语句、while 语句、do…while 语句、switch 语句、for 语句等，便于采用自顶向下、逐步细化的结构化程序设计技术。因此，用 C 语言编写的程序，具有容易理解、便于维护的优点。

（3）C 语言支持模块化程序设计。C 语言的程序是由函数构成的，每个函数可以单独编写和调试，用函数作为程序的模块单位，便于实现程序的模块化。因此，对于大型程序，程序员们可以分别编写不同的模块，这使得管理和调试工作变得简单方便，并且可以实现软件重用，即重复使用那些经常需要使用的程序模块。

（4）C 语言具有丰富的数据类型。C 语言提供的数据类型包括整型、浮点型、字符型、数组类型、指针类型、结构体类型、共用体类型等，能够用于实现各种复杂的数据结构（如链表、栈、树等）的运算，尤其是指针类型数据，使用十分灵活和多样化。

（5）C 语言的运算符种类多、功能强大。C 语言共提供 34 种运算符。C 语言把括号、赋值、强制类型转换等都作为运算符处理，从而其运算类型非常丰富，表达式类型多样化。使用 C 语言编写程序时，灵活使用各种运算符可以实现使用其他高级语言难以实现的运算。

（6）C 语言有大量标准化的库函数。这些库函数不但包括各种数学计算的函数，还有用于输入、输出的库函数及系统函数，给程序员编写程序带来了极大的方便。

（7）C 语言生成的目标代码质量高，程序执行效率高。其目标代码效率一般只比汇编语言低 10%～20%。

（8）用 C 语言编写的程序可移植性好，应用范围广，基本上不用修改就能运行于各种型号的计算机和各种操作系统。

C 语言的优点很多，但也有一些不足之处，了解 C 语言的缺点，有助于在编写程序时扬长避短。具体来讲，其缺点主要有以下两点。

（1）C 语言比较灵活，语法限制不太严格，程序设计自由度大，源程序书写格式自由，在语法检查上不如一般的高级语言严格。因此，程序员应当仔细检查程序，保证其正确性，而不要过分依赖 C 编译系统去查错。这就给程序的调试带来困难，尤其是对初学者。

（2）如果不加以特别的注意，C 语言程序的安全性将会降低。例如，对指针的使用没有适当的限制，指针设置错误，可能会引起内存中的信息被破坏，如果经常出现这种错误，极有可能导致系统崩溃。

C 语言学习难度较大，特别是函数、指针、地址等内容，需要认真学习才能掌握。尽管 C 语言没有其他语言好掌握，但对于编写系统软件和应用软件而言，C 语言明显优于其他语言，它还是一些后续课程的先修课。如果想成为一名优秀的软件工程师，就必须认真学好 C 语言。

### 4. C 语言程序的结构

**1）基本符号**

C 语言的基本符号是 ASCII 字符集，主要包括 26 个英文字母（C 语言区分字母大小写，即大写字母和小写字母表示两种不同的符号）；10 个阿拉伯数字（0、1、2、…、9）；其他特殊符号，以运算符为主（+、-、*、/、=、%、&、<、>等）。

**2）标识符**

程序中用于标识变量名、数组名、函数名和其他由用户自定义的数据类型名称等的有效字符序列称为标识符。

标识符的构成规则如下。

（1）只能由英文字母（A～Z、a～z）、数字（0～9）和下划线（_）3 类符号组成，但必须以字母或下划线开头。

（2）严格区分大、小写字母，例如，sum、Sum、SUM 表示 3 个完全不同的标识符。

（3）标准 C 不限制标识符的长度，但它受各种版本的 C 语言编译系统限制，同时受到具体机器的限制。一般的 C 编译系统只取标识符的前 8 个字符为有效字符，而 Turbo C 则取标识符的前 32 个字符为有效字符。

（4）不能以关键字作为标识符。

（5）通常，命名标识符时应尽量做到"见名知意"，即选用有含义的英文单词或缩写，以及汉语拼音作为标识符，如 sum、name、max、year 等。

**3）关键字**

关键字又称为保留字，是 C 语言编译系统固有的、具有特定含义的标识符，共有

32 个。它们主要用作一些编写 C 语言源程序会用到的命令名、类型名等。根据关键字的作用不同，可将其分为控制语句关键字、数据类型关键字、存储类型关键字和其他关键字 4 类。

（1）控制语句关键字（12 个）：break、continue、switch、case、default、if、else、do、while、for、goto、return。

（2）数据类型关键字（12 个）：char、int、short、long、double、float、signed、unsigned、struct、union、enum、void。

（3）存储类型关键字（4 个）：auto、register、static、extern。

（4）其他类型关键字（4 个）：const、sizeof、typedef、volatile。

**注　意**

所有关键字的字母均采用小写。

### 三、任务实施

本任务是编写一个简单的 Hello 程序，它由一个主函数构成，在主函数中调用了一条标准的格式输出函数。当用户运行程序后，可以在屏幕上输出信息"Hello C!"。

（1）main()函数：函数是 C 语言程序的基本单位，每一个 C 语言程序，不论大小，都是由一个或多个函数组成的。main()函数比较特殊，称为主函数，每一个 C 语言源程序都必须包含且只能包含一个主函数。C 语言程序的执行是从主函数中的第一条语句开始，到主函数中的最后一条语句结束。

（2）函数体：C 语言程序使用一对花括号{}将函数体括起来。编程时注意左右花括号要成对使用。

（3）函数的调用：由于 C 语言中没有输入、输出语句，输入、输出操作是通过调用函数来完成的，本任务在主函数中调用了一个标准的格式输出函数 printf()，用于输出信息"Hello C!"，字符串"Hello C!"作为 printf()函数的实参。printf()是 C 语言的标准输入、输出函数库中的一个函数，在使用时，要用编译预处理命令"#include"将 stdio.h 文件包含到用户源文件中，即#include <stdio.h>。

（4）分号";"：C 语言的执行语句和说明语句的结束符。C 语言程序的函数体是由一条条语句组成的，书写格式自由，一行内可以写多条语句，一条语句也可以分写在多行上。

（5）注释：在"/*"与"*/"之间的字符序列称为注释，用于解释程序或语句的作用。被注释的内容可以是一行文字或者连续的多行文字。使用注释能增强程序的可读性，使程序更易于理解。注释可以在程序中自由地使用，在程序编译时被自动忽略。

下面编写一个简单的 Hello 程序，在屏幕上输出信息"Hello C!"。其程序代码如下：

```
/* A program to print Hello C! */
#include <stdio.h>            /*以#开头的是预处理命令，包含标准输入、输出函
                               数库的信息*/
main()                       /*主函数 */
{
```

```
    printf("Hello C!\n");          /*main()函数中调用库函数 printf()*/
}                                  /*花括号中是主函数的函数体*/
```

其运行结果如图 1.1 所示。

图 1.1　Hello 程序的运行结果

【例 1.1】求两个整数的和并在屏幕上显示结果。其程序代码如下：

```
#include <stdio.h>
main()
{
    int a,b,sum;              /*定义了 3 个整型变量 a、b 和 sum*/
    a=12;                     /*给变量 a 赋值，值是 12*/
    b=34;                     /*给变量 b 赋值，值是 34*/
    sum=a+b;                  /*将 a、b 之和赋给变量 sum*/
    printf("sum=%d\n",sum);   /*输出 a 和 b 的和，\n 表示换行*/
}
```

其运行结果如图 1.2 所示。

图 1.2　例 1.1 程序的运行结果

【例 1.2】从键盘上输入两个整数，比较这两个整数，将大的数输出。其程序代码如下：

```
#include <stdio.h>
int max(int x,int y)     /*定义 max()函数，函数值为整型，x、y 为形式参数*/
{
    int z;               /*在 max()函数中对用到的变量 z 进行定义*/
    if(x>y) z=x;
    else z=y;            /*条件语句*/
    return (z);          /*将 z 的值返回，通过函数调用将值返回到调用处*/
}
main()                   /*主函数*/
{
    int a,b,c;           /*定义变量*/
    printf("please input two numbers:\n");
    scanf("%d,%d",&a,&b); /*输入变量 a 和 b 的值*/
    c=max(a,b);          /*调用 max()函数，将得到的值赋给 c*/
    printf("max=%d\n",c); /*输出 c 的值*/
}
```

其运行结果如图 1.3 所示。

图 1.3　例 1.2 程序的运行结果

此程序包括两个函数：主函数 main() 和被调用的自定义函数 max()。max() 函数的作用是比较 x 和 y 的值，并将较大者赋给变量 z，return 语句将 z 的值返回给主函数 main()，并进行输出。main() 函数中的 scanf() 函数是系统提供的标准库函数，其功能是输入变量 a 和 b 的值，&a 和&b 中 "&" 的含义是 "取地址"，即将两个整数值分别赋给变量 a 和变量 b 的地址所标识的内存单元，也就是将两个整数值分别赋给变量 a 和 b。

**注　意**

程序中函数的排列顺序并不决定函数的执行顺序，执行顺序是通过函数调用来决定的。不论 main() 函数在程序中的什么位置，C 语言程序总是从 main() 函数开始执行的。一般而言，main() 函数执行完毕，程序也就结束了。也就是说，main() 函数是程序的入口和出口。

### 四、深入训练

（1）编写一个 C 语言程序，要求显示如下结果：

```
***************************
          How are you!
***************************
```

（2）编写一个 C 语言程序，计算半径 R 等于 5 的圆的面积和周长。已知圆的面积公式为 S=3.14*R*R，圆的周长公式为 C=2*3.14*R。

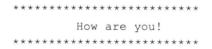

## 任务二　C 语言程序的上机操作

【知识要点】C 语言程序的上机操作步骤。

### 一、任务分析

在 Visual C++ 6.0 开发工具中建立一个 C 语言源程序并运行，显示运行结果。先认识和安装 Visual C++ 6.0 软件；再熟悉软件中的菜单功能，建立源程序，在编辑窗口中输入源程序，通过编译、连接及运行，在用户窗口中查看运行结果。

## 二、必备知识与理论

### 1．C语言程序的调试过程

程序开发人员编写的程序称为源程序或源代码，源代码不能直接被计算机执行。C语言是一种编译型的高级语言，C语言源程序文件（.c）必须先用C语言编译程序（compiler）进行编译，生成中间目标程序文件（.obj），再用连接程序（linker）将该中间目标程序文件与有关的库文件（.lib）和其他有关的中间目标程序文件连接起来，形成最终可以在操作系统平台上运行的二进制形式的可执行程序文件（.exe）。所以，C语言程序的开发过程一般需要经过编辑、编译、连接、运行4个步骤，如图1.4所示。

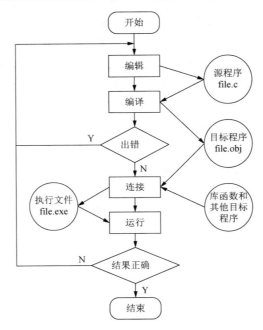

图1.4  C语言程序的开发过程

#### 1）编辑

利用编辑程序，将源程序逐一输入计算机，最终形成一个源程序文件（file.c），即扩展名为.c的文件。源程序文件中的字符应用英文状态下的半角字符。在编辑C源程序代码时，建议直接使用C编译程序自带的编辑器，如Turbo C 2.0、Turbo C 3.0和Visual C++ 6.0等。不建议使用文本编辑器来编辑源程序，如Windows写字板、记事本、Word及DOS的Edit等。

#### 2）编译

源程序编写好之后，可以进行编译。编译是将源程序转换成二进制文件，即目标文件，扩展名为.obj（注意：源程序中的注释是不会被编译的）。在编译过程中，系统将发现源程序编写过程中出现的错误。这种错误一般是由书写错误造成的，因此，人们形象地称其为语法错误。语法错误是易于修改的。

3）连接

编译成功后的文件并不能运行，因为这种程序虽然称为目标文件，但是仍然是半成品，不能执行。在目标程序中还没有为函数、变量等安排具体的地址，因此也称为浮动程序。连接就是将若干目标文件加以归并、整理，为所有的函数、变量分配具体的地址，同时将库函数连接到扩展名为.obj 的文件中，生成可执行的文件，其扩展名为.exe。

在连接的过程中也可能发现错误，这种错误是由设计不足或缺陷引起的，一般不易发现，人们称这种错误为逻辑错误。

4）运行

运行可执行文件，得到运行结果。当然，也有可能得到错误的运行结果。这就需要检查算法，重新编写源程序，直到运行结果正确为止。

2. Visual C++ 6.0 开发工具

Visual C++ 6.0 简称 VC 6.0，是微软推出的一款 C++编译器，是将高级语言翻译为机器语言（低级语言）的程序。它是一个集源程序编辑、代码编译和调试于一体的 C/C++集成开发环境，是一个功能强大的可视化软件开发工具。自 1993 年微软公司推出 Visual C++ 1.0 后，随着其新版本的不断问世，Visual C++已成为专业程序员进行软件开发的首选工具。虽然微软公司推出了 Visual C++ .NET（Visual C++ 7.0），但是它的应用有很大的局限性，只适用于 Windows 2000、Windows XP 和 Windows NT 4.0 工作环境。实际应用中，更多的是以 Visual C++ 6.0 为平台。尽管 Visual C++ 6.0 是 C++的版本，但是它也兼容 C 语言，所以 C 语言程序也能够在该环境下正确调试。本书中的所有例题均在 Visual C++ 6.0 中调试运行通过。下面介绍使用 Visual C++ 6.0 来调试 C 语言程序的步骤和方法。

1）Visual C++ 6.0 的安装

（1）下载一个 Visual C++ 6.0（完整绿色版）的压缩文件包，解压到当前文件夹，双击安装文件安装 Visual C++ 6.0 程序，进入安装向导界面，如图 1.5 所示。

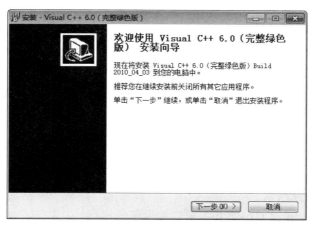

图 1.5　安装向导界面

（2）单击【下一步】按钮，阅读安装说明信息，单击【下一步】按钮，进入选择安装路径界面，如图 1.6 所示。

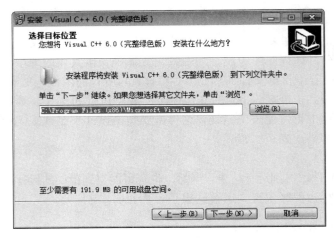

图 1.6　选择安装路径界面

（3）单击【下一步】按钮，进入选择附加任务界面，选择附加任务并创建桌面快捷方式，如图 1.7 所示。

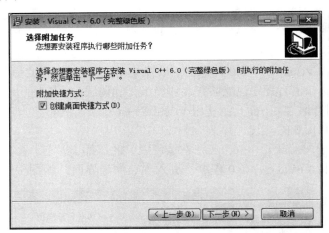

图 1.7　选择附加任务界面

（4）单击【下一步】按钮，开始安装 Visual C++ 6.0，如图 1.8 所示。

（5）安装完成后，会在桌面上建立 Visual C++ 6.0 的快捷方式图标。

2）Visual C++ 6.0 的主框架窗口

（1）启动：双击桌面上的 Visual C++ 6.0 快捷方式图标，或者在 Windows 操作系统任务栏中选择【开始】→【所有程序】→【Visual C++ 6.0】命令，即可打开 Visual C++ 6.0 主窗口，如图 1.9 所示。

（2）主窗口：Visual C++ 6.0 主窗口的顶部是标题栏，其下是菜单栏，再其下是工具栏。主窗口的左侧是工作区，右侧是编辑区。工作区用于显示设置的信息，编辑区用于输入和编辑源程序。

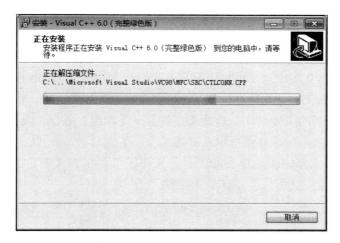

图 1.8　开始安装 Visual C++ 6.0

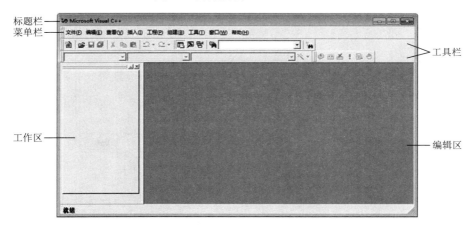

图 1.9　Visual C++ 6.0 主窗口

（3）菜单栏：Visual C++ 6.0 包含 9 个菜单项，即文件、编辑、查看、插入、工程、组建、工具、窗口与帮助。

（4）工具栏：Visual C++ 6.0 中拥有多种类型的工具栏，每种工具栏用于执行一类特定的操作。在菜单栏或工具栏上右击，弹出如图 1.10 所示的快捷菜单。

（5）工作区：工作区位于主窗口的左侧，由【ClassView】、【ResourceView】和【FileView】3 个选项卡组成。

【FileView】选项卡中每个项目中的所有文件均为 Source Files（源文件）、Header Files（头文件）、Resource Files（资源文件）3 种类型之一。此外，每个项目还包含一个说明文件 ReadMe.txt，用于提供该项目的说明信息。

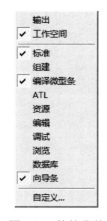

图 1.10　快捷菜单

### 三、任务实施

下面介绍 Visual C++ 6.0 开发环境中程序的调试过程。

在 Visual C++ 6.0 集成开发环境中编写并运行一个简单的 Hello 程序。

（1）启动 Visual C++ 6.0 程序，打开 Visual C++ 6.0 主窗口。

（2）建立一个新的工作空间。选择【文件】→【新建】命令（或按组合键 Ctrl+N），弹出【新建】对话框，在该对话框中选择【工作区】选项卡，在【工作空间名称】文本框中输入要建立的工作空间名称（如"我的工作区"），单击【确定】按钮，如图 1.11 所示。新的工作区建立后会成为用户当前的工作区。

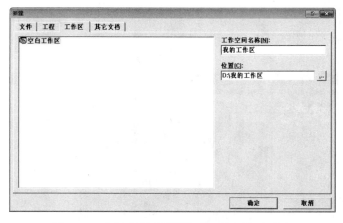

图 1.11　【新建】对话框的【工作区】选项卡

（3）建立一个新的工程。选择【文件】→【新建】命令，弹出【新建】对话框，选择【工程】选项卡，在所列出的工程中选择【Win32 Console Application】选项，在右边的【工程名称】文本框中输入要建立的工程名称（如"我的工程"），选中【添加到当前工作空间】单选按钮，单击【确定】按钮，如图 1.12 所示，系统弹出如图 1.13 所示的

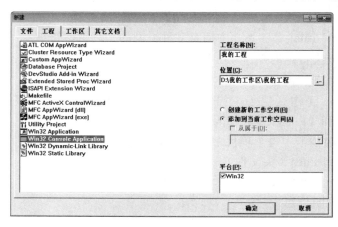

图 1.12　【新建】对话框的【工程】选项卡

对话框，在该对话框中选中【一个空工程】单选按钮，表示建立空工程，单击【完成】
按钮，弹出【新建工程信息】对话框，如图 1.14 所示，对工程建立的信息进行确认后，
单击【确定】按钮，即可完成新工程的建立。

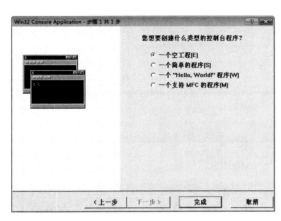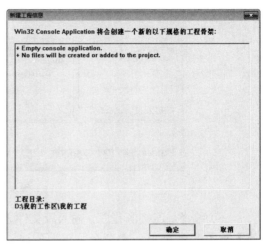

图 1.13　选择工程类型对话框　　　　　　图 1.14　【新建工程信息】对话框

（4）建立源文件。新建的工程是空白的，其中没有任何内容。在新工程中创建一个
C 源程序文件的方法如下：选择【文件】→【新建】命令，弹出如图 1.15 所示的【新建】
对话框，选择【文件】选项卡，选择【C++ Source File】选项，同时在右边的【文件名】
文本框中输入源文件名"Hello.c"（注意：必须输入扩展名.c），单击【确定】按钮。

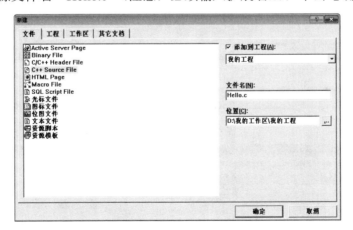

图 1.15　【新建】对话框的【文件】选项卡

注　意

　　C 语言源程序的扩展名是.c，在输入源程序文件名时必须强制输入扩展名.c，否
则 Visual C++ 6.0 会添加一个默认的扩展名.cpp，这是 C++源程序的扩展名。

（5）编辑 C 源文件。现在即可在系统提供的编辑区中向 Hello.c 文件中输入程序内

容。结束编辑时一定要单击【保存】按钮（其图标为软盘形状），以保存源程序文件。编辑完成后的工作界面如图 1.16 所示。

图 1.16　编辑完成后的工作界面

（6）编译、连接源程序。输入源文件之后，即可对该程序进行编译、连接。选择【组建】→【编译 Hello.c】命令，对源程序进行编译，编译之后生成目标文件，如图 1.17 所示。选择【组建】→【组建 我的工程.exe】命令，生成可执行程序，如图 1.18 所示。

图 1.17　生成目标文件

图 1.18　生成可执行程序

（7）运行可执行程序。选择【组建】→【执行我的工程.exe】命令，得到的运行结果如图 1.19 所示。

图 1.19　可执行程序的运行结果

注　意

　　以上介绍的是分步进行程序的编译、连接和运行，也可以直接选择【组建】→【执行我的工程.exe】命令或按组合键 Ctrl+F5 一次完成整个过程，即直接运行。建议初学者分步进行程序的编译、连接和运行，这样有助于在程序中查找错误；对于有经验的程序员来说，可以一步完成操作。

　　（8）关闭工作区。每一次完成对 C 程序的调试之后，为保护好已建立的应用程序，应正确地关闭工作区。选择【文件】→【关闭工作空间】命令。

　　（9）退出编译环境。若退出 Visual C++ 6.0 编译环境，则选择【文件】→【退出】命令。

　　这里介绍的是一个程序只包含一个源程序文件的情况，如果一个程序包含多个源程序文件，则在编译时，系统会分别对项目文件中的每个文件进行编译，并将所得到的目标文件连接成一个整体，再与系统的有关资源进行连接，生成一个可执行文件，最后运行这个文件。

**四、深入训练**

　　在 Visual C++ 6.0 集成开发环境中输入例 1.1 的程序代码并调试运行。

## 项目实训

**一、实训目的**

　　1．掌握 C 语言程序的基本结构。
　　2．熟悉 Visual C++ 6.0 集成开发环境。
　　3．能熟练地启动和退出 Visual C++ 6.0。
　　4．掌握在 Visual C++ 6.0 集成开发环境中建立、保存、编译、连接、运行程序的方法。

**二、实训任务**

　　1．下载并安装 Visual C++ 6.0，学习该软件的使用方法。
　　2．在 Visual C++ 6.0 集成开发环境中输入例 1.2 的程序代码并调试运行。

3．编写一个 C 语言程序，要求显示如下结果：

```
***$$$***######***@@@***######***$$$***
         This is a C program.
```

4．已知长方形的长和宽，编写程序，求这个长方形的面积并输出。

**注　意**

先分析程序的运行结果，再运行该程序，比较自己的判断与屏幕上的结果是否一致，如果有差异，则想想错误出现在什么地方。这种做法可以逐步训练理解程序和分析程序的能力。

# 项目练习

1．填空题

（1）C 语言规定，一个程序必须有一个主函数，其函数名为_____。

（2）一般而言，一个 C 语言程序的执行是从_____开始，到_____结束。

（3）一个 C 语言程序是由_____组成的。

（4）开发 C 语言程序的步骤可以分成 4 步，即_____、_____、_____和_____。

（5）C 语言规定，源程序的扩展名是_____，目标文件的扩展名是_____，可执行文件的扩展名是_____。

（6）每个 C 语句必须以_____号结束。

2．判断题（判断下列叙述的正确性，正确的请打"√"，错误的请打"×"）

（1）C 语言的源程序是由函数组成的。　　　　　　　　　　　　　（　　）

（2）C 语言的任何一个源程序中必须有一个主函数。　　　　　　（　　）

（3）Visual C++ 6.0 不可以开发 C 语言程序。　　　　　　　　　（　　）

（4）Visual C++是运行在 Windows 操作系统上的 32 位 C 语言程序开发工具。

　　　　　　　　　　　　　　　　　　　　　　　　　　　　　　（　　）

3．程序阅读题

（1）
```c
#include <stdio.h>
main()
{ printf("I love China!\n");
  printf("We are students.\n");
}
```

程序的运行结果为_____。

（2）
```
#include <stdio.h>
main()
{
    int a;
    a=5;
    printf("%d\n",a+1);
}
```

程序的运行结果为_____。

4. 编程题

已知立方体的长、宽、高分别是 10cm、20cm、15cm，编写程序求立方体的体积。

# 基本数据类型、运算符和表达式

在项目一中已经知道，使用 C 语言编写程序时，必须在程序中做好两件事情：一是数据的描述；二是数据的操作，即数据的加工与处理。前者通过数据定义语句来实现，后者通过若干程序语句，包括运用各种运算符构成的表达式来实现。本项目主要介绍 C 语言的基本数据类型（除枚举类型外），其他数据类型在后续项目中再进行详细介绍。另外，本项目详细介绍变量的存储属性的声明方法、运算符以及表达式的构成方法。

## 学习目标

（1）了解基本数据类型及其常量的表示方法。
（2）掌握变量的定义及初始化方法。
（3）掌握运算符和表达式的概念。
（4）理解自动类型转换和强制类型转换。
（5）能够将一般的数学算式转换为 C 语言表达式。

## 任务一　求圆的面积和周长

【知识要点】基本数据类型、常量声明与变量定义。

### 一、任务分析

已知圆的半径，求圆的面积与周长。

在计算圆的面积与周长时，要用到圆周率。众所周知，圆周率 $\pi$ 的值是固定不变的，也就是说 $\pi$ 是一个常量；而圆的半径是可以不断变化的，是一个变量。

### 二、必备知识与理论

1. 数据类型概述

所谓数据类型，是按照被定义变量的性质、表示形式、占据存储空间的多少、构造特点来划分的。

C 语言的数据类型分为基本数据类型、构造数据类型、指针类型和空类型。基本数据类型由系统自动规定数据存储空间的大小，包括数值类型、字符类型（字符型）和枚举类型。构造数据类型由用户按照一定规则来决定数据占用空间的大小，包括数组类型、结构体类型、共用体类型。

C 语言的数据类型如图 2.1 所示。

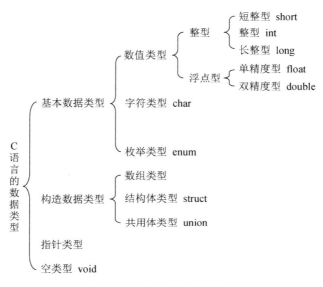

图 2.1 C 语言的数据类型

1）基本数据类型

基本数据类型最主要的特点是，其值不可以再分解为其他类型。也就是说，基本数据类型是自我声明的。

2）构造数据类型

构造数据类型是根据已定义的一个或多个数据类型，用构造的方法来定义的。也就是说，一个构造类型数据的值可以分解成若干个"成员"或"元素"。每个"成员"都是一个基本数据类型，或者是一个构造数据类型。在 C 语言中，构造数据类型有数组类型、结构体类型、共用体类型 3 种。

3）指针类型

指针是一种特殊的、具有重要作用的数据类型。其值用于表示某个变量在内存储器中的地址。虽然指针变量的取值类似于整型变量，但这是两种类型完全不同的量，因此不能混为一谈。

4）空类型

在调用函数时，通常应向调用者返回一个函数值。这个函数值具有一定的数据类型，应在函数定义及函数声明中给予说明。但也有一类函数调用后并不需要向调用者返回函数值，这种函数可以定义为空类型。其类型声明符为 void。

这里只介绍 C 语言的基本数据类型声明，其他类型会在后续项目中进行介绍。

2. 常量

在程序执行过程中，其值始终不变的量称为常量。它们可与数据类型结合起来分类，如可以分为整型常量、实型常量、字符常量等。在程序中，常量可以不经声明直接使用。

1）整型常量

在 C 语言中，整型常量可以用 3 种形式来表示。

（1）八进制整型常量。八进制整型常量必须以 0 开头，即以 0 作为八进制整型常量的前缀，数码取值为 0~7。八进制整型常量通常是无符号数。

以下各数是合法的八进制整型常量：015（十进制为 13）、0101（十进制为 65）、0177777（十进制为 65535）。

以下各数不是合法的八进制整型常量：256（无前缀 0）、03A2（包含了非八进制数码 A）。

（2）十六进制整型常量。十六进制整型常量的前缀为 0X 或 0x。其数码取值为 0~9、A~F 或 a~f。

以下各数是合法的十六进制整型常量：0X123（十进制为 291）、0XA0（十进制为 160）、0XFFFF（十进制为 65535）。

以下各数不是合法的十六进制整型常量：5A（无前缀 0X）、0X3H（含有非十六进制数码 H）。

（3）十进制整型常量。十进制整型常量没有前缀。其数码为 0~9。

以下各数是合法的十进制整型常量：237、−568、65535、1627。

以下各数不是合法的十进制整型常量：019（不能有前缀 0）、23D（含有非十进制数码）。

在程序中是根据前缀来区分各种进制数的。因此，在书写整型常量时要保证前缀正确，以免造成结果出错。

整型常量的后缀：除了基本型的整型常量外，还有长整型常量和无符号整型常量。长整型常量是用后缀 "L" 或 "l" 来表示的。例如，158L（其十进制为 158）。

无符号整型常量也可用后缀表示，其后缀为 "U" 或 "u"。例如，358u、235Lu 均为无符号整型常量。前缀和后缀可同时使用以表示各种类型的整型常量。例如，0XA5Lu 表示十六进制无符号长整型常量 A5，其十进制为 165。

2）实型常量

实型常量也称为实数或浮点数。例如，−1.89、1.23456e5 为实型常量。在 C 语言中，实型常量只采用十进制。它有两种表示形式，即小数形式和指数形式。

（1）小数形式：由数码 0~9 和小数点组成。例如，3.1415926、0.0、25.0、5.789、0.13、5.0、−267.8230 等均为合法的实型常量。

---

**注　意**

实型常量必须有小数点。

（2）指数形式：由十进制数加阶码标志"e"或"E"以及阶码（只能为整数，可以带符号）组成。其一般格式如 aEn 或 aen（a 为十进制数，n 为十进制整数），其值为 $a×10^n$。

例如，2.1E5（等于 $2.1×10^5$）；3.7E-2（等于 $3.7×10^{-2}$）。

以下不是合法的实数：345（无小数点）；E7（阶码标志 E 之前无数字）；53.-E3（负号位置不对）；2.7E（无阶码）。

> **注 意**
>
> 字母 e（或 E）的前后必须有数字，且 e（或 E）后面的指数必须为整数。

**3）字符常量**

字符常量是用单引号括起来的一个字符。例如，'a'、'A'、'b'、'?'、'='都是合法的字符常量。在 C 语言中，字符常量有以下特点。

（1）字符常量只能用单引号括起来，不能用双引号或其他符号括起来。

（2）字符常量只能是单个字符，不能是字符串。

（3）字符可以是字符集中的任意字符。但数字被定义为字符型之后就不能参与数值运算。例如，5 和'5'是不同的，5 是整型常量，而'5'是字符常量，不能参与数值运算。

转义字符：C 语言还允许用一种特殊的字符常量，即以反斜线"\"开头，后跟一个或几个字符。由于转义字符具有特定的含义，不同于字符原有的意义，故称为"转义"字符。

例如，前面各例中 printf()函数的格式串中用到的"\n"就是一个转义字符，其意义是"回车换行"。

转义字符主要用于表示那些用一般字符不便于表示的控制代码。常用转义字符及其含义见表 2.1。

表2.1 常用转义字符及其含义

| 转义字符 | 转义字符的含义 | 转义字符 | 转义字符的含义 |
| --- | --- | --- | --- |
| \n | 回车换行 | \\ | 反斜线符（\） |
| \t | 横向跳到下一制表位置 | \' | 单引号符 |
| \v | 竖向跳格 | \" | 双引号符 |
| \b | 退格 | \a | 鸣铃 |
| \r | 回车 | \ddd | 1～3 位八进制数所代表的字符 |
| \f | 走纸换页 | \xhh | 1～2 位十六进制数所代表的字符 |

表 2.1 中，\ddd 和\xhh 可以表示任何可输出的字母字符、专用字符、图形字符和控制字符。ddd 和 xhh 分别为八进制和十六进制的 ASCII 值。例如，'\101'表示 ASCII 值为 65 的字符'A'，'\012'表示"换行"等。

**【例 2.1】**转义字符的使用。其程序代码如下：

```
#include <stdio.h>
main()
{
  int a,b,c;                        /*定义a,b,c为整型变量*/
  a=5;b=6;c=7;                      /*给a,b,c赋值*/
  printf("%d\n\t%d  %d\n",a,b,c);
  printf("  %d  %d\t\b%d\n",a,b,c);  /*按要求输出a,b,c的值*/
}
```

其运行结果如图2.2所示。

图2.2　例2.1程序的运行结果

程序在第一列输出a值5之后就是"\n"，故回车换行；接着是"\t"，于是跳到下一制表位置（设制表位置间隔为8），再输出b值"6"；空两格再输出c值"7"，之后又是"\n"，因此再次回车换行；空两格之后输出a值"5"，再空两格输出b值"6"，此后"\t"跳到下一制表位置，但下一转义字符"\b"又使其退回一格，故紧挨着6输出c的值"7"。

4）字符串常量

字符串常量是由一对双引号括起来的字符序列。例如，"HINA"、"C program. "、"$ 12.5"等都是合法的字符串常量。字符串常量和字符常量是不同的量。它们之间的主要区别如下。

（1）字符常量由单引号括起来，字符串常量由双引号括起来。

（2）字符常量只能是单个字符，字符串常量可以含零个或多个字符。

初学者容易将字符常量与字符串常量混淆。'a'是字符常量，"a"是字符串常量。那么两者有什么区别呢？C语言规定，在每一个字符串结尾自动加一个字符串结束标志'\0'，以便系统据此判断字符串是否结束。'\0'是一个ASCII值为0的字符，也就是空操作字符，即它不引起任何控制动作，也不是一个可显示的字符。例如，字符串"a"在内存中的实际存放格式如下：

> **注　意**
>
> '\0'是系统自动加上的。因此，"a"实际包含两个字符——'a'和'\0'，故不能把"a"赋值给一个字符变量。

5）符号常量

用一个标识符来代表常量，即给某个常量取一个有意义的名称，称为符号常量。符号常量必须先定义再使用。

其定义格式如下：

```
#define 标识符 常量
```

例如：

```
#define PI 3.1415926
```

其中，#define 是一条预处理命令（预处理命令都以"#"开头），称为宏定义命令，其功能是把该标识符定义为其后的常量值。一经定义，以后在程序中所有出现该标识符的地方均替换为该常量值。

为了区别程序中的符号常量名与变量名，习惯上符号常量的标识符用大写字母，变量标识符用小写字母，以示区别。

3. 变量

在程序执行过程中其值可变的量称为变量。

一个变量必须有一个名称，变量名在程序运行时不会改变，而变量值可以发生变化。变量名是一种标识符，必须遵守标识符的命名规则。

变量必须"先定义后使用"，定义时指明数据类型，在编译时为其分配相应的存储单元。变量定义格式如下：

```
类型标识符 变量名
```

例如：

```
int a,b;
float x,y;
char c;
```

变量的数据类型是由其值决定的，可分为整型变量、实型变量、字符变量等。后面会具体讲解不同数据类型的变量。

C 语言规定：变量都必须先声明后使用。只有这样，编译时才能为其分配相应的存储单元，也才能检查变量所进行的运算是否合法。定义变量时还要尽量做到"见名知意"。

初学变量时，要特别注意区分变量名、变量值、变量地址，其关系如图 2.3 所示。

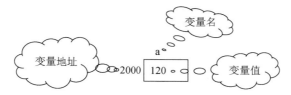

图 2.3 变量名、变量值和变量地址的关系

1）整型变量

整型变量可分为基本整型、短整型、长整型和无符号整型 4 种。

（1）基本整型。类型声明符为 int，在内存中占 4 字节，其取值为基本整常数。

（2）短整型。类型声明符为 short int 或 short，在内存中占 2 字节，其取值为短整常数。

（3）长整型。类型声明符为 long int 或 long，在内存中占 4 字节，其取值为长整常数。

（4）无符号整型。类型声明符为 unsigned，无符号整型又可与上述 3 种类型匹配而构成无符号基本整型、无符号短整型和无符号长整型。整型变量分配字节数及表示范围见表 2.2。

表 2.2　整型变量分配字节数及表示范围

| 数据类型 | 类型声明符 | 数的范围 | 分配字节数 |
|---|---|---|---|
| 基本整型 | int | $-2147483648 \sim 2147483647$，即 $-2^{31} \sim 2^{31}-1$ | 4 |
| 无符号整型 | unsigned [int] | $0 \sim 4294967295$，即 $0 \sim 2^{32}-1$ | 4 |
| 短整型 | short [int] | $-32768 \sim 32767$，即 $-2^{15} \sim 2^{15}-1$ | 2 |
| 无符号短整型 | unsigned short | $0 \sim 65535$，即 $0 \sim 2^{16}-1$ | 2 |
| 长整型 | long [int] | $-2147483648 \sim 2147483647$，即 $-2^{31} \sim 2^{31}-1$ | 4 |
| 无符号长整型 | unsigned long | $0 \sim 4294967295$，即 $0 \sim 2^{32}-1$ | 4 |

各种无符号类型量所占的内存空间字节数与相应的有符号类型量相同。但由于省去了符号位，故不能表示负数，但可存放的数的范围是一般整型变量中数的范围的两倍。

整型变量声明的格式如下：

　　类型标识符 变量名 1[,变量名 2,…];

例如：

```
int a,b,c;        /*a,b,c 为整型变量*/
long x,y;         /*x,y 为长整型变量*/
short i;          /*i 为短整型变量*/
```

在书写变量声明时，应注意以下几点：

（1）允许在一个类型声明符后，声明多个相同类型的变量，各变量名之间用逗号间隔。类型声明符与变量名之间至少用一个空格间隔。

（2）最后一个变量名之后必须以 ";" 结尾。

（3）变量声明必须放在变量使用之前，一般放在函数体的开头部分。

（4）可在定义变量的同时给出变量的初值。其格式如下：

　　类型声明符 变量名标识符 1=初值 1,变量名标识符 2=初值 2,…

例如：

```
int a=3,b=5;
```

2）实型变量

实型变量分为两类：单精度型和双精度型，其类型声明符分别为 float（单精度声明

符)和 double(双精度声明符)。单精度型占 4 字节(32 位)内存空间,其数值为 3.4E-38～
3.4E+38,只能提供 7 位有效数字。双精度型占 8 字节 (64 位) 内存空间,其数值为
1.7E-308～1.7E+308,可提供 16 位有效数字(说明:在不同的编译器中,所占字节数是
不同的)。

实型变量声明的格式和书写规则与整型相同,只是类型声明符不同而已。实型数均
为有符号实型数,没有无符号实型数。

其声明格式如下:

　　类型标识符　变量名 1[,变量名 2,…];

例如:

```
float x,y,z;              /*x,y,z 为单精度实型量*/
double a,b,c;             /*a,b,c 为双精度实型量*/
```

也可在声明变量的同时给出变量的初值。例如:

```
float x=3.2,y=5.3;   /*x,y 为单精度实型量,且有初值*/
```

> **注　意**
>
> 实型常量不区分单、双精度。一个实型常量可以赋给一个 float 或 double 型变量,
> 根据变量的类型截取实型常量中相应的有效数字。

【例 2.2】float 和 double 的应用。其程序代码如下:

```
#include <stdio.h>
main()
{ float a;
  double b;
  a=3333.333333;
  b=3333.33333355;
  printf("a=%f\nb=%f\nb=%.8f\n",a,b,b);
}
```

其运行结果如图 2.4 所示。

图 2.4　例 2.2 程序的运行结果

从此程序可以看出,由于 a 是单精度型,有效位数只有 7 位,而整数已占 4 位,故
小数从第 4 位开始均为无效数字。b 是双精度型,有效位为 16 位,但默认格式输出浮点

数时，规定小数后最多保留 6 位，其余部分四舍五入。

3）字符变量

字符变量用于存放字符常量，即单个字符，不能存放字符串。

字符变量的类型声明符是 char。字符变量类型声明的格式和书写规则都与整型变量相同。

其声明格式如下：

类型标识符 变量名 1[,变量名 2,…];

例如：

```
char c1,c2;  /*c1,c2 被声明为字符变量*/
```

系统给每个字符变量分配 1 字节的内存空间，因此只能存放一个字符。字符值是以 ASCII 值的形式存放在变量的内存单元中的。如果将'A'和'B'赋予字符变量 c1、c2，即 c1='A'、c2 ='B'，则由于'A'的十进制 ASCII 值是 65，'B'的十进制 ASCII 值是 66，那么在变量 c1、c2 的两个单元内存放的是 65 和 66 的二进制代码，如图 2.5 所示。

图 2.5 'A'、'B'在内存中的存放形式

因此字符变量也可以当作整型变量。C 语言允许对整型变量赋以字符值，也允许对字符变量赋以整型值。在输出时，允许字符变量按照整型变量输出，也允许整型变量按照字符变量输出。

【例 2.3】整型变量与字符变量的混合使用。其程序代码如下：

```
#include <stdio.h>
main()
{
    char c1,c2,c3,c4;
    c1=65;c2=66;
    c3='A';c4='B';
    printf("%c,%c,%d,%d\n",c1,c2,c3,c4);
}
```

其运行结果如图 2.6 所示。

图 2.6 例 2.3 程序的运行结果

在此程序中，c1、c2、c3、c4 为字符变量，但在赋值语句中 c1、c2 赋以整型值。从结果看，c1、c2、c3、c4 值的输出形式取决于 printf()函数格式串中的格式符，当格式符为"%c"时，对应输出的变量值为字符，当格式符为"%d"时，对应输出的变量值为整数。

【例 2.4】输入一个字符，输出它的 ASCII 值。其程序代码如下：

```c
#include <stdio.h>
main()
{  char c;
   printf("请输入一个字符: ");
   scanf("%c",&c);
   printf("%d\n",c);
}
```

其运行结果如图 2.7 所示。

图 2.7　例 2.4 程序的运行结果

在此程序中，c 被声明为字符变量并赋予字符值，输出结果为整型数据。在 C 语言中，对字符实际上存放的是字符的 ASCII 值，所以字符型和整型不需要用函数进行转换，可以直接输出字符的 ASCII 值。

4. 不同类型数据的混合运算

整型、实型和字符型数据之间可以混合运算。在进行混合运算时，不同类型的数据要转换成同一类型。转换的方法有两种：一是自动转换，二是强制转换。

1）类型的自动转换

自动转换发生在不同类型的数据混合运算时，由编译系统自动完成。自动转换遵循以下规则。

（1）若参与运算的类型不同，则先转换成同一类型，再进行运算。

（2）转换按照数据长度增加的方向进行，以保证精度不降低。例如，int 型和 long 型运算时，先把 int 型转换成 long 型，再进行运算。

（3）所有的实型运算都以双精度进行，即使仅含 float 单精度运算的表达式，也要先转换成 double 型，再进行运算。

（4）char 型和 short 型参与运算时，必须先转换为 int 型。

（5）在赋值运算中赋值号两边的数据类型不同时，把赋值号右边的类型自动换成左边变量的类型。如果右边的数据类型长度比左边长，则将丢失一部分数据，这样就会降低精度，丢失部分将按照四舍五入进行运算。

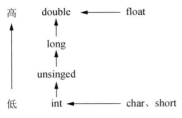

图 2.8 类型自动转换规则

图 2.8 表示了类型自动转换的规则。

图中，横向向左的箭头表示必定发生的转换，如字符型数据必须先转换成整型，单精度型必须先转换成双精度型等。纵向箭头表示当运算对象为不同类型时转换的方向。例如，整型与双精度型数据进行运算时，先将整型数据转换成双精度型数据，再在两个同类型（双精度）之间进行运算，结果为双精度型。

> **注 意**
>
> 箭头方向只表示数据类型级别的高低，由低向高转换。不要理解为整型先转换为无符号型，再转换成长整型，此后转换成双精度型。如果一个整型数据与一个双精度型数据运算，则会直接将整型转换成双精度型。

上述的类型转换是由系统自动完成的。

2）类型的强制转换

强制类型转换是通过类型转换运算来实现的。强制类型转换的格式如下：

(类型声明符) 表达式

其作用是把表达式的运算结果强制转换成类型声明符所表示的类型。

例如：

```
(float)x          /*把 x 转换为实型*/
(int)(x+y)        /*把 x 与 y 的和转换为整型*/
```

> **注 意**
>
> 类型声明符和表达式都必须加括号（单个变量可以不加括号），如把(int) (x+y)写成(int)x+y，则只将 x 转换成 int 型，再与 y 相加。

无论是强制转换还是自动转换，都只是为了本次运算的需要而对变量的数据长度进行临时性转换，原来的变量类型并未改变。

【例 2.5】类型的强制转换的应用。其程序代码如下：

```
#include <stdio.h>
main()
{
   float f=5.75;
   printf("(int)f=%d,f=%f\n",(int)f,f);
}
```

其运行结果如图 2.9 所示。

此程序表明，f 虽然强制转换为 int 型，但只在运算中起作用，这种转换是临时的，而 f 本身的类型并没有改变。

图 2.9 例 2.5 程序的运行结果

### 三、任务实施

本任务是在已知圆半径的情况下,计算圆的面积和周长,利用求面积和周长的数学公式即可完成计算。在计算中用到圆周率 π,圆周率 π 是一个固定值,所以圆周率声明为常量,半径定义为变量。

其程序代码如下:

```
#include <stdio.h>
#define PI 3.14          /*定义常量 PI 表示圆周率*/
main()
{   int r;               /*定义整型变量 r 表示圆半径*/
    float area,girth;    /*定义实型变量 area、girth 表示圆面积和周长*/
    r=10;                /*给变量 r 赋值 10*/
    area=PI*r*r;         /*计算圆面积*/
    girth=2*PI*r;        /*计算圆周长*/
    printf("area=%f,girth=%f\n",area,girth); /*输出计算结果*/
}
```

其运行结果如图 2.10 所示。

图 2.10 求圆的面积和周长的运行结果

### 四、深入训练

(1)某物体的质量 m 为 5kg,编写一个 C 语言程序,求它的重力 G。已知重力 G=mg(其中 g=9.8N/kg)。

提示:g 声明为常量,m 声明为变量。

(2)输入小写字母,输出对应的大写字母。

提示:如小写字母 a 的 ASCII 值为 97,大写字母 A 的 ASCII 值为 65。

# 任务二　计算表达式的值

**【知识要点】** 算术运算符与算术表达式、赋值运算符与赋值表达式、关系运算符与关系表达式、逻辑运算符与逻辑表达式。

## 一、任务分析

计算并输出 x 的值：

$$x = \dfrac{-b + 5a^2}{2a}$$

（1）如何将数学表达式转换为合法的 C 语言表达式？
（2）确定 a、b 和 x 的数据类型。

## 二、必备知识与理论

在 C 语言中，除了控制语句和输入/输出以外的其他基本操作都可作为运算符处理。其运算符和表达式数量之多，在高级语言中是少见的。丰富的运算符和表达式使 C 语言功能十分完善，这也是 C 语言的主要特点之一。

在 C 语言中，运算符的优先级共分为 15 级，1 级最高，15 级最低（见附录 C）。C 语言的运算符不仅具有不同的优先级，还有不同的结合性。在表达式中，优先级较高的先于优先级较低的进行运算，而当一个运算量两侧的运算符优先级相同时，则按运算符的结合性所规定的结合方向自左向右或自右向左进行运算。这种结合性是其他高级语言的运算符所没有的，因此增加了 C 语言的复杂性。

C 语言的运算符可分为 10 类，见表 2.3。

表 2.3　C 语言的运算符

| 运算符种类 | 运算符 |
| --- | --- |
| 算术运算符 | +、-、*、/、%、++、-- |
| 关系运算符 | >、>=、<、<=、==、!= |
| 逻辑运算符 | !、&&、\|\| |
| 位操作运算符 | <<、>>、&、\|、^、~ |
| 赋值运算符 | =、+=、-=、*=、/=、%=等 |
| 条件运算符 | ? : |
| 逗号运算符 | , |
| 指针运算符 | *、& |
| 求字节数运算符 | sizeof |
| 其他运算符 | ()、[ ] 等 |

本任务只介绍常用的算术运算符、赋值运算符、关系运算符、逻辑运算符、逗号运

算符及其相应的表达式。其他运算符将在后续项目中进行介绍。

1. 算术运算符与算术表达式

算术运算符包括基本算术运算符和自增、自减运算符，其中基本算术运算符简称算术运算符。

1）基本算术运算符

基本算术运算符用于各类数值运算，包括加（+）、减（-）、乘（*）、除（/）、求余（%，或称模运算），共 5 种。

双目运算符是有两个运算量参与运算的运算符。例如，a+b、4-8、c/5 等都有两个量参加运算。

双目运算符中的加（+）、减（-）、乘（*）运算与普通的算术运算中的加法、减法、乘法相同，具有左结合性，这里不再解释。使用算术运算符应注意以下几点。

（1）"+""-"也可分别用作正值、负值运算符，此时为单目运算，具有右结合性，如+X、-5 等。

（2）除法运算符"/"是双目运算符，具有左结合性。当参与运算量均为整型时，结果也为整型，舍去小数，如 5/2 的值为 2，而不是 2.5；如果运算量中有一个是实型，则结果为双精度实型，如 5.0/2 的值为 2.5。

（3）求余运算符（模运算符）"%"是双目运算符，具有左结合性，要求参与运算的量必须为整型。求余运算的结果等于两数相除后的余数，一般情况下，所得余数与被除数符号相同。例如，5%2=1、10%5=0、8%-5=3。

2）自增（++）、自减（--）运算符

自增运算符（++）的功能是使变量的值自增 1，自减运算符（--）的功能是使变量的值自减 1。它们均为单目运算，都具有右结合性。自增、自减运算符只能用于变量，而不能用于常量或表达式，如 6++或(a+b)++都是不合法的。自增、自减运算符可有以下几种格式：

```
++i  /*i 值自增 1 后再参与其他运算*/
--i  /*i 值自减 1 后再参与其他运算*/
i++  /*i 参与运算后再将值自增 1*/
i--  /*i 参与运算后再将值自减 1*/
```

对于一个变量 i 实行前置运算（++i）和后置运算（i++），其运算结果是一样的，即都使变量 i 的值加 1（i=i+1）。但++i 和 i++的不同之处在于，++i 是先执行 i=i+1 后，再使用 i 的值；而 i++是先使用 i 的值后，再执行 i=i+1。

例如，假设 i 的初值为 3，则有

```
j=++i;  /*i 的值先变成 4 再赋给 j,j 的值为 4*/
j=i++;  /*先将 i 的值赋给 j,j 的值为 3,然后 i 变为 4*/
```

【例 2.6】自增、自减运算符的应用。其程序代码如下：

```
#include <stdio.h>
```

```
main()
{  int i,m,n,j,k;
   i=10;
   m=i++; n=++i; j=i--; k=--i;
   printf("%d,%d,%d,%d\n",m,n,j,k);
}
```

其运行结果如图 2.11 所示。

图 2.11   例 2.6 程序的运行结果

此程序中，赋值语句"m=i++;"表示将 i 的值 10 赋给 m 后，i 再增 1 变为 11；赋值语句"n=++i;"表示 i 先增 1 后，再将新值 12 赋给 n；赋值语句"j=i--;"表示将 i 的值 12 赋给 j 后，i 再减 1 变为 11；赋值语句"k=--i;"表示 i 先减 1 后，再将新值 10 赋给 k。

3）算术表达式

用算术运算符和圆括号将操作数（即常量、变量和函数）组合起来的符合 C 语言语法规则的式子，称为算术表达式。例如，a*b/c-1.5+'a'、sin(x)+sin(y)、(x+r)*8-(a+b)/7、(++i)-(j++)+(k--)。

单个的常量、变量、函数可以看作表达式的特例。

C 语言的运算符具有不同的优先级和结合性。在求一个表达式的值时，要先按照运算符的优先级别执行，如先乘除后加减；如果一个运算对象左右两侧的运算符优先级别相同，则按照结合方向处理，确定是自左向右进行运算还是自右向左进行运算，如 a+b-c。一个表达式有值和类型两个属性，它们是由计算表达式得到的结果来决定的。

C 语言算术表达式的书写形式与数学中表达式的书写形式是有区别的，在使用时要注意以下几点。

（1）C 语言表达式的乘号不能省略。例如，$b^2$-4ac，应写成 b*b-4*a*c。

（2）只能使用系统允许的标识符。例如，$\pi r^2$，应写成 3.1415926*r*r。

（3）C 语言表达式中的内容必须书写在同一行，不允许有分子分母形式，必要时利用圆括号保证运算的顺序。例如，$\dfrac{a+b}{c+d}$，相应的 C 语言表达式为(a+b)/(c+d)。

（4）C 语言表达式不允许使用方括号和花括号，只能使用圆括号帮助限定运算顺序。可以使用多层圆括号，但左右括号必须配对，运算时从内层圆括号开始，由内向外依次计算表达式的值。

2. 赋值运算符与赋值表达式

赋值运算符用于赋值运算，分为简单赋值运算符(=)、复合算术运算赋值运算符(+=、

－＝、*＝、/＝、%＝）和复合位运算赋值运算符（&＝、|＝、^ ＝、>>＝、<<＝）共 3 类。

1）简单赋值运算符

简单赋值运算符的一般格式如下：

> 变量名=表达式

其含义是将赋值运算符右边表达式的值存放到以左边变量名为标识的存储单元中。

例如，语句"i=3;"中的赋值运算符"="的功能是将整型常量 3 赋给整型变量 i，这样 i 的值就是 3。

【说明】

（1）赋值运算符左边只能是变量，右边的表达式可以是单一的常量、变量、表达式和函数调用语句。例如，以下赋值表达式都是合法的：

```
x=10
y=x+10
y=func()
```

（2）赋值运算符"="不同于数学中使用的等号，它没有相等的含义。例如，x=x+1 的含义是取出变量 x 中的值加 1 后，再存入变量 x 中。

（3）一个赋值表达式中可以有多个赋值运算符，其运算顺序是自右向左结合。例如，x=y=z=1 相当于 x=(y=(z=1))。

（4）进行赋值运算时，当赋值运算符两边的数据类型不同时，将由系统自动进行类型转换。转换原则是将赋值运算符右边的数据类型转换成左边的变量类型。其转换规则见表 2.4。

**表 2.4　赋值运算中数据类型的转换规则**

| 运算符左边的类型 | 运算符右边的类型 | 转换规则 |
| --- | --- | --- |
| float | int | 将整型数据转换成实型数据后再赋值 |
| int | float | 将实型数据的小数部分截去后再赋值 |
| long int | int、short | 值不变 |
| int、short int | long int | 右侧的值不能超过左侧数据类型的取值范围，否则将导致意外的结果 |
| unsigned | signed | 按原样赋值。但如果数据范围超过相应整型的取值范围，则将导致意外的结果 |
| signed | unsigned | |

2）复合赋值运算符

C 语言规定，可以在赋值运算符"="之前加上其他运算符，以构成复合赋值运算符。其一般格式如下：

> 变量 双目运算符=表达式

等价于

> 变量=变量 双目运算符 表达式

例如：

```
n+=1        /*等价于 n=n+1*/
x*=y+1      /*等价于 x=x*(y+1)*/
```

C 语言规定，双目运算符可以与赋值运算符一起组合成复合赋值运算符。C 语言中共有 10 种复合赋值运算符，即+=、-=、*=、/=、%=、<<=、>>=、&=、^=、|=。其中，后 5 种是有关位运算的，将在后面进行介绍。复合赋值运算符的优先级与赋值运算符的优先级相同，且结合方向也一致。

3）赋值表达式

由赋值运算符将一个变量和一个表达式连接起来的式子称为"赋值表达式"。其一般格式如下：

变量=表达式

赋值表达式的求解过程如下：

（1）求解赋值运算符右侧表达式的值。

（2）将赋值运算符右侧表达式的值赋给左侧的变量。

（3）赋值表达式的值就是被赋值变量的值。

例如，a=5，赋值表达式的值是 5（变量 a 的值也是 5）。

C 语言中，凡是表达式可以出现的地方均可出现赋值表达式。

例如，a=(b=5)+(c=8)是合法的。它的意义是将 5 赋予 b，将 8 赋予 c，再将 b、c 之和赋予 a，故 a 应等于 13。

赋值表达式也可以包含复合的赋值运算符。例如，a+=a-=a*a，假设 a 初值为 6，求解如下：

（1）进行 a-=a*a 的运算，相当于 a=a-a*a，结果为-30。

（2）进行 a+=-30 的运算，相当于 a=a+(-30)，结果为-60。

按照 C 语言规定，对于任何表达式，在其末尾加上分号就构成语句。因此，

```
a=b=c=5     /*赋值表达式,值为 5，a,b,c 的值也是 5*/
```

而且

```
a=b=c=5;    /*赋值语句,执行后 a,b,c 的值是 5*/
```

4）变量赋初值

在程序中常常需要对一些变量赋初值，以便使用变量。C 语言允许在定义变量的同时为其赋初值。例如：

```
int a=1; float x=3.2; char c='a';
```

赋初值时可以只对声明的一部分变量赋初值，也可以将几个变量赋予同一个初值。由于赋值符"＝"右边的表达式也可以是一个赋值表达式，因此，变量=(变量=表达式)是成立的，从而形成嵌套的情形。其展开之后的一般格式如下：

变量=变量=…=表达式

例如：

```
int a,b,c=1;        /*对变量 c 初始化,值为 1*/
float x,y,z;
x=y=z=2.0;          /*对变量 a,b,c 赋初值 2.0*/
```

为变量赋初值不是在编译阶段完成的，而是在程序执行时赋予的，这与后面介绍的静态存储变量的初始化在编译阶段完成是不同的。因此，为变量赋初值等价于执行了赋值语句，即

```
int a=1;
```

等价于

```
int a;
a=1;
```

### 3. 逗号运算符与逗号表达式

C 语言中逗号 “,” 也是一种运算符，称为逗号运算符。其功能是把两个或多个表达式连接起来组成一个表达式，称为逗号表达式。其一般格式如下：

表达式 1,表达式 2,…,表达式 n

其求值过程如下：先求出表达式 1 的值，再求出表达式 2 的值……依次求出各个表达式的值，并以表达式 n 的值作为整个逗号表达式的值。

逗号运算符是所有运算符中级别最低的，且具有从左至右的结合性。

例如，a=3*4, a*5, a+10，其求解过程如下：先计算 3*4，将 12 赋给 a；再计算 a*5，值为 60；最后计算 a+10，值为 12+10=22。所以整个表达式的值为 22，变量 a 的值为 12。

使用逗号表达式应请注意以下几点：

（1）一个逗号表达式可以与另一个逗号表达式组成一个新的逗号表达式。例如，(a=3*4, a*5), a+10，表达式的值为 22。

（2）不是任何地方出现的逗号都作为逗号运算符。例如，在变量声明中的逗号只起间隔符的作用，不构成逗号表达式。

（3）程序中使用逗号表达式，通常要分别求逗号表达式内各表达式的值，并不一定求整个逗号表达式的值。逗号表达式常用于 for 循环中。

### 4. 关系运算符和关系表达式

#### 1）关系运算符

关系运算符用于比较运算，包括大于（>）、大于等于（>=）、小于（<）、小于等于（<=）、等于（==）和不等于（!=）6 种。

关系运算符都是双目运算符，其结合性均为左结合性。在 6 种关系运算符中，前 4 种的优先级相同（>、<、>=、<=），后两种（==、!=）的优先级相同，并且前面 4 种运算符的优先级高于后面两种运算符。

用关系运算符比较的数据包括整型、实型和字符型，字符串不能用关系运算符做比

较。比较整型或实型数据时，按照数值大小进行比较；比较字符型数据时，按照字符的 ASCII 值进行比较。

关系运算符的优先级低于算术运算符，高于赋值运算符。

2）关系表达式

用关系运算符将两个要比较的对象连接起来的式子称为关系表达式，其格式如下：

　　表达式　关系运算符　表达式

上面的表达式可以是算术表达式、关系表达式、逻辑表达式、赋值表达式、字符表达式。

例如，a+b>c+d、x>3/2、'a'+1<'c'、j==k+1 都是合法的关系表达式。由于表达式也可以是关系表达式，因此允许出现嵌套的情况，如 a>(b>c)、a!=(c==d)等。

C 语言中，当判断关系表达式的值时，若关系表达式成立，则值为真，返回 1；否则，值为假，返回 0。

当判断一个量是否为真时，C 语言中以非 0 表示真，以 0 表示假。例如，3>2 的值为 1、10>(2+10)的值为 0。

关系表达式常用于选择结构和循环结构的条件判断中。例如，用 C 语言表达式描述下列条件：

（1）整数 x 为偶数。

（2）整数 m 不是 n 的倍数。

则（1）可描述为 x%2==0；（2）可描述为 m%n!=0。

【例 2.7】关系表达式运算结果演示。其程序代码如下：

```c
#include <stdio.h>
main()
{  printf("55>44:%d\n",55>44);
   printf("z<A:%d\n",'z'<'A');
   printf("11<=7:%d\n",11<=7);
}
```

其运行结果如图 2.12 所示。

图 2.12　例 2.7 程序的运行结果

5. 逻辑运算符和逻辑表达式

1）逻辑运算符

逻辑运算符用于逻辑运算，包括与（&&）、或（||）、非（!）3 种运算符。与（&&）

和或（||）运算符均为双目运算符，具有左结合性。非（!）运算符为单目运算符，具有右结合性。

逻辑运算符优先级从高到低排列如下：

非（!）、与（&&）、或（||），非（!）的优先级最高。

算术、关系、逻辑、赋值运算的优先级从高到低排列如下：

非（!）→算术运算→关系运算→与（&&）→或（||）→赋值运算。

例如：

a>b&&x>y　　　　　等价于　　(a>b) && (x>y)

!b==c||d<a　　　　 等价于　　(!b)==(c||(d<a))

a+b>c&&x+y<b　　 等价于　　((a+b)>c)&&((x+y)<b)

表 2.5 为逻辑运算的真值表，表示当操作数 a 和 b 的值为不同组合时，各种逻辑运算所得到的值。

表 2.5　逻辑运算的真值表

| a | b | a&&b | a\|\|b | !a |
|---|---|---|---|---|
| 0 | 0 | 0 | 0 | 1 |
| 0 | 1 | 0 | 1 | 1 |
| 1 | 0 | 0 | 1 | 0 |
| 1 | 1 | 1 | 1 | 0 |

2）逻辑表达式

用逻辑运算符将运算对象连接起来的有意义的式子称为逻辑表达式，其格式如下：

　　表达式　逻辑运算符　表达式

若逻辑表达式成立为真，则返回 1；否则，返回 0。

例如：

5>0&&4>2，由于 5>0 为真，4>2 也为真，相与的结果也为真，返回 1。

5>0||5>8，由于 5>0 为真，不再与 5>8 进行或运算了，结果为真，返回 1。

!(5>0)，由于 5>0 为真，求非之后的结果为假，返回 0。

!1&&0，先求非运算结果为 0，不再与 0 进行与运算，返回值为 0。

注　意

　　对于表达式!1&&0，先求!1 与先求 1&&0，将会得出不同的结果。

在用&&对两个表达式进行计算时，如果第一个表达式的值为假，则后面的表达式可以不用理会，结果肯定为假，所以 C 语言规定此时的第二个表达式将不再参与计算。同样的道理，用||对两个表达式进行计算时，若第一个表达式的值为真，则计算结果与第二个表达式的结果也没有关系，计算结果肯定为真。

C 编译器在给出逻辑运算值时，以 1 代表真，以 0 代表假。反过来，在判断一个量的值为真还是假时，以 0 代表假，以非 0 数值代表真。例如，5 和 3 均为非 0，因此 5&&3 的值为真，即 1。

【例 2.8】逻辑表达式的应用。其程序代码如下：

```
#include <stdio.h>
main()
{   int a=14,b=15,x;
    char c='A';
    x=a&&b&&c<'B';
    printf("x=%d\n",x);
}
```

其运行结果如图 2.13 所示。

图 2.13  例 2.8 程序的运行结果

此例中，语句 x=a&&b&&c<'B'中出现了赋值运算符、关系运算符和逻辑运算符，根据它们的优先级，应先进行 c<'B'的运算，值为 1（真）；a&&b 等价于 14&&15，值也为 1；这样语句 x=a&&b&&c<'B'就等价于 x=1&&1，先进行逻辑运算 1&&1，其值为 1，最后将其赋值给左边的变量 x。

6. 运算符的优先级与结合性

C 语言规定了运算符的优先级和结合性。在求解表达式时，按照运算符的优先级高低次序执行。

例如，a−b*c 等价于 a−(b*c)，运算符"*"的优先级高于运算符"−"。

如果一个运算对象两侧的运算符优先级相同，则按照规定的结合方向处理。左结合性（自左向右结合）是指运算对象先与左边的运算符结合，右结合性（自右向左结合）是指运算对象先与右边的运算符结合。例如，a−b+c 等价于(a−b)+c。

在书写含有多个运算符的表达式时，应注意各个运算符的优先级，确保表达式中的运算符能以正确的顺序参与运算。对于复杂的表达式，为了清晰起见，可加圆括号()强制规定运算顺序。

三、任务实施

完成如下任务：计算表达式的值。
（1）将如下数学表达式：

$$x = \frac{-b + 5a^2}{2a}$$

转换成 C 语言表达式为 x=(−b+5*a*a)/(2*a)。

（2）确定变量 a、b 和 x 的数据类型。为便于计算，将 a、b 定义为整型，x 定义为实型。

（3）由于 a、b 为整型，根据 C 语言的运算规则，两个整数相除的结果为整型数据，而 x 定义为实型数据，为了得到正确的结果，可进行强制类型转换。

其程序代码如下：

```c
#include <stdio.h>
main()
{  int a,b;
   float x;
   scanf("%d%d",&a,&b);          /*通过键盘给 a、b 赋值, &a 表示变量 a 的地址*/
   x=(float)(-b+5*a*a)/(2*a);    /*将右边整型数据转换为实型*/
   printf("x=%f\n",x);
}
```

其运行结果如图 2.14 所示。

图 2.14　计算表达式的值的运行结果

## 四、深入训练

（1）编写一个 C 语言程序，输入变量 x、y、z 的值，根据以下算式求 n 的值：

$$n = x^2 + \frac{yz}{2}$$

提示：将 x、y、z 定义为整型变量，n 为实型变量。

（2）判断某年是否为闰年需要满足下列条件之一：

① 能被 4 整除但不能被 100 整除。

② 既能被 4 整除又能被 400 整除。

写出判断某年 year 是否为闰年的表达式。

（3）写出判别字符 ch 是否为英文字母的表达式。

# 任务三　求三角形的面积

【知识要点】格式输出函数 printf()。

## 一、任务分析

已知三角形三边 a、b、c 的值，求三角形的面积。要求输出 a、b、c 及面积 area 的值，输出结果保留两位小数。

## 二、必备知识与理论

大家知道，人与人之间是通过语言在外界空气介质的传输下进行交流的。同样，人、计算机外围设备和计算机之间也有一定的交流方式，这种交流方式是靠输入和输出来完成的。

### 1．数据输入/输出的概念

输入/输出：用计算机的输入设备（键盘、磁盘、光盘和扫描仪等）向计算机输入数据，称为"输入"；从计算机向外围输出设备（显示器、磁盘、打印机等）输出数据，称为"输出"。

在程序的运行过程中，往往需要输入一些数据（语言内容），而程序运算所得到的计算结果（数据）又需要输出给用户。因此，输入/输出操作是程序设计语言中的重要内容。

C 语言未提供专门的输入/输出语句，所有的输入/输出操作都是通过对标准库函数的调用来实现的（如 printf()函数和 scanf()函数）。在使用库函数时，不要将它们误认为是 C 语言提供的输入和输出语句，特别是 printf 和 scanf，并不是 C 语言的关键字，它们只是函数的名称。C 语言提供的函数以库的形式存放在系统中，它们不是 C 语言文本中的组成部分。因此在使用 C 语言库函数时，需要使用预编译命令#include 将相关的头文件.h 包含到用户源文件中。

其一般格式如下：

```
#include  <头文件>
```

或者

```
#include "头文件"
```

【说明】

（1）用尖括号括起来表示先在系统目录查找所包含的文件，一般在要包含系统头文件时使用；用双引号引起来表示先在当前程序所在的目录中查找所包含的文件，如果没有，再在对应系统目录中查找对应的文件，一般在要包含自己写的文件时使用。

（2）标准输入/输出头文件是 stdio. h，它是 standard input & output 的缩写，"h"是 head 的缩写，它包含了与标准输入/输出库有关的变量定义和宏定义。由于 printf()和 scanf()函数使用比较频繁，有些系统允许在使用这两个函数时不需要包含头文件（即可以不加#include）。

常用的输入/输出函数包括 printf()函数（格式输出函数）、scanf()函数（格式输入函数）和 putchar()函数（字符输出函数）、getchar()函数（字符输入函数）等。

### 2．格式输出函数 printf()

printf()函数称为格式输出函数。其功能是按照用户指定的格式将指定的数据输出到显示器上。在前面的例题中已多次用到这个函数。

（1）printf()函数的一般格式如下：

```
printf("格式控制字符串",输出项列表);
```

例如：

```
printf("r=%d\tarea=%f\n",r,area);
```

"格式控制字符串"是用双引号括起来的字符串，也称为"转换控制字符串"。它包括以下 3 类字符。

① 普通字符：是指一些说明字符，这些字符按照原样显示在屏幕上，主要起提示作用。 如上面 printf()函数双引号中的"r="和"area="。

② 转义字符：是指不可打印的字符，控制产生特殊的输出效果。上例中的"\t"为水平制表符，作用是跳到下一个水平制表位；"\n"为回车换行符，输出自动换到新的一行。

③ 格式字符：由"%"引导的格式字符串，用于指定输出格式。上例中"%d""%f"的作用是把输出的数据转换为指定的格式输出。格式指示符是由"%"开头的字符。

printf()函数语句的输出项列表是需要输出的一些数据，可以是常量、变量或表达式，其类型、个数必须与格式控制说明中格式字符的类型、个数一致。当有多个输出项时，各项之间用逗号分隔。

（2）格式字符串的一般格式如下：

```
[标志] [输出最小宽度][.精度] [长度] 类型
```

其中，方括号[ ] 中的项为可选项。

各项的意义介绍如下：

（1）类型：用于表示输出数据的类型，见表 2.6。

（2）标志：标志字符为+、−、#、空格，共 4 种，见表 2.7。

（3）输出最小宽度：用十进制数来表示输出的最少位数。若实际位数多于定义的宽度，则按照实际位数输出；若实际位数少于定义的宽度，则补充空格或 0。

（4）精度：精度格式符以"."开头，后跟十进制数。其意义是，如果输出数字，则表示小数的位数；如果输出字符串，则表示输出字符的个数；若实际位数大于所定义的精度数，则截去超过的部分。

（5）长度：长度格式符为 h、l 两种，h 表示按照短整型量输出，l 表示按照长整型量输出，可加在格式符 d、o、x、u 前面，见表 2.8。

表 2.6  格式类型符及其含义（假设 x=3.1415926）

| 格式符 | 含义 | 举例 | 输出结果 |
| --- | --- | --- | --- |
| d | 按照十进制输出带符号整数（正号省略） | printf("%d",'A') | 65 |
| o | 按照八进制输出无符号整数（不输出前缀 0） | printf("%o",'A') | 101 |
| x、X | 按照十六进制输出无符号整数（不输出前缀 0x） | printf("%x",'A') | 41 |
| u | 按照十进制输出无符号整数 | printf("%u",'A') | 65 |
| f | 按照小数形式输出单、双精度实数 | printf("%f", x) | 3.141593 |

续表

| 格式符 | 含义 | 举例 | 输出结果 |
|---|---|---|---|
| e、E | 按照指数形式输出单、双精度实数 | printf("%e", x) | 3.141593e+000 |
| g、G | 按照 e 或 f 格式中较短的一种输出单、双精度实数 | printf("%g",x) | 3.141593 |
| c | 按照字符型输出 | printf("%c",'A') | A |
| s | 按照字符串输出 | printf("%s","abc") | abc |

表 2.7　标志及其含义

| 标志符 | 含义 | 举例 | 输出结果 |
|---|---|---|---|
| – | 结果左对齐，右边补空格 | printf("%-4d",'A') | 65 |
| + | 输出符号（正号或负号） | printf("%+d",'A') | +65 |
| 空格 | 输出值为正时冠以空格，为负时冠以负号 | printf("% d",'A') | 65 |
| # | 对 c、s、d、u 类无影响；对 o 类，在输出时加前缀 0；对 x 类，在输出时加前缀 0x；对 e、g、f 类，当结果有小数时才给出小数点 | printf("%#o",65)<br>printf("%#x",65) | 0101<br>0x41 |

表 2.8　宽度、长度修饰符（假设 x=3.1415926）

| 修饰符 | 含义 | 举例 | 输出结果 |
|---|---|---|---|
| m | 以宽度 m 输出整型数，不足 m 时，左补空格 | printf("%4d",'A') | 65 |
| 0m | 以宽度 m 输出整型数，不足 m 时，左补 0 | printf("%04d",'A') | 0065 |
| m.n | 以宽度 m 输出实型小数，小数位数为 n 位 | printf("%4.2f",x) | 3.14 |
| lf | 以双精度型格式输出 | printf("%lf",x) | 3.141593 |
| hd | 以短整型格式输出 | printf("%hd",'A') | 65 |
| ld | 以长整型格式输出 | printf("%ld",'A') | 65 |
| hu | 以无符号短整型格式输出 | printf("%hu",'A') | 65 |

【例 2.9】printf()函数示例一。其程序代码如下：

```
#include <stdio.h>
main()
{
    int n1=65,n2=66;
    printf("%d %d\n",n1,n2);
    printf("n1=%d,n2=%d\n",n1,n2);
    printf("n1=%c n2=%c\n",n1,n2);
}
```

其运行结果如图 2.15 所示。

图 2.15 例 2.9 程序的运行结果

【例 2.10】printf()函数示例二。其程序代码如下：

```c
#include <stdio.h>
main()
{   int a=15;
    float b=123.1234567;
    double d=12345678.1234567;
    char c='p';
    printf("a=%d,%6d,%+6d,%-6d,%o,%x\n",a,a,a,a,a,a);
    printf("b=%f,%lf,%5.4f,%-10.4f,%e\n",b,b,b,b,b);
    printf("d=%f, %8.4lf,%e,%g\n",d,d,d,d);
    printf("c=%c,%8c\n",c,c);
    printf("%s,%-6.2s,%6.2s\n","china","china","china");
}
```

其运行结果如图 2.16 所示。

图 2.16 例 2.10 程序的运行结果

【程序说明】

此例中第 7 行以 6 种格式输出整型变量 a 的值，其中，"%6d"要求输出宽度为 6，而 a 值 15 只有两位，默认在该值前面补 4 个空格；"%+6d"因输出的符号位占 1 位，故在该值前面补 3 个空格；"%-6d"输出左对齐，在输出项后面补 4 个空格。第 8 行以 5 种格式输出实型变量 b 的值，由于单精度有 7 位有效数字，所以小数部分只有 4 位数字有效，其中，"%f"和"%lf"输出结果相同，说明"l"字符对"f"类型无影响；"%5.4f"指定输出宽度为 5，精度为 4 位，由于实际长度超过 5，故应该按照实际位数输出，小数位数超过 4 位部分被截去；"%-10.4f"输出左对齐，因实际宽度是 8 位，故在该值后面补 2 个空格。第 9 行中以 4 种格式输出双精度数 d，由于小数位规定为 6 位，故小数后第 7 位四舍五入，"%8.4lf"指定精度为 4 位，故超过 4 位部分被截去，"%e"按照指数形式输出，许多 C 语言编译系统会自动给出数字部分的小数位数为 6 位，指数部分占

5 列（如 e+002，其中"e"占 1 列，指数符号占 1 列，指数占 3 列，不同编译系统略有不同）；"%g"按照"%f"和"%e"中较短格式输出。第 10 行输出字符"c"，其中"%8c"指定输出宽度为 8，故在字符"p"之前补 7 个空格。第 11 行输出字符串，"%-6.2s"指定输出左对齐，宽度为 6，输出字符数为 2，所以在输出项后面补 4 个空格；"%6.2s"在输出项前面补 4 个空格。

3. 字符输出函数 putchar()

putchar()函数的功能是将一个字符输出到显示器上显示。putchar()函数也是一个标准的输入/输出库函数，它的原型在 stdio.h 头文件中被定义。因此，使用时需要使用预编译处理命令#include。

putchar()函数的一般格式如下：

```
putchar(c);
```

即将变量 c 的值输出到显示器上。这里 c 可以是字符型常量或变量，也可以是一个转义字符。

【例 2.11】putchar()函数应用举例。其程序代码如下：

```
#include <stdio.h>
main()
{
   char a,b,c;
   a='B';
   b='O';
   c=89;
   putchar(a); putchar('\n');
   putchar(b); putchar('\n');
   putchar(c); putchar('\n');
}
```

其运行结果如图 2.17 所示。

图 2.17　例 2.11 程序的运行结果

注　意

putchar()函数只能用于单个字符的输出，且一次只能输出一个字符。

### 三、任务实施

计算三角形的面积。已知三角形三边 a、b、c 的值,要求输出 a、b、c 及面积 area 的值,输出结果保留两位小数。

任务分析如下:

(1)已知三角形三边,求三角形面积,可以利用海伦公式实现。

面积=$\sqrt{s(s-a)(s-b)(s-c)}$,其中,s=$\frac{1}{2}$(a+b+c)。

(2)将该数学公式转换成 C 语言表达式:s=(a+b+c)/2,area=sqrt(s*(s-a)*(s-b)*(s-c))。

(3)sqrt()为标准数学函数,包含在头文件 math.h 中。

其程序代码如下:

```c
#include <stdio.h>
#include <math.h>
main()
{
    float a,b,c,s,area;
    a=3;b=4;c=5;
    s=(a+b+c)/2;
    area=sqrt(s*(s-a)*(s-b)*(s-c));
    printf("a=%5.2f,b=%5.2f,c=%5.2f\narea=%5.2f\n",a,b,c,area);
}
```

其运行结果如图 2.18 所示。

图 2.18 求三角形面积的程序运行结果

### 四、深入训练

(1)写出下列程序运行后的结果:

```c
main()
  {  int x=97,y=98,z=99;
     printf("x=%d\ny=%d\nz=%d\n",x,y,z);
     printf("x=%c\ty=%c\tz=%d\n",x,y,z);
  }
```

(2)已知正方形的边长为 3.6,编程计算它的面积(结果保留两位小数)。

# 任务四　求长方体的体积

【知识要点】格式输入函数 scanf()。

## 一、任务分析

输入长方体的长、宽、高，输出它的体积。

知道长方体的长、宽、高，可以计算出长方体的体积。使用赋值语句进行赋值，若改变长、宽、高的值，则必须修改源程序。通过键盘赋值，可以在程序运行时赋任意的值，而不必修改源程序。

## 二、必备知识与理论

在 C 语言程序中，给计算机提供数据时，可以通过赋值语句实现，也可以通过输入函数实现。本任务采用格式输入函数 scanf() 和字符输入函数 getchar() 实现。

### 1．格式输入函数 scanf()

scanf() 函数是一个库函数，它与 printf() 函数相同，函数原型也在头文件 stdio.h 中。

1）scanf() 函数的一般格式

scanf() 函数的一般格式如下：

```
scanf("控制字符串",输入项地址列表);
```

作用如下：从键盘上输入数据，该输入数据按指定的输入格式被赋给相应的输入项。

【说明】

（1）控制字符串。规定数据的输入格式，作用与 printf() 函数相同，但不能显示非格式字符串，即不能显示提示字符。

（2）输入项地址列表：由一个或多个变量地址组成，各变量地址之间用逗号"，"分隔。地址是由地址运算符"&"后跟变量名组成的。

例如，&a、&b 分别表示变量 a 和变量 b 的地址。这个地址就是编译系统在内存中给变量 a、b 分配的地址。C 语言中使用了地址这个概念，这是与其他语言不同的。应该把变量的值和变量的地址这两个不同的概念区分开来。变量的地址是 C 编译系统分配的，用户不必关心具体的地址是多少。

scanf() 函数语句在运行时会停下来，等待用户从键盘上输入数据，并按照格式控制的要求对数据进行转换后送到相应的变量地址。

【例 2.12】scanf() 函数应用举例一。其程序代码如下：

```c
#include <stdio.h>
main()
{
    int a,b,c;
```

```
    printf("input a b c:\n");   /*显示提示信息*/
    scanf("%d%d%d",&a,&b,&c);   /*通过键盘给变量 a、b、c 赋值*/
    printf("a=%d,b=%d,c=%d\n",a,b,c);
}
```

其运行结果如图 2.19 所示。

图 2.19　例 2.12 程序的运行结果

【程序说明】

此例中，由于 scanf()函数本身不能显示提示串，故先用 printf()函数在屏幕输出提示，请用户输入 a、b、c 的值。执行 scanf()函数并等待用户输入数据，用户输入数据后按 Enter 键，继续执行下面的输出语句，输出结果。

在 scanf()函数的格式串中，由于没有非格式字符在"%d%d%d"之间作为输入时的间隔，因此在输入时要用一个以上的空格或 Enter 键作为两个输入数据之间的间隔。

2）格式控制字符串

格式控制字符串规定输入项中的变量以何种类型的数据格式输入，其一般格式如下：

%[<修饰符>]<格式字符>

修饰符是可选的，修饰符如下：

（1）字段宽度：按照指定宽度输入数据。例如，scanf("%3d",&a)，输入 123456，按照宽度 3 输入一个整数 123 赋给变量 a，其余部分被截去。

（2）长度修正符 l 和 h：可与 d、o、x 一起使用，l 表示输入数据为长整型，h 表示输入数据为短整型。例如，scanf("%ld%hd",&x,&i)，x 按照长整型读入，i 按照短整型读入。

（3）抑制字符"*"：表示按规定格式输入但不赋予相应变量，作用是跳过相应的数据。例如，scanf("%d%*d%d",&x,&y,&z)，执行该语句时，若输入为 123，则结果为 x=1、y=3、z 未赋值、2 被跳过。

输入格式字符及其含义见表 2.9。

表 2.9　输入格式字符及其含义

| 格式字符 | 含义 |
| --- | --- |
| d | 输入有符号的十进制整数 |
| u | 输入无符号的十进制整数 |
| o | 输入无符号的八进制整数 |
| X、x | 输入无符号的十六进制整数 |
| f | 输入实数，可以用小数或指数形式输入 |

续表

| 格式字符 | 含义 |
| --- | --- |
| e | 输入一个指数形式的浮点数，可与 f 互换 |
| c | 输入一个字符 |
| s | 输入一个字符串。将字符串送到一个字符数组中，在输入时以非空白字符开始，以第一个空白字符结束。字符串以串结束标志'\0'作为其最后一个字符 |

使用 scanf()函数应注意以下几点：

① scanf()函数中没有精度控制，如 scanf("%5.2f",&a)是非法的。

② scanf()函数中要求给出变量的地址，如给出变量名则会出错。例如，scanf("%d",a)是非法的，应改为 scanf("%d",&a)。

③ 在输入多个数值时，若格式控制串中没有非格式字符作为输入数据之间的间隔，则可用空格、制表符或回车符作为分隔符。C 语言编译器在遇到空格、制表符、回车符或非法数据（如对"%d"输入"12A"时，A 即为非法数据）时，即认为数据输入结束。

④ 在输入字符数据时，若格式控制串中无非格式字符，则认为所有输入的字符均为有效字符。例如，scanf("%c%c",&a,&ch)，若输入为 d　e↙，则把"d"赋给 a，将空格赋给 ch。如果在格式字符串中加入空格作为间隔，如 scanf("%c　%c", &a, &ch)，则输入时各数据之间可加空格。

【例 2.13】scanf()函数应用举例二。其程序代码如下：

```
#include <stdio.h>
main()
{
   int a,b;
   char c1,c2;
   float d;
   printf("input a,b,d c1 c2:\n");
   scanf("%d,%d,%f %c %c",&a,&b,&d,&c1,&c2);
   printf("a=%d,b=%d,d=%f,c1=%c,c2=%c\n",a,b,d,c1,c2);
}
```

其运行结果如图 2.20 所示。

图 2.20　例 2.13 程序的运行结果

【程序说明】

① scanf()函数格式字符串中"%d,%d,%f"之间有分隔符“,”，所以输入数据 10、20之后用逗号间隔后面的数据。

② "%f %c %c"之间有一个空格，所以输入数据 1.234 之后用空格间隔后面的数据。

2. 字符输入函数 getchar()

getchar()函数的功能是从键盘上输入一个字符。该函数没有参数。getchar()函数也是一个标准的输入/输出库函数，它的原型在 stdio.h 头文件中被定义。因此，使用时也需要使用预编译处理命令#include。

getchar()函数的一般格式如下：

```
c=getchar();
```

执行调用时，变量 c 将得到用户从键盘上输入的一个字符值，这里的 c 可以是字符型或整型变量。

**注 意**

getchar()函数只能接收单个字符，输入数字也按照字符处理。输入多于一个字符时，只接收第一个字符。

【例 2.14】getchar()函数应用举例一：输入一个字符，输出该字符的 ASCII 值。其程序代码如下：

```
#include <stdio.h>
main()
{
    char c;
    c=getchar();              /*从键盘上输入任意一个字符并赋给变量 c*/
    printf("%d\n",c);
}
```

其运行结果如图 2.21 所示。

图 2.21  例 2.14 程序的运行结果

【例 2.15】getchar()函数应用举例二：输入一个大写字母，输出其相应的小写字母。其程序代码如下：

```
#include <stdio.h>
main()
{
    char c1,c2;
    c1=getchar();
```

```
    c2=c1+32;
    putchar(c2);
}
```

其运行结果如图 2.22 所示。

图 2.22    例 2.15 程序的运行结果

### 三、任务实施

通过键盘输入任意 3 个数作为长方体的长、宽和高，计算长方体的体积。

本任务主要练习输入/输出函数的使用。其程序代码如下：

```
#include <stdio.h>
main()
{
    float x,y,h,v;
    printf("输入长方体的长、宽、高：");      /*显示提示信息*/
    scanf("%f,%f,%f",&x,&y,&h);             /*输入长,宽,高的值*/
    v=x*y*h;                               /*计算长方体的体积*/
    printf("长方体体积为：%.2f\n",v);       /*结果保留两位小数*/
}
```

其运行结果如图 2.23 所示。

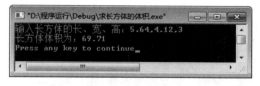

图 2.23    求长方体的体积的运行结果

### 四、深入训练

（1）执行程序时输入 1□2✓（□代表空格；✓代表回车），则下列程序的运行结果是_____。

```
main()
{
    int c,i;
    scanf("%c",&c);
    scanf("%d",&i);
    printf("%c,%d,%6.4s\n",c,i,"3456789");
}
```

（2）输入任意两个整数，编程求它们的商和余数。商为实数，结果保留两位小数。
提示如下：
① 要求商为实数，需要进行类型转换。
② 余数的数据类型为整型。

## 项目实训

### 一、实训目的

1．掌握 C 语言基本数据类型的常量表示、变量的定义和使用。
2．学会使用 C 语言的有关算术运算符以及包含这些运算符的表达式。
3．能够将数学算式转换为 C 语言表达式。
4．熟练掌握使用标准输入/输出函数进行常见数据类型的数据输入/输出的方法，并能正确使用各种格式转换符。
5．进一步熟悉 C 语言程序的结构特点，学习简单程序的编写方法。

### 二、实训任务

1．运行与分析程序。

（1）
```
#include <stdio.h>
main()
{   int a,b,c,d,s;
    a=8,b=7,c=5,d=6;
    s=a*b+c*d;
    printf("%d*%d+%d*%d=%d\t%d\\n",a,b,c,d,s,10*5);
}
```

（2）
```
#include <stdio.h>
main()
{   int a=2,b=5,c=6,d=10;
    int z;
    float x,y;
    x=12;
    y=365.2114;
    z=(float)a+b;
    a+=b;
    b-=c;
    c*=d;
    d/=a;
    a%=c;
    printf("%f\\n",z);
    printf("%d %d %d %d %d\\n",a,b,c,d,a);
}
```

（3）
```c
#include <stdio.h>
main()
{   int x=6,y,z;
    x*=8+1;
    printf("%d\n",x--);
    x+=y=z=11;
    printf("%d\n",x);
    x=y==z;
    printf("%d\n",-x++);
}
```

（4）
```c
#include <stdio.h>
main()
{   float m,n,s;
    printf("m=");
    scanf("%f",&m);
    printf("n=");
    scanf("%f",&n);
    s=m*n;
    printf("s=%f \n",s);
}
```

（5）
```c
#include <stdio.h>
main()
{   int n1=2,n2=4;
    float n3,n4;
    n3=n1/n2;
    n4=(float)n1/n2;
    printf("n1/n2=%f\n",n3);
    printf("(float) n1/n2=%f \n",n4);
}
```

（6）
```c
#include <stdio.h>
main()
{   int a=7,b=4;
    float x=2.5,y;
    y=x+a%3*(int)(x+b)%2/4;
    printf("y=%f\n",y);
}
```

（7）
```c
#include <stdio.h>
main()
{   char c1,c2;
    c1='A';
    c2=c1+6;
    printf("%d,%c \n",c1,c2);
}
```

> **注 意**
>
> 先分析程序的运行结果，再运行该程序，比较自己的判断与屏幕上的结果是否一致，如果有差异，再想想错误出现在什么地方。这种做法可以帮助理解并掌握所学理论及提高分析程序的能力。

2. 编写程序，求下列表达式的值，并分析输出结果。
（1）y=3.4*x-1/2（x、y 为实型变量）。
（2）y=x+a%3*(int)(x+y)%2/4（x、y 为实型变量，a 为整型变量）。

## 项目练习

1. 填空题

（1）转义字符"\n"的功能是_____，转义字符"\r"的功能是_____。
（2）运算符"%"两侧运算对象的数据类型必须都是_____，运算符"++"和"--"的运算对象只能是_____。
（3）表达式 8/4*(int)2.5/(int)(1.25*(3.7+2.3))值的数据类型为_____。
（4）表达式(3+10)/2 的值为_____。
（5）设 int x=2,y=1，表达式(!x||y--)的值是_____。
（6）以下程序段的输出结果是_____。

```
main()
{
    int a=177;
    printf("%o\n",a);
}
```

（7）以下程序段的输出结果是_____。

```
main()
{
    int a=0;
    a+=(a=8);
    printf("%d\n",a);
}
```

（8）以下程序段的输出结果是_____。

```
main()
{
    int a=1,b=2;
    a=a+b;
```

```
        b=a-b;
        a=a-b;
        printf("%d,%d\n",a,b);
    }
```

（9）以下程序段的输出结果是_____。

```
main()
{
    int a,b,c=298;
    a=c/100%9;
    b=(-1)&&(1);
    printf("%d,%d\n",a,b);
}
```

（10）以下程序段的输出结果是 16.00，请填空。

```
main()
{
    int a=9,b=2;
    float x=_____,y=1.1,z;
    z=a/2+b*x/y+1/2;
    printf("%5.2f\n",z);
}
```

2. 选择题

（1）下列 4 组选项中，均不是 C 语言关键字的选项是（　　）。

    A. define　iF　　type　　　　　　B. getc　char　printf

    C. include　case　scanf　　　　　D. while　go　pow

（2）下列 4 组选项中，均是合法转义字符的选项是（　　）。

    A. '\''、'\017'、'\"'　　　　　　　B. '\"'、'\\'、'\n'

    C. '\f'、'\018'、'\xab'　　　　　D. '\\0'、'\101'、'\xlf'

（3）已知字母'b'的 ASCII 值为 98，如 ch 为字符型变量，则表达式 ch='b'+'5'-'2'的值为（　　）。

    A. e　　　　　B. d　　　　　C. 102　　　　　D. 100

（4）以下表达式值为 3 的是（　　）。

    A. 16-3%10　　B. 2+3/2　　　C. 14/3-2　　　D. (2+6)/(12-9)

（5）以下叙述不正确的是（　　）。

    A. 在 C 程序中，逗号运算符的优先级最低

    B. 在 C 程序中，MAX 和 max 是两个不同的变量

    C. 若 a 和 b 类型相同，则在计算表达式 a=b 后，b 中的值将放入 a 中，而 b 中的值不变

    D. 当从键盘上输入数据时，对于整型变量只能输入整型数，对于实型变量只

能输入实型数

（6）定义变量 int x;float y;，以下正确的是（　　　）。

    A．scanf("%f%f",&x,&y)　　　　　B．scanf("%f%d",&x,&y)

    C．scanf("%d%f",&x,&y)　　　　　D．scanf("%5.2f%2d",&x,&y)

（7）putchar()函数可以向终端输出一个（　　　）。

    A．字符或字符变量的值　　　　　B．字符串

    C．实型变量　　　　　　　　　　D．整型变量的值

（8）以下能正确定义整型变量 a、b 和 c 并赋初值 5 的语句是（　　　）。

    A．int a=b=c=5;　　　　　　　　B．int a,b,c=5;

    C．int a=5,b=5,c=5;　　　　　　D．a=b=c=5;

（9）以下叙述正确的是（　　　）。

    A．赋值语句中的"="表示左边的变量等于右边的表达式

    B．赋值语句中左边的变量值不一定等于右边表达式的值

    C．赋值语句是由赋值表达式加上分号构成的

    D．x+=y;不是赋值语句

（10）设有如下程序：

```
#include <stdio.h>
main()
{  char ch1='A',ch2='a';
   printf("%c\n",(ch1,ch2));
}
```

则以下叙述正确的是（　　　）。

    A．程序的输出结果为大写字母 A

    B．程序的输出结果为小写字母 a

    C．运行时产生错误信息

    D．格式声明符的个数少于输出项的个数，编译出错

3．分析程序，写出运行结果

（1）
```
#include <stdio.h>
main()
{
    char c1='6',c2='0';
    printf("%c,%c,%d\n",c1,c2,c2-c1);
}
```

程序的运行结果为＿＿＿＿＿＿＿＿＿＿＿＿＿＿＿＿＿＿＿。

（2）
```
#include <stdio.h>
main()
{
    int x=010,y=10,z=0x10;
```

```
       printf("%d,%d,%d\n",x,y,z);
    }
```

程序的运行结果为＿＿＿＿＿＿＿＿＿＿＿＿＿＿＿。

（3）
```
#include <stdio.h>
main()
{   int a=2,b=3;
    float x=3.9,y=2.3;
    float r;
    r=(float)(a+b)/.2+(int)x%(int)y;
    printf("%f\n",r);
}
```

程序的运行结果为＿＿＿＿＿＿＿＿＿＿＿＿＿＿＿。

（4）
```
#include <stdio.h>
main()
{   int x=12;
    printf("%d,%o,%x,%u\n",x,x,x,x);
}
```

程序的运行结果为＿＿＿＿＿＿＿＿＿＿＿＿＿＿＿。

（5）
```
#include <stdio.h>
main()
{
    int x=235;
    double y=3.1415926;
    printf("x=%-6d,y=%-14.5f\n",x,y);
}
```

程序的运行结果为＿＿＿＿＿＿＿＿＿＿＿＿＿＿＿。

（6）
```
#include <stdio.h>
main()
{
    printf("%f,%4.2f\n",3.14,3.14159);
}
```

程序的运行结果为＿＿＿＿＿＿＿＿＿＿＿＿＿＿＿。

（7）
```
#include <stdio.h>
main()
{
    printf("*\n**\n***\n****\n");
}
```

程序的运行结果为＿＿＿＿＿＿＿＿＿＿＿＿＿＿＿。

（8）
```
#include <stdio.h>
main()
```

```
{
    printf("This\tis\ta\tC\tprogram.\n");
}
```
程序的运行结果为_____。

（9）
```
#include <stdio.h>
main()
{   char x='a',y='b';
    printf("%d\\%c\n",x,y);
    printf("x=\'%3d\',y=\'%-3d\'\n",x,y);
}
```
程序的运行结果为_____。

## 4. 编程题

（1）已知年利率为 3.2%，存款总额为 5 万元，求一年后的本息合计并输出。

（2）输入球的半径，输出它的体积。（球的体积计算公式为 $V = \dfrac{4}{3}\pi R^3$。）

# 项目三

## 结构化程序设计

C 语言是结构化程序设计语言。C 语言中的程序结构有顺序结构、选择结构和循环结构 3 种基本结构。本项目详细介绍 C 语言程序中这 3 种基本结构的用法。

### 学习目标

（1）理解算法的概念及算法的表示方法。

（2）能够进行顺序结构程序设计。

（3）熟练掌握 if 语句，能够灵活运用 if 语句实现选择结构程序设计。

（4）掌握 switch 语句的使用方法，能用 switch 语句完成多分支选择结构程序的编写。

（5）掌握循环结构程序设计的方法，能够熟练运用 while、do…while、for 语句实现循环结构程序设计。

（6）能够灵活运用 3 种基本结构解决实际问题。

## 任务一  求两个整数相除的商和余数

【知识要点】算法、顺序结构程序设计。

### 一、任务分析

输入两个整数，求它们的商和余数。

（1）可以在程序运行时从键盘上输入任意两个整数，也可以直接赋值。

（2）根据 C 语言的语法规则，两个整数相除的商是整数，事实上，两个数相除的结果可能是实数，通过类型转换使其结果为实数。

本任务经过输入数据、计算、输出结果 3 步操作可以实现，这也是一个程序通常的执行过程。项目二中已经学习了 C 语言的输入和输出函数。对于简单的任务，经过计算之后可以直接输出计算结果，但对于复杂的任务，往往需要先画出流程图，再编写程序。

## 二、必备知识与理论

### 1. 算法

#### 1）算法概述

算法（algorithm）一词源于算术（algorism）。简单地说，算术方法是一个由已知推求未知的运算过程。后来引申开来，把进行某一工作的方法和步骤称为算法。因此，算法反映了计算机的执行过程，是对解决特定问题操作步骤的一种描述。

【例 3.1】求 1×2×3×4×5（即 5!）。

S1：求 1×2，得到结果 2。

S2：将步骤 S1 得到的结果 2 乘以 3，得到结果 6。

S3：将 6 再乘以 4，得到结果 24。

S4：将 24 再乘以 5，得到结果 120。

这样的算法虽然正确，但太烦琐。改进后的算法如下。

S1：使 t=1。

S2：使 i=2。

S3：使 t×i，乘积仍然放在变量 t 中，可表示为 t×i→t。

S4：使 i 的值加 1，即 i+1→i。

S5：如果 i≤5，则返回重新执行 S3、S4 和 S5；否则，算法结束。

如果计算 100!，则只需将 S5 中的 i≤5 改成 i≤100 即可。

该算法对于计算机来说是较好的方法，因为计算机的运算速度快，最适合做重复的工作。

#### 2）算法的特性

（1）有穷性。一个算法必须总是在执行有限个操作步骤和在可以接受的时间内完成执行过程。也就是说，要求一个算法在时间和空间上均是有穷的。例如，一个采集气象数据并加以计算进行天气预报的应用程序，如果不能及时得到计算结果，超出了可以接受的时间，就起不到天气预报的作用。

（2）确定性。算法中的每一步必须有明确的含义，不允许存在二义性。例如，在"将成绩优秀的学生名单打印输出"这一描述中，"成绩优秀"就很不明确，首先，成绩达到多少分才是"成绩优秀"？其次，是每门功课均在某分数以上，还是只要有一门在某分数以上就是"成绩优秀"？

（3）有效性。算法中描述的每一步操作都应能够有效执行，并最终得到确定的结果。例如，当 y=0 时，x/y 是不能有效执行的。

（4）有零个或多个输入。一个算法有零个或多个输入数据。例如，计算 1～10 的累加和的算法，无须输入数据，而对 10 个数进行排序的算法，却需要从键盘上输入 10 个数据。

（5）有一个或多个输出。一个算法应该有一个或多个输出数据，执行算法的目的是求解，而"解"就是输出，因此没有输出的算法是毫无意义的。

3）算法的表示

（1）用自然语言表示。自然语言就是人们日常使用的语言，可以是中文、英文。用自然语言表示算法通俗易懂，但一般表示篇幅冗长，表达上往往不易准确，容易引起理解上的"歧义性"。所以，自然语言一般用于算法比较简单的情况。

（2）用传统流程图表示。使用一些图形框表示各种操作，使用箭头表示算法流程。使用流程图表示算法直观形象、易于理解。常用流程图符号如图 3.1 所示。

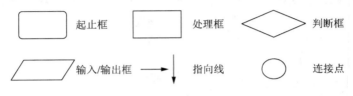

图 3.1　常用流程图符号

① 起止框：表示算法的开始和结束。一般内部只写"开始"或"结束"。

② 处理框：表示算法的某个处理步骤，一般内部填写赋值操作。

③ 判断框：主要是对一个给定的条件进行判断，根据给定的条件是否成立来决定如何执行其后的操作。它有一个入口、两个出口。

④ 输入/输出框：表示算法请求输入/输出需要的数据或将某些结果输出，一般内部填写"输入……""打印/显示……"。

⑤ 指向线：表示数据流。

⑥ 连接点：用于将画在不同地方的流程线连接起来。

用流程图表示的算法直观形象，比较清楚地显示了各个框之间的逻辑关系，因此得到了广泛使用。图 3.2 所示为 3 种基本结构及其对应的流程图。

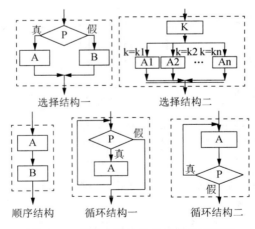

图 3.2　3 种基本结构及其对应的流程图

例如，求 5!的流程图如图 3.3 所示。

（3）用 N-S 结构图表示。N-S 结构图取消了流程线，不允许有随意的控制流，全部算法写在一个矩形框内，该矩形框以 3 种基本结构（顺序、选择、循环）描述符号为基础复合而成。3 种基本结构对应的 N-S 结构图如图 3.4 所示。

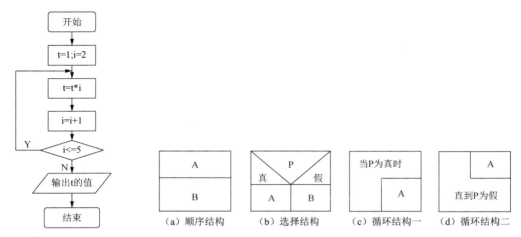

图 3.3　求 5!的流程图　　　　　图 3.4　3 种基本结构对应的 N-S 结构图

　　任何复杂的算法均可以用顺序、选择、循环这 3 种基本结构通过组合及嵌套进行描述。由于 N-S 结构图无箭头指向，而局限在一个嵌套框中，最后描述的结果必须是结构化的，因此，使用 N-S 结构图描述表示的算法适用于结构化的程序设计。

　　（4）用伪代码表示。用传统流程图、N-S 结构图表示算法直观易懂，但绘制比较麻烦。在设计一个算法时，可能要反复修改，而修改流程图是比较麻烦的，因此，流程图适合表示算法，但在设计算法过程中使用不是很理想。为了设计算法方便，常使用伪代码。

　　伪代码使用介于自然语言和计算机语言之间的文字和符号来描述算法。伪代码不用图形符号，书写方便，格式紧凑，便于向计算机语言过渡。

　　例如，输入 3 个数，求其中的最大值。其伪代码如下：

```
input num1,num2,num3
max=num1
if num2>max then num2=max
if num3>max then num3=max
print max
```

　　4）结构化程序设计方法

　　结构化程序设计强调程序设计风格和程序结构的规范化，提倡清晰的结构。结构化程序设计的基本思路如下：把一个复杂问题的解决过程分阶段进行，每一个阶段处理的问题都控制在人们容易理解和处理的范围内。具体而言，就是在分析问题时采用"自顶向下、逐步细化"的方法，设计解决方案时采用"模块化设计"方法，编写程序时采用"结构化编码"方法。

　　"自顶向下、逐步细化"是对问题的解决过程逐步具体化的一种思想方法。例如，要在一组数中找出其中的最大数，可以把问题的解决过程描述为如下内容：

　　（1）输入一组数。

　　（2）找出其中的最大数。

（3）输出最大数。

以上 3 步中，第（1）、（3）两步比较简单，对第（2）步可以进一步细化：

① 任取一个数，假设它就是最大数。

② 将该数与其余各数逐一进行比较。

③ 若发现有其他数大于假设的最大数，则取而代之。

对以上过程进一步具体化，得到如下算法：

（1）输入一组数。

（2）设 max=第一个数。

（3）将第二个数到最后一个数依次取出并放入 x。

（4）比较 x 与 max 的大小，如果 x>max，则使 max=x。

（5）输出 max。

"模块化设计"就是将比较复杂的任务分解成若干个子任务，每个子任务又分解成若干个小子任务，每个小子任务只完成一项简单的功能。在程序设计时，用一个个小模块来实现这些功能，每个小模块对应一个相对独立的子程序。对程序设计人员来说，编写程序就变得不再困难。此外，同一软件也可以由一组人员同时编写，分别进行调试，从而大大提高了程序开发的效率。

"结构化编码"指的是使用支持结构化方法的高级语言编写程序。C 语言就是一种支持结构化程序设计的高级语言，它提供了顺序程序、选择程序和循环程序 3 种基本结构的语句。

2．C 语句

C 语句主要包括控制语句、表达式语句、赋值语句、函数调用语句、复合语句、空语句等，其中存在包含关系。这里只简单介绍几种常用语句。

1）控制语句

控制语句用于控制程序的流程，以实现程序中的各种结构。它们由特定的语句定义符组成。C 语言有 9 种控制语句，见表 3.1。

表 3.1　C 语言的 9 种控制语句

| 语句 | 语句类型或用途 |
| --- | --- |
| if…else | 条件语句 |
| for | 循环语句 |
| while | 循环语句 |
| do…while | 循环语句 |
| continue | 结束本次循环语句 |
| break | 终止执行 switch 或循环语句 |
| switch | 多分支选择结构 |
| goto | 无条件转向语句 |
| return | 从函数返回语句 |

2）表达式语句

表达式语句由表达式加上分号";"组成。其一般格式如下：

　　表达式；

执行表达式语句就是计算表达式的值。表达式语句可分为赋值语句、函数调用语句和空语句 3 种基本类型。

（1）赋值语句。赋值语句是由赋值表达式加上分号构成的表达式语句。其一般格式如下：

　　变量=表达式；

例如：

```
y=(a+b)/2;
```

（2）函数调用语句。函数调用语句的一般格式如下：

　　函数名(实际参数表)；

例如：

```
printf("This is a C program.");
```

关于函数及其调用将在后面的任务中详细介绍。

（3）空语句。只由分号组成的语句称为空语句。空语句不执行任何操作，但有时在编程中非常有用。例如，下面的 while 循环语句使用了空语句来结束循环体：

```
while(getchar()!='\n');
```

该语句的功能是反复接收键盘输入的字符，直到按 Enter 键为止。

3）复合语句

把多个语句用花括号{}括起来组成的语句称为复合语句。在程序中可以把复合语句看作一条语句。例如，下面的语句用于交换两个数的值：

```
{t=a;a=b;b=t;}
```

## 三、任务实施

完成任务：输入两个整数，求它们的商和余数。

本任务比较简单，有如下 3 个基本操作步骤。

（1）数据输入：使用数据输入函数 scanf()来完成给两个整型变量的赋值。

（2）计算：使用除（/）运算计算商（注意类型转换）、求余（%）运算计算余数。

（3）数据输出：使用输出函数 printf()，并使用合适的格式控制语句使输出结果保留两位小数。

其程序代码如下：

```
#include <stdio.h>
main()
```

```
{
    int a,b,c;
    float d;
    printf("input a,b:\n");
    scanf("%d,%d",&a,&b);
    c=a%b;
    d=(float)a/b;  /*将 a 转换为实型，以便得出实数商*/
    printf("c=%d,d=%5.2f\n",c,d);
}
```

其程序流程图如图 3.5 所示。其运行结果如图 3.6 所示。

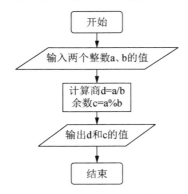

图 3.5　求两个整数相除的商和余数的程序流程图　　图 3.6　求两个整数相除的商和余数的运行结果

## 四、深入训练

输入某个学生的 3 门课程的考试成绩，计算出该学生的总成绩和平均成绩。试编写程序，并画出算法的 N-S 结构图。要求输出时平均成绩保留 1 位小数。

提示：设 3 门课程的成绩分别为 n1、n2、n3，总成绩为 sum，平均成绩为 avg，将这些变量均定义为 float 类型，输出结果保留 1 位小数。

# 任务二　顺序输出 3 个数

【知识要点】if 语句的语法结构及各种用法。

## 一、任务分析

对于任意输入的 3 个数 a、b、c，按照由小到大的顺序输出，需要对这 3 个数进行排序，也就是进行比较大小的操作，根据比较的结果执行不同的操作，使用前面所学知识显然不能满足需要，C 语言的选择结构程序设计体现了程序的判断能力。

## 二、必备知识与理论

### 1. if…else 语句

if 语句用于判定所给定的条件是否满足，根据判定的结果（真或假）执行给出的两种操作之一。if 语句的标准形式是双分支语句，其格式如下：

```
if(表达式)
    {语句1;}
else
    {语句2;}
```

该语句的含义如下：当表达式的值为真（非 0）时，执行语句 1；否则，即表达式的值为假（0）时，执行语句 2。双分支 if 语句执行流程图如图 3.7 所示。

例如：

```
if(x>y)
    {printf("%d",x);}
else
    {printf("%d",y);}
```

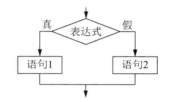

图 3.7　双分支 if 语句执行流程图

程序执行时，若 x 的值大于 y 的值，则会在显示器上显示 x 的值，否则显示 y 的值。

【**例 3.2**】将输入的小写字母转换成大写字母输出，其余字符原样输出。其程序代码如下：

```
#include <stdio.h>
main()
{
    char ch;
    printf("please input a letter: ");
    scanf("%c",&ch);
    if(ch>='a'&&ch<='z')
    {
        ch=ch-32;   /*小写字母的 ASCII 值减去 32 即可转换成大写字母*/
        printf("the large letter is:%c\n",ch);
    }
    else
    {printf("the letter is:%c\n",ch);}
}
```

其运行结果如图 3.8 所示。

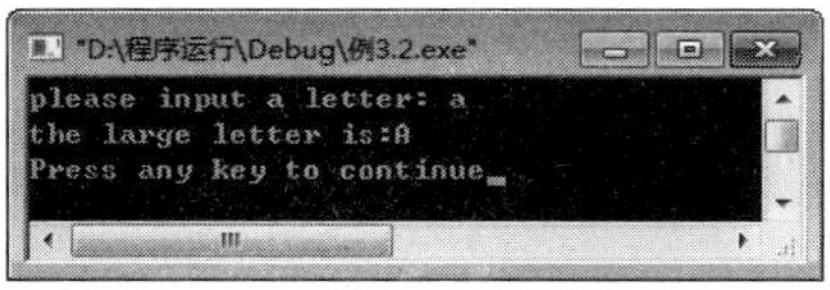

图 3.8　例 3.2 程序的运行结果

**【程序说明】**

（1）if 后面括号中的表达式指定判断条件，一般为关系表达式或逻辑表达式，也可以是其他表达式，若为 0 则按假处理，非 0 按真处理。注意，表达式必须用圆括号括起来。

（2）若语句由一条以上的语句组成，则必须用花括号{}把这组语句括起来构成复合语句。

（3）else 子句是 if 语句的一部分，它必须与 if 语句配对使用，不能单独使用。

**2. if 语句**

如果没有要执行的语句 2，那么 else 子句可以省略，这就是 if…else 语句的省略形式，其格式如下：

```
if(表达式)  {语句;}
```

例如：

```
if(x>=y) {printf("%d",x);}
```

如果表达式的值为真（非 0），则执行其后所跟的语句；如果表达式的值为假，则直接转到下一条语句继续执行。这种形式的 if 语句又被称为单分支语句。

单分支 if 语句执行流程图如图 3.9 所示。

图 3.9　单分支 if 语句执行流程图

**【例 3.3】** 输入 n，输出 n 的绝对值。其程序代码如下：

```
#include <stdio.h>
main()
{
    int n;
    printf("please input a number:");
    scanf("%d",&n);
    if(n<0)
      n=-n;
    printf("the absolute value of the number is:%d\n",n);
}
```

其运行结果如图 3.10 所示。

图 3.10　例 3.3 程序的运行结果

**3. 条件运算符**

在 if 语句中，当表达式为真或假，且都只执行一条赋值语句给同一个变量赋值时，可以用简单的条件运算符来进行处理。

条件运算符的一般格式如下:

表达式 1?表达式 2:表达式 3

条件运算符是 C 语言中唯一的三目运算符。

【说明】

(1) 条件运算符的执行流程:先求解表达式 1,若为真(非 0),则运算结果等于"表达式 2"的值;否则,运算结果等于"表达式 3"的值,如图 3.11 所示。

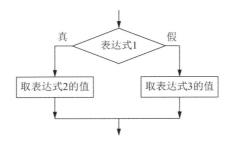

图 3.11 条件运算符执行流程图

(2) 条件运算符的优先级高于赋值运算符,但低于关系运算符和算术运算符。其结合性为从右至左(右结合性)。

(3) 条件运算符不能取代一般的 if 语句,只有在 if 语句中内嵌的语句为赋值语句(且两个分支都给同一变量赋值)时才能替代。

(4) 条件表达式中"表达式 1"的类型可以与"表达式 2"和"表达式 3"的类型不同。

【例 3.4】从键盘上输入一个字符,如果它是大写字母,则将它转换成小写字母输出,否则直接输出。其程序代码如下:

```c
#include <stdio.h>
main()
{
    char ch;
    printf("please input a char:");
    scanf("%c",&ch);
    ch=(ch>='A'&&ch<='Z')?(ch+32):ch;
    printf("%c\n",ch);
}
```

其运行结果如图 3.12 所示。

图 3.12 例 3.4 程序的运行结果

## 三、任务实施

输入任意 3 个数 a、b、c，按照由小到大的顺序输出。

基本思想：先确定 a 中存放最小的数，c 中存放最大的数，b 中存放中间的数。

（1）找出最小的数放到 a 中。a 分别与 b 和 c 比较，若存在比 a 小的数，则交换变量的值，使 a 中的数总是最小。

（2）将剩余的两个数 b 与 c 比较一次，如果 b 大于 c，则交换变量的值，那么 c 中的数最大，b 中的是中间数，排序完成。

（3）使用中间变量 t 存放临时数据。

其程序代码如下：

```c
#include <stdio.h>
main()
{
    float a,b,c,t;
    printf("please input three numbers:");
    scanf("%f%f%f",&a,&b,&c);
    if(a>b)
        {t=a;a=b;b=t;}
    if(a>c)
        {t=a;a=c;c=t;}
    if(b>c)
        {t=b;b=c;c=t;}
    printf("from small to large:%.2f,%.2f,%.2f\n",a,b,c);
}
```

其运行结果如图 3.13 所示。

图 3.13　顺序输出 3 个数的运行结果

**注　意**

{ }内的最后一个语句要有分号，{ }外没有分号。

## 四、深入训练

（1）输入任一年份，判断是否为闰年并输出相应信息。

提示：判断闰年的条件请参考项目二中任务二的深入训练。

（2）输入任意一个整数，判断它的奇偶性并输出判断结果。

提示：设 m 为任意整数，若 if(m%2==0)，则 m 为偶数，否则为奇数。

# 任务三　计算员工工资

【知识要点】多分支选择语句。

## 一、任务分析

已知某公司员工的保底薪水为 500 元，某月销售商品的利润 profit（整数）与利润提成的关系如下。（其中，数字的单位均为元。）

profit＜1000　　　　　　没有提成
1000≤profit＜2000　　　提成 10%
2000≤profit＜5000　　　提成 15%
5000≤profit＜10000　　 提成 20%
10000≤profit　　　　　 提成 25%

要求输入某员工某月的销售利润，输出该员工的实领薪水。

本任务涉及多分支结构，可以用 if 语句的嵌套来实现，也可以用 switch 语句实现。

## 二、必备知识与理论

### 1. 用 if 语句实现多分支选择

if 语句只有两种分支可以选择，而实际中有些问题可能需要在多种情况中做出判断，如符号函数为

$$\text{sign} = \begin{cases} 1, & (x > 0) \\ 0, & (x = 0) \\ -1, & (x < 0) \end{cases}$$

可以用 if 语句的嵌套来解决上述问题。if 语句中又包含一个或多个 if 语句时称为 if 语句的嵌套。常见 if 语句的嵌套格式如下。

格式 1：

```
if(表达式 1)
    语句 1；
else
    if(表达式 2)
        语句 2；
    else
        语句 3；
```

格式 2：

```
if(表达式 1)
    if(表达式 2)
```

```
        语句 1；
    else
        语句 2；
else
    语句 3；
```

格式 3：

```
if(表达式 1)
    语句 1；
else if(表达式 2)
    语句 2；
else if(表达式 3)
    语句 3；
…
else if(表达式 n)
    语句 n；
else
    语句 n+1；
```

格式 1 是在 else 语句中嵌套了 if…else 语句，格式 2 是在 if 语句中嵌套了 if…else 语句，格式 3 是多层的 if…else 嵌套语句。多分支 if 语句的执行流程图如图 3.14 所示。

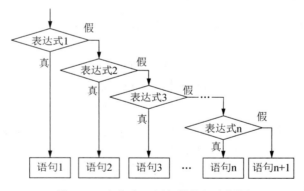

图 3.14　多分支 if 语句的执行流程图

图 3.14 的含义如下：如果表达式 1 为真，则执行语句 1；如果表达式 2 为真，则执行语句 2……以此类推，如果表达式 n 为真，则执行语句 n；如果各表达式都不为真，则执行语句 n+1。

求解如下符号函数：

$$sign = \begin{cases} 1, & (x > 0) \\ 0, & (x = 0) \\ -1, & (x < 0) \end{cases}$$

其程序代码如下：

```
#include <stdio.h>
main()
{
    int x,sign;
    printf("please input a number:");
    scanf("%d",&x);
    if(x>0)
       sign=1;
    else if(x==0)
      sign=0;
    else
      sign=-1;
    printf("the result is:%d\n",sign);
}
```

对符号函数也可通过 if 语句的嵌套来实现，其程序代码如下：

```
#include <stdio.h>
main()
{ int x,sign;
  printf("please input a number:");
  scanf("%d",&x);
  if(x>=0)
     if(x>0)
        sign=1;
     else
        sign=0;
  else
     sign=-1;
  printf("the result is:%d\n",sign);
}
```

其运行结果如图 3.15 所示。

图 3.15　符号函数的运行结果

【程序说明】

在嵌套的 if 语句中，如果 if 和 else 的个数不一致，则 C 语言规定，else 总是与其前面最近的没有与其他 else 配对的 if 语句配对。也可以加花括号来确定配对关系。

2.　switch 语句

上面的符号函数只有 3 个分支，如果分支较多，嵌套的 if 语句层数就会很多，程序冗长且可读性降低。C 语言提供的 switch 语句可以处理多分支选择，switch 语句条理清楚、结构明了。其格式如下：

```
switch(表达式)
{
    case 常量表达式 1：语句 1;break;
    case 常量表达式 2：语句 2;break;
    …
    case 常量表达式 n：语句 n;break;
    [default: 语句 n+1;]
}
```

执行流程如下：先计算表达式的值，其值与哪个常量表达式的值相匹配，就执行哪个 case 后面的语句；如果表达式的值与任何一个 case 后面的常量表达式的值都不相同，则当有 default 子句时，执行 default 后面的语句，如果没有 default 子句，则程序直接跳出 switch 语句。

【说明】

（1）switch 后面括号中的表达式可以是任何类型，但返回值必须是整型，一般为整型或字符型表达式。

（2）每个 case 后面的"常量表达式"的值必须互不相同，否则会出现互相矛盾的现象。

（3）case 后面的"常量表达式"仅仅起一个程序入口的标号作用，并不进行条件判断。系统一旦找到入口标号，就从此标号处开始执行，不再进行标号判断。所以为了终止一个分支的执行，需要在相应的分支末尾加一个 break 语句。break 语句的作用是终止当前结构的执行。这里的 break 语句的作用是跳出 switch 语句，使程序转向 switch 后面的语句。

（4）各个 case 和 default 的出现次序不影响执行的结果。

（5）多个 case 语句可以共用一组执行语句。

（6）default 子句可以省略。

## 三、任务实施

本任务涉及多分支结构，可以用 if 语句的嵌套来实现，也可以用 switch 语句实现。

方法一：用 if 语句的嵌套编写程序。

其程序代码如下：

```
#include <stdio.h>
#define B 500
main()
{
    int prot,n;
    float salary;
    printf("please input profit:");
    scanf("%d",&prot);
    if(prot<1000)
```

```
            salary=B;
        else if(prot<2000)
            salary=B+prot*0.1;
            else if(prot<5000)
                salary=B+prot*0.15;
                else if(prot<10000)
                    salary=B+prot*0.2;
                    else salary=B+prot*0.25;
        printf("实领薪水：%.2f\n",salary);
    }
```

其运行结果如图 3.16 所示。

图 3.16　计算员工工资（方法一）的运行结果

方法二：用 switch 语句编写程序。

具体分析如下：

（1）switch 后面括号内的表达式应有一个确定的值以便与 case 后的常量表达式的值相匹配，多个 case 语句可以共用一组执行语句，设 n=prot/1000，得一个整数商，则

```
case 2:
case 3:
case 4: salary=B+prot*0.15;
```

（2）因为 case 语句的执行规则是找到一个入口后顺序执行其后面的语句，每一个员工的工资只有一个计算标准，按照一个标准计算之后其他语句不必再执行，所以需要用 break 语句来结束 switch 结构。

其程序代码如下：

```
#include <stdio.h>
#define B 500
main()
{
    int prot,n;
    float salary;
    printf("please input profit:");
    scanf("%d",&prot);
    n=prot/1000;
    switch(n)
    {
        case 0:salary=B;break;
```

```
    case 1:salary=B+prot*0.1;break;
    case 2:
    case 3:
    case 4:salary=B+prot*0.15;break;
    case 5:
    case 6:
    case 7:
    case 8:
    case 9:salary=B+prot*0.2;break;
    default:salary=B+prot*0.25;
    }
    printf("实领薪水：%.2f\n",salary);
}
```

其运行结果如图 3.17 所示。

图 3.17    计算员工工资（方法二）的运行结果

### 四、深入训练

（1）从键盘上输入任意字符，判断其是字母、数字还是其他字符。

提示如下：

① ch>='A'&& ch<='Z'|| ch>='a'&& ch<='z'为字母字符。

② ch>='0'&& ch<='9'为数字字符。

③ 否则为其他字符。

本程序可用嵌套的 if…else 语句实现。

（2）输入两个数字及运算符（+、-、*、/），输出其运算结果。

提示如下：

① 当除数 b 为 0 时，输出必要的信息提示。

② 运算符 op 定义为字符型，如果输入（+、-、*、/）之外的字符，则显示信息提示。

## 任务四    输出学生成绩最值和平均分

【知识要点】while 语句、do…while 语句和 for 语句。

### 一、任务分析

输入某班若干学生的成绩，输出其中的最高分、最低分和平均分。

本任务输入全班学生的成绩，并且每输入一个成绩都需要与已输入的成绩比较大小，以便确定最高分和最低分。在设计程序时，人们总是把复杂的求解过程转换为易于操作的多次重复过程，这种重复的操作要用到循环控制。循环是计算机解决问题的一个重要特征。循环结构是结构化程序设计的基本结构之一，它与顺序结构、选择结构共同作为各种复杂程序的基本构造单元。因此，熟练掌握循环结构是程序设计的基本要求。

## 二、必备知识与理论

循环结构是根据给定的条件是否满足来决定是否重复执行某一模块的结构，反复执行的程序段称为循环体。

### 1. while 语句

while 语句用于实现"当型"循环结构，其一般格式如下：

```
while(表达式)
   {循环体;}
```

其中，循环体可以是一个语句，也可以是由多个语句构成的复合语句。while 语句的执行流程图如图 3.18 所示。当表达式的值为真（非 0）时，执行循环体。每次执行循环体前都要判断表达式的值，若为真，则继续执行循环体，直到表达式的值为假（0）时退出循环，接着执行 while 循环的下一个语句。

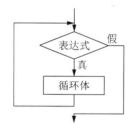

图 3.18　while 语句的执行流程图

【说明】

（1）循环结构中的表达式一般是关系表达式或逻辑表达式，也可以是数值表达式或字符表达式，只要其值非 0 就执行循环体。

（2）while 语句的特点是"先判断循环条件，后执行循环体"，如果表达式的值一开始就为"假"，则循环体一次也不执行。

（3）如果循环体包含两个以上的语句，则应用花括号括起来使其组成复合语句。如果不加花括号，则循环体只能执行到 while 后面第一个分号处。

【例 3.5】求 1+2+3+…+99+100 的和。其程序代码如下：

```
#include <stdio.h>
main()
{
    int i,sum=0;
    i=1;
    while(i<=100)
    {   sum=sum+i;
        i++;
    }
    printf("1+2+3+…+99+100=%d\n",sum);
}
```

其运行结果如图 3.19 所示。

图 3.19　例 3.5 程序的运行结果

【程序说明】

（1）这个程序采用的是常见的累加算法。sum 用于存放累加和，通常初值为 0，因为 0 不会影响累加结果。

（2）i 为循环控制变量，因为从 1 加到 100，所以 i 初值为 1。执行 while 语句时先判断循环条件 i<=100 是否为真，为真时执行 sum=sum+i，并执行 i++。i++是使循环趋于结束的语句，实现 i 值增加 1 以供下一次判断和累加使用。当循环条件 i<=100 为假（即 i=101）时退出循环语句。退出循环语句时，sum 已经计算出 1 到 100 的累加和。

又如，求 5!，这是一个求乘积的问题，表示乘积 t 的初值应为 1，其程序代码如下：

```c
#include <stdio.h>
main()
{   int i,t=1;
    i=1;
    while(i<=5)
    {   t=t*i;
        i++;
    }
    printf("5!=%d\n",t);
}
```

### 2. do…while 语句

do…while 语句的特点是先执行循环体，后判断循环条件是否成立。其一般格式如下：

图 3.20　do…while 语句的执行流程图

```c
do{
    循环体;
}while (表达式);
```

do…while 语句的执行流程图如图 3.20 所示。先执行循环体，再判断表达式的值是否为真（非 0），若为真，则继续执行循环体；若为假，则结束循环，转去执行 do…while 循环的下一个语句。

【说明】

（1）do…while 语句的特点是"先执行循环体，后判断循环条件"，不管表达式的值是否为"真"，循环体至少执行一次。

（2）while（表达式）后的";"不能省略，因为到此循环语句就结束了。

（3）循环体如果包含两个以上的语句，则应用花括号括起来使其组成复合语句。

例如，利用 do…while 语句求 1+2+3+…+99+100 的和。其程序代码如下：

```
#include <stdio.h>
main()
{   int i,sum=0;
    i=1;
    do
    {sum=sum+i; i++;}
    while(i<=100);
    printf("sum=%d\n",sum);
}
```

3. for 语句

在 3 种循环语句中，for 语句最为灵活，不仅可以用于循环次数已经确定的情况，也可以用于循环次数虽不确定但给出了循环结束条件的情况，所以 for 语句是最常用的循环语句。

for 语句的一般格式如下：

```
for(表达式1;表达式2;表达式3)
    {循环体;}
```

for 语句的执行流程图如图 3.21 所示。

（1）求解表达式 1 的值。

（2）求解表达式 2 的值，若其值为"假"（即值为 0），则结束循环，转到第（4）步；若其值为"真"（即值为非 0），则执行循环体语句。

（3）求解表达式 3，并转回第（2）步。

（4）执行 for 语句后面的下一个语句。

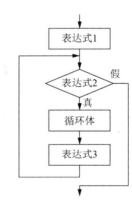

图 3.21　for 语句的执行流程图

下面用 for 语句求 1～100 的整数和。其程序代码如下：

```
#include <stdio.h>
main()
{   int i,sum;
    for(i=1,sum=0;i<=100;i++)
        sum=sum+i;
    printf("sum=%d\n",sum);
}
```

【程序说明】

（1）"表达式 1""表达式 2""表达式 3"可以是任何类型，"表达式 1"一般为赋值表达式，用于给循环变量赋初值；"表达式 2"一般为关系或逻辑表达式，用于控制循环是否继续执行；"表达式 3"一般为赋值表达式，用于修改循环控制变量的值，以使某次循环后表达式 2 的值为 0（假），从而退出循环。

（2）"循环体"可以是任何语句，既可以是单独的一个语句，也可以是复合语句。

（3）"表达式 1""表达式 2""表达式 3"这 3 个表达式可以省略 1 个、2 个或 3 个，但相应表达式后面的分号不能省略。

【例 3.6】从键盘上输入一系列字符，输出它的 ASCII 值，直到按 Enter 键结束输入。其程序代码如下：

```
#include <stdio.h>
main()
{   int i;
    char c;
    c=getchar();
    do
    {printf("%d\n",c);}
    while((c=getchar())!='\n');
}
```

其运行结果如图 3.22 所示。

图 3.22　例 3.6 程序的运行结果

注　意

从键盘上向计算机输入数据时，是在按 Enter 键以后才将输入的内容送到内存缓冲区的，且每次从缓冲区读一个字符。

上述示例可以用省略表达式 1 和表达式 3 的 for 语句，即改写为

```
#include <stdio.h>
main()
{   char c;
    for(;(c=getchar())!='\n';)
    printf("%d\n",c);
}
```

综上所述，for 语句可以简单理解为

```
for(循环变量赋初值;循环条件;循环变量增值)
    循环体;
```

【例 3.7】编写一个程序，输入 10 个整数，统计并输出其中正数、负数和零的个数。其程序代码如下：

```c
#include <stdio.h>
main()
{   int m,n,num1,num2,num3;
    num1=num2=num3=0;
    for(n=1;n<=10;n++)
    { printf("Please input No.%d:",n);
      scanf("%d",&m);
      if(m>0)
         num1++;
      else if(m==0)
         num2++;
      else
          num3++;
    }
    printf("%d,%d,%d\n",num1,num2,num3);
}
```

其运行结果如图 3.23 所示。

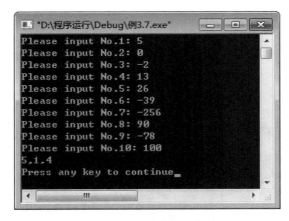

图 3.23　例 3.7 程序的运行结果

### 三、任务实施

输入某班学生的计算机考试成绩，输出其中的最高分和最低分，以及班级的平均分。

分析如下：

（1）考虑班级人数的不确定性，可以通过键盘输入学生人数并赋给变量 n。

（2）用循环语句输入 n 名学生的成绩，把输入语句放在循环体内。

（3）在百分制中，学生成绩为 0～100，为求出成绩的最高分和最低分，赋初值 min=100、max=0；每输入一个成绩，便与 min 和 max 进行比较，如果比 min 小，或者比 max 大，则置换它们的值。

其程序代码如下：

```c
#include <stdio.h>
main()
{   int i,n,score,max,min,sum;
    float ave;
    max=0;min=100;
    sum=0;
    printf("please input how many students: ");
    scanf("%d",&n);
    for(i=1;i<=n;i++)
    {   printf("input %d student scores:\n",i);
        scanf("%d",&score);
        sum=sum+score;
        if(score>max)
            max=score;
        if(score<min)
            min=score;
    }
    ave=(float)sum/n;
    printf("the max is:%d\n",max);
    printf("the min is:%d\n",min);
    printf("the average is:%.2f\n",ave);
}
```

其运行结果如图 3.24 所示。

图 3.24　输出学生成绩最值和平均分的运行结果

## 四、深入训练

（1）从键盘上输入若干个字符，直到按 Enter 键结束。分别统计字母、数字和其他字符的个数。

（2）根据下式求 $\pi$ 的近似值，直到最后一项的绝对值小于 $10^{-6}$ 为止：

$$\frac{\pi}{4}=1-\frac{1}{3}+\frac{1}{5}-\frac{1}{7}+\cdots$$

提示如下：

① 整个式子可看作累加求和，即 pi=pi+t。

② 加数 t 是一个分数，即 t=s/n，其中分母 n=n+2，分子变号 s=-s。

③ 实数 x 的绝对值函数是 fabs(x)。

## 任务五　水　果　问　题

【知识要点】循环嵌套、辅助循环设计语句 break、continue 和 goto。

## 一、任务分析

苹果 2.5 元 1 个、橘子 0.6 元 1 个、香蕉 0.8 元 1 个，用 100 元买苹果、橘子和香蕉共 100 个，每种水果各买多少？

基本思路：假设 apple、orange 和 banana 分别代表苹果、橘子和香蕉的数量，则有

$$apple+orange+banana=100$$
$$2.5*apple+0.6*orange+0.8*banana=100$$

这里有 3 个未知数，但只有两个方程，要解决此类问题，可用穷举的方法。

## 二、必备知识与理论

### 1. 循环的嵌套

若一个循环体内又包含另一个完整的循环结构，则称为循环的嵌套。内嵌的循环中还可以嵌套循环，这就是多层循环。

3 种循环（while、do…while、for）可以互相嵌套。下面几种循环结构都是正确的格式：

（1）
```
while()
{…
    while()
    {…}
}
```
（2）
```
for(;;)
{…
    for(;;)
    {…}
}
```
（3）
```
while()
{…
    do
    {…}
    while();
}
```
（4）
```
for(;;)
{…
    while()
    {…}
}
```
（5）
```
do
{…
    do
    {…}
     while();
}while();
```
（6）
```
do
{…
    for(;;)
    {…}
}while();
```

【说明】

（1）一个循环体必须完整地嵌套在另一个循环体内，不能出现交叉现象。

（2）多层循环的执行顺序是最内层先执行，由内向外逐步展开。

（3）3 种循环语句构成的循环可以相互嵌套。

（4）并列循环允许使用相同的循环变量，但嵌套循环不允许。

（5）嵌套的循环采用缩进格式书写，使程序层次分明，便于阅读和调试。

【例 3.8】打印九九乘法表。其程序代码如下：

```c
#include <stdio.h>
main()
{  int i,j;
   for(i=1;i<=9;i++)
   {   for(j=1;j<=i;j++)
           printf("%d×%d=%-4d",i,j,i*j);
        printf("\n");
   }
}
```

其运行结果如图 3.25 所示。

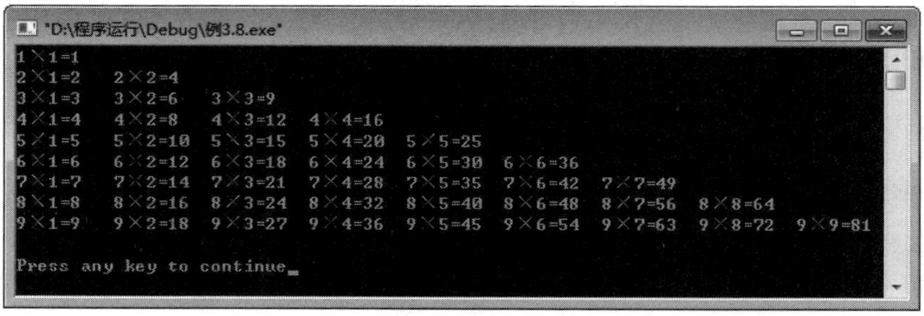

图 3.25　例 3.8 程序的运行结果

【程序说明】

（1）程序中外循环用于控制输出行数，故外循环变量 i 从 1 变化到 9（i<=9）。

（2）程序中内循环用于控制每行输出的公式个数，每行输出的公式个数与行号有关，故 j 从 1 变化到 i（即 j<=i）。

【例 3.9】输出下面的图形。

```
      *
     * * *
    * * * * *
   * * * * * * *
    * * * * *
     * * *
      *
```

分析如下:

(1) 确定输出行数。

(2) 确定每行输出的字符个数。

(3) 确定图形每行第一个字符输出的位置,即输出多少个空格。

(4) 此图形可看作两个三角形的合成,也可看作一个菱形。

方法一:按照两个三角形进行输出。其程序代码如下:

```c
#include <stdio.h>
main()
{ int i,j;
  for(i=1;i<=4;i++)                        /*正立三角形由 4 行组成*/
  {   for(j=1;j<=5-i;j++) printf(" ");     /*每行前面输出的空格数*/
      for(j=1;j<=2*i-1;j++) printf("*");
      printf("\n");                        /*每行后换行 */
  }
  for(i=1;i<=3;i++)                        /*倒立三角形由 3 行组成*/
  {   for(j=1;j<=i+1;j++) printf(" ");
      for(j=1;j<=7-2*i;j++) printf("*");
      printf("\n");
  }
}
```

方法二:按照一个菱形进行输出。其程序代码如下:

```c
#include <stdio.h>
#include <math.h>
main()
{ int i,j,k;
  for(i=-3;i<=3;i++)                       /*图形由 7 行组成*/
  {   for(j=1;j<=abs(i)+1;j++)             /*每行前面输出的空格数*/
          printf(" ");
      for(k=1;k<=7-2*abs(i);k++)           /*图形中每行的字符个数与行号 i 有关*/
          printf("*");
      printf("\n");                        /*每行后换行*/
  }
}
```

其运行结果如图 3.26 所示。

图 3.26　例 3.9 程序的运行结果

2.　break 语句

在前面介绍 switch 结构时已经使用过 break 语句，实际上，break 语句还可以用于跳出循环体，即提前结束循环。

break 语句的一般格式如下：

```
break;
```

具体功能如下：当 break 用于 switch 语句时，可使程序跳出 switch 语句而执行 switch 以后的语句；当 break 语句用于 while、do…while 和 for 循环语句时，可使程序终止本层循环而执行循环后面的语句。

【例 3.10】求当半径 r 为何整数值时，圆的面积大于 100。其程序代码如下：

```
#include <stdio.h>
main()
{ int r;
  float s,pi=3.14159;
  for(r=1;;r++)
  { s=pi*r*r;
    if(s>100) break;
    printf("%.2f\n",s);
  }
  printf("r=%d\n",r);
  printf("%.2f\n",s);
}
```

其运行结果如图 3.27 所示。

图 3.27　例 3.10 程序的运行结果

【程序说明】

（1）通常，break 语句总是与 if 语句联用，即满足条件时跳出循环。

（2）break 语句只能退出本层循环，若要从最内层循环退出到外层循环，则必须使用其他方法（如 goto 语句）。

3.　continue 语句

continue 语句的作用是结束本次循环，即跳过循环体中尚未执行的语句，直接进行下一次是否执行循环的判断。

continue 语句的一般格式如下：

```
continue;
```

【例 3.11】求出 100～200 中不能被 3 整除的数。其程序代码如下：

```c
#include <stdio.h>
main()
{   int n,k=0;
    for(n=100;n<=200;n++)
    {   if(n%3==0) continue;
        printf("%d ",n);
        k++;
        if(k%5==0)  printf("\n");  /*用于控制每行输出 5 个数据*/
    }
}
```

其运行结果如图 3.28 所示。

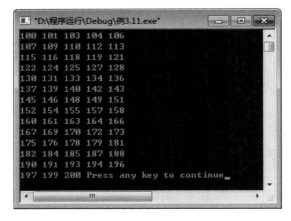

图 3.28 例 3.11 程序的运行结果

【程序说明】

（1）continue 语句与 break 语句的用法相似，常与 if 语句一起使用。

（2）continue 语句与 break 语句的区别是，continue 只是结束本次循环，break 是终止整个循环的执行。

4. goto 语句

goto 语句是一种无条件转移语句，它与 if 语句配合使用可以构成循环结构。其一般格式如下：

```
goto 语句标号;
```

其中，"语句标号"是一个有效的标识符（这个标识符加上冒号":"出现在某条语句前时，用于标识程序中某个语句的位置）。

例如：

```
goto loop;
```

执行 goto 语句后，程序跳转到该标号处并执行其后的语句。标号应当与 goto 语句同处于一个函数中。通常，goto 语句与 if 条件语句配合使用，当满足某一条件时，程序跳转到标号处执行。

例如，求 1+2+3+…+100 的和时，用 goto 语句编写程序代码如下：

```
#include <stdio.h>
main()
{   int i,sum=0;
    i=1;
label:if(i<=100)
    {   sum=sum+i;
        i++;
        goto label; }
    printf("sum=%d\n",sum);
}
```

【程序说明】

本程序用 goto 语句与 if 语句配合实现循环。if 语句的条件构成循环条件，若为"真"则执行 if 语句，即执行循环体，执行完循环体时，再通过 goto 语句无条件转移到 label 标号所在的语句继续判断循环条件是否为"真"，若为"假"则结束循环。

使用 goto 语句时应注意以下两个问题：

（1）goto 语句虽然也可以构成循环结构，但在结构化程序设计中，不提倡使用 goto 语句，因为滥用 goto 语句将使程序流程无规律，可读性差。因此，在编写程序时应尽量避免使用 goto 语句。

（2）goto 语句主要有两个用途：一是与 if 语句一起构成循环结构，二是从循环体内跳到循环体外。

例如，利用 goto 语句跳出循环，求 1+2+3+…+100 的和。其程序代码如下：

```
#include <stdio.h>
main()
{   int i,sum=0;
    i=1;
    while(1)
    {   sum=sum+i;
        i++;
        if(i>100) goto label;
    }
label:printf("sum=%d\n",sum);
}
```

## 三、任务实施

假设 apple、orange 和 banana 分别代表苹果、橘子和香蕉的数量，则有

$$apple+orange+banana=100$$
$$2.5*apple+0.6*orange+0.8*banana=100$$

分析如下：

（1）每种水果的数量在 1 到 100 之间，苹果 2.5 元一个，100 元最多买 40 个。

（2）若 apple 和 orange 各取一个值，则 banana=100-apple-orange。

其程序代码如下：

```c
#include <stdio.h>
main()
{ int apple,orange,banana,m,n;
  printf("请输入购买数量,钱数:");
  scanf("%d,%d",&n,&m);
  printf("%s\t%s\t%s\n","apple","orange","banana");
  apple=1;
  while(apple<40)
  {   orange=1;
      while(orange<100)
    {   banana=n-apple-orange;
        if(2.5*apple+0.6*orange+banana*0.8==m)
            printf("%d\t%d\t%d\n",apple,orange,banana);
        orange=orange+1;
    }
      apple=apple+1;
  }
}
```

其运行结果如图 3.29 所示。

图 3.29　水果问题的运行结果

外循环变量 apple 每取一个值，内循环变量 orange 都要从 1 取到 100，内循环体中的语句 if(2.5*apple+0.6*orange+0.8*banana==100)共执行 40×100 次。

## 四、深入训练

1．把 100～200 中能被 7 除余 2 的所有数输出。

提示如下：

（1）n 从 100 到 200，若 n 除以 7 余数不等于 2，则结束本次循环，取下一个 n 的值继续判断。

（2）设变量 k 控制每行输出的个数，每输出一个数，就进行 k++ 运算；如果 k%5==0，则换行。

2．输出所有的"水仙花数"。所谓"水仙花数"是指一个 3 位数，其各位数字立方和等于该数本身。

提示如下：

（1）3 位数的范围是 100～999。

（2）用 3 层循环求解该题，循环变量 i(1～9)、j(0～9)、k(0～9)。

（3）判断条件(100*i+10*j+k==i*i*i+j*j*j+k*k*k)是否成立。

# 项目实训

## 一、实训目的

1．理解并掌握结构化程序设计的基本方法。

2．掌握 if、switch 分支结构语句的用法，能够灵活运用条件语句实现选择结构程序设计。

3．掌握循环结构程序设计的方法，能够熟练运用 while、do…while、for 语句实现循环结构程序设计。

4．能够灵活运用所学知识解决实际问题。

## 二、实训任务

1．调试分析下列程序，如果有错误请改正。

（1）
```c
#include <stdio.h>
main()
{   int x,y;
    scanf("%d",&x);
    if(x<0)
        y=-1;
    else if(x=0)
        y=0;
    else
        y=1;
    printf("x=%d,y=%d\n",x,y);
}
```

```
（2）#include <stdio.h>
    main()
    {   int x,y;
        scanf("%d",&x);
        y=-1;
        if(x!=0)
          if(x>=0)
            y=1;
          else
            y=0;
        printf("x=%d,y=%d\n",x,y);
    }
```

```
（3）#include <stdio.h>
    main()
    {   int i=0,sum=0;
        while(i<=100)
        {   sum=sum+i;
            i++;
        }
        printf("\n1+2+3+…+100=%d\n", sum);
    }
```

```
（4）#include <stdio.h>
    main()
    {   int i=1,sum=0;
        do
        {   i++;
            sum=sum+i;
        }while(i<=100)
        printf("\n1+2+3+…+100=%d\n", sum);
    }
```

```
（5）#include <stdio.h>
    main()
    {   int i,sum;
        for(i=1,sum=0;i<100;i++)
            sum=sum+i;
        printf("\n1+2+3+…+100=%d\n", sum);
    }
```

**2. 完善并运行下列程序，并指出该程序实现什么操作。**

```
（1）#include <stdio.h>
    main()
    {   char ch;
        ch=getchar();
```

```
    if(ch>='A'&&ch<='Z')
        putchar(ch+32);
    else
        putchar(ch);
}
```

（2） 
```
#include <stdio.h>
main()
{ int a,b,c,d;
  float x1,x2;
  printf("a,b,c: ")
  scanf("%d,%d,%d",&a,&b,&c);
  if(a==0)
      printf("是一次方程，其解为：%f\n ",-c/(float)b);
  d=b*b-4*a*c;
  if(_____)
      printf("没有实数根！\n");
  else if(_____)
  {  x1=x2=_____;
      printf("x1=x2=%.2f\n",x1);}
  else
  {
      x1=(-b+sqrt(d))/(2*a);
      x2=(-b-sqrt(d))/(2*a);
      printf("x1=%.2f,x2=%.2f\n",x1,x2);
  }
}
```

（3） 
```
#include <stdio.h>
main()
{ char ch;
  printf("please input a string:");
  ch=getchar();
  while(ch!='Q'&&ch!='q')
  { putchar(ch);
    ch=getchar();}
}
```

（4） 
```
#include <stdio.h>
main()
{ int a,b,c,x;
  for(x=100;x<=999;x++)
  {  a=x/100;
     b=x%100/10;
     c=x%10;
     if(a*a*a+b*b*b+c*c*c==x)
```

```
            printf("%d\n "x);
        }
    }
```

（5）
```
#include <stdio.h>
main()
{   int m,n,t;
    scanf("%d,%d",&m,&n);
    if(m<n)
    {t=m;m=n;n=t;}
    while(m%n!=0)
    {   _____;
        _____;
        _____;
    }
    printf("%d\n",n);
}
```

（6）
```
#include <stdio.h>
#include <windows.h>
main()
{   int h,m,s,first=0;
    for(h=0;h<=23;h++)
        for(m=0;m<=59;m++)
            for(s=0;s<=59;s++)
            {   if(first==0)
                {
                    printf("\n 输入当前时间：");
                    printf("\n format: houre:minute:second");
                    scanf("%d:%d:%d",&h,&m,&s);
                    first=2;
                }
                else
                {   Sleep(1000);      /*延时 1s*/
                    system("cls");    /*清屏*/
                    printf("%2d:%2d:%2d",h,m,s);
                }
            }
}
```

3. 编程解决以下实际问题。

（1）某个服装店既经营套装，也单件出售。如果买整套服装，则一次买的数量多于50 套时，每套 80 元；如果一次买的数量不足 50 套，则每套 90 元；如果只买上衣，则每件 60 元；如果只买裤子，则每条 45 元。输入需要买的上衣和裤子的件数，计算应付金额。

思路如下：

① 判断购买的形式，即买套装（此时买的上衣和裤子件数相同），并判断购买件数是否多于 50。

② 如果分件买（此时买的上衣和裤子件数不相同），则判断是上衣多还是裤子多，若上衣多，则相同部分按成套计算，多出部分乘以 60；若裤子多，则多出部分乘以 45。

③ 根据购买的形式计算金额。

（2）输入 n 名学生的高等数学、英语、C 语言、体育 4 门课程的成绩，求每名学生的总成绩和平均成绩，并求出总成绩的最高分和最低分。

思路如下：

① 设置外循环，输入 n 名学生的成绩。

② 设置内循环，输入每名学生 4 门课程的成绩，输入一名学生的成绩后，计算总分和平均分，再输入下一名学生的成绩。

③ 分别用 max 和 min 表示班级中学生成绩的最高分和最低分，每计算一名学生的总成绩，就与 max 和 min 进行比较，求出班级中学生成绩的最高分和最低分。

## 项目练习

1．填空题

（1）在 C 语言中以_____代表"真"，以_____代表"假"。

（2）else 与 if 相匹配的原则是_____。

（3）while 语句执行的特点是_____，如果表达式的值一开始就为_____，则循环体一次也不执行。

（4）for 语句中的表达式 1、表达式 2 和表达式 3 都可以省略，但每个表达式后的_____一定不能省略。当表达式 2 省略时，若相当于条件为"真"，则需要_____。

（5）continue 语句的作用是_____，break 语句的作用是_____；这两个语句只对_____、_____和_____构成的循环有控制作用，对_____构成的循环无效。

（6）以下程序的功能是输出 a、b、c 三个变量中的最小值。请填空补齐程序。

```c
#include <stdio.h>
main()
{   int a,b,c,t1,t2;
    scanf("%d,%d,%d",&a,&b,&c);
    t1=a<b?_____;
    t2=c<t1?_____;
    printf("\n%d\n",_____);
}
```

（7）以下程序的功能是从键盘上输入若干学生的成绩，统计并输出最高和最低成绩，当输入负数时结束输入。请填空补齐程序。

```
#include <stdio.h>
main()
{  float x,amax,amin;
   scanf("%f",&x);
   amax=x;amin=x;
   while(_____)
   {  if(_____) amax=x;
      if(_____) amin=x;
      scanf("%f",&x);
   }
   printf("\namax=%f,amin=%f\n",amax,amin);
}
```

## 2. 选择题

（1）C 语言用（　　）表示逻辑"真"值。

　　A．true　　　　　　B．t 或 y　　　　　　C．非零整数值　　　D．整数 0

（2）语句 while (!e);中的条件!e 等价于（　　）。

　　A．e==0　　　　　B．e!=1　　　　　C．e!=0　　　　　D．e==1

（3）以下 for 循环（　　）。

```
for(x=0,y=0;(y!=123)&&(x<4);x++)
```

　　A．为无限循环　　B．循环次数不定　　C．执行 4 次　　　D．执行 3 次

（4）以下有关 for 循环的描述正确的是（　　）。

　　A．for 循环只能用于循环次数已经确定的情况

　　B．for 循环是先执行循环体，后判定表达式

　　C．在 for 循环中，不能用 break 语句跳出循环体

　　D．for 循环体语句中，可以包含多条语句，但要用花括号括起来

（5）对于 for(表达式 1;;表达式 3),可理解为（　　）。

　　A．for(表达式 1;1;表达式 3)

　　B．for(表达式 1;表达式 1;表达式 3)

　　C．for(表达式 1;表达式 2;表达式 3)

　　D．相当于 while(表达式 1)

（6）C 语言中，while 和 do…while 循环的主要区别是（　　）。

　　A．do…while 的循环体至少无条件执行一次

　　B．while 的循环控制条件比 do…while 的循环控制条件严格

　　C．do…while 允许从外部转到循环体内

　　D．do…while 的循环体不能是复合语句

（7）以下程序段中，语句"k++;"执行的次数为（    ）。

```
for(k=0,m=4;m;m-=2)
   for(n=1;n<4;n++)
      k++;
```

　　A．16　　　　　　　B．12　　　　　　C．6　　　　　　　D．8

（8）设声明语句"int a=1,b=0;"，执行以下语句后的输出结果为（    ）。

```
switch(a)
{  case 1:
   switch(b)
   {  case 0: printf("**0**");break;
      case 1: printf("**1**");break;
   }
   case 2: printf("**2**");break;
}
```

　　A．**0**　　　　　B．**0****2**　　C．**0****1****2**　D．语法有错误

（9）执行以下程序后，i的值为（    ）。

```
#include <stdio.h>
main()
{  int i,x;
   for(i=1,x=1;i<=20;i++)
   {  if(x%2==1)
      {x+=5;continue;}
      if(x>=10)break;
      x-=3;  }
}
```

　　A．21　　　　　　　B．2　　　　　　C．6　　　　　　　D．11

3．分析程序，写出运行结果

（1）
```
#include <stdio.h>
main()
{  int a=3,b=4,c=5,t=99;
   if(b<a && a<c)
      t=a;a=c;c=t;
   if(a<c && b<c)
      t=b;b=a;a=t;
   printf("%d,%d,%d\n",a,b,c);
}
```

程序的运行结果为＿＿＿＿＿＿＿＿＿＿＿＿＿＿＿＿。

（2）
```
#include <stdio.h>
main()
{  int a=50,b=20,x;
```

```
        x=a;
        if(a<b)  x=b;
        printf("%d\n",x);
    }
```

程序的运行结果为＿＿＿＿＿＿＿＿＿＿＿＿＿＿＿＿＿。

（3） `#include <stdio.h>`

```
    main()
    {  int x=10,y=5;
        switch(x)
        {  case 1:x++;
            default:x+=y;
            case 2:y--;
            case 3:x--;}
        printf("x=%d,y=%d\n",x,y);
    }
```

程序的运行结果为＿＿＿＿＿＿＿＿＿＿＿＿＿＿＿＿＿。

（4） `#include <stdio.h>`

```
    main()
    {  int x=2;
        while(x--);
        printf("%d\n",x);
    }
```

程序的运行结果为＿＿＿＿＿＿＿＿＿＿＿＿＿＿＿＿＿。

（5） `#include <stdio.h>`

```
    main()
    {  int y=10;
        do{ y--;
        }while(--y);
        printf("%d\n",y--);
    }
```

程序的运行结果为＿＿＿＿＿＿＿＿＿＿＿＿＿＿＿＿＿。

（6） `#include <stdio.h>`

```
    main()
    {  int x=0,y=0;
        while(x<15)
        { y++;x+=++y; }
        printf("%d,%d\n",y,x);
    }
```

程序的运行结果为＿＿＿＿＿＿＿＿＿＿＿＿＿＿＿＿＿。

（7） `#include <stdio.h>`

```
    main()
```

```
{   int a=0,i;
    for(i=1;i<5;i++)
    {   switch(i)
        {   case 0:
            case 3:a+=2;
            case 1:
            case 2:a+=3;
            default:a=5;
        }
    }
    printf("%d\n",a);
}
```

程序的运行结果为_____。

（8）
```
#include <stdio.h>
main()
{   int n=32761,d;
    while(n!=0)
    {   d=n%10;
        printf("%d  ",d);
        n/=10;
    }
}
```

程序的输出结果为_____。

4. 编程题

（1）输入一个数，输出它是奇数还是偶数。

（2）输入学生百分制成绩，输出相应等级。

mark＜60              不及格

60≤mark＜80          一般

80≤mark＜90          良好

90≤mark              优秀

（3）求 1-3+5-7+…-99+101 的值。

（4）输入小于 32768 的任意正整数 s，从 s 的个位开始输出每一位数字，并用空格分开。

（5）输入 n 名学生的 C 语言、高等数学、英语和大学语文成绩，输出每名学生的总成绩和平均成绩。

（6）判断某一个数 m 是否为素数。

素数又称为质数，指在一个大于 1 的自然数中，除了 1 和此整数自身外，不能被其他自然数（不包括 0）整除的数。所以判断某一个数 m 是否为素数，可使 m 被 2～m-1 除，如果能被其中的任何一个数整除，则 m 不是素数，结束循环。

（7）编程显示 100～200 之间能被 7 除余 2 的所有整数。

（8）输出下列图形。

```
@@@@@@@@@                    1
 @@@@@@@                   2 2 2
  @@@@@                   3 3 3 3 3
   @@@                      2 2 2
    @                         1
```

## 综合实训

### 一、实训目的

综合运用选择结构语句和循环结构语句解决实际问题。

### 二、实训内容

（1）输入某班若干名学生的高等数学、英语、C 语言成绩。

① 计算出每名学生的总成绩和平均成绩。

② 计算出总成绩的最高分和最低分。

③ 计算出各科成绩的最高分、最低分和平均分。

分析：

① 用 for 循环输入 n 名学生的成绩。

② 每次循环输入每名学生各门课程的成绩，计算出该学生的总成绩和平均成绩，同时将该学生的各科成绩分别与每门课程的最高分和最低分进行比较。

③ 分别用 max 和 min 表示班级总成绩的最高分和最低分，每计算出一名学生的总成绩，就与 max 和 min 进行比较，以求班级中学生成绩的总成绩的最高分和最低分。

部分源程序代码如下：

```c
#include <stdio.h>
main()
{   int n,i;
    float max=0,min=300,sum=0;           /*表示班级最高分、最低分、总成绩*/
    float sum1=0;                        /*表示每名学生的总成绩*/
    float mmax=0,emax=0,cmax=0;          /*表示各科最高成绩*/
    float mmin=100,emin=100,cmin=100;    /*表示各科最低成绩*/
    float math=0,english=0,c=0;          /*表示各科成绩*/
    float msum=0,esum=0,csum=0;          /*表示各科总成绩*/
    printf("请输入学生人数：");
    scanf("%d",&n);
```

```
for(i=1;i<=n;i++)
{
        printf("请输入学生成绩，用空格分隔:\n");
        printf("--------------------------------------:\n");
        sum=0;
        printf("%8s%5s%8s%3s\n","order","math","english","C");
        printf("%6d",i);
        scanf("%f%f%f",&math,&english,&c);
        if(math>mmax)  mmax=math;          /*求高等数学最高分*/
        if(math<mmin)  mmin=math;          /*求高等数学最低分*/
        _____;          /*求英语最高分*/
        _____;          /*求英语最低分*/
        _____;          /*求C语言最高分*/
        _____;          /*求C语言最低分*/
        _____;          /*计算每名学生的总成绩*/
        _____;          /*计算班级总成绩*/
        msum+=math;
        esum+=english;
        csum+=c;                           /*计算每门课程的总成绩*/
        if(sum1>max)   max=sum1;
        if(sum1<min)   min=sum1;
        printf("学生%d总分是：%f，平均分：%.1f\n",i,sum1,sum1/3);
}
printf("---------------------------------------:\n");
printf("高等数学总成绩：%-5.1f，平均成绩：%5.1f\n",msum,msum/n);
printf("英语总成绩：%-5.1f，平均成绩：%5.1f\n",esum,esum/n);
printf("C语言总成绩：%-5.1f，平均成绩：%5.1f\n",csum,csum/n);
printf("总成绩最高:%-5.1f，总成绩最低:%5.1f\n",max,min);
printf("高等数学最高分:%.2f，最低分：%.2f\n",mmax,mmin);
printf("英语最高分:%.2f，最低分：%.2f\n",emax,emin);
printf("C语言最高分:%.2f，最低分：%.2f\n",cmax,cmin);  /*输出结果*/
}
```

（2）译密码。为使电文保密，往往按照一定规律将其转换成密码，收报人再按照约定的规律将其译回原文。例如，可以按照以下规律将电文转换成密码：将字母 A 变成 E、a 变成 e，即将字母变成字母表中其后的第 4 个字母，如 W 变成 A、w 变成 a、X 变成 B、x 变成 b，以此类推，非字母不变。

要求从键盘上输入一行字符，输出相应的密码。

分析如下：

这是一个很具代表性的实际问题，在具体编程过程中，需要考虑以下几个细节。

① 原文结束标志的设置。

② 对于输入的字符串，以回车符作为结束标志，并用循环语句完成对输入的每个

字符的转换，即加 4。

③ 如果原字母加 4 后大于'Z'并且小于等于'Z'+4（即原字母为'W'到'Z'）或者大于'z'，则其 ASCII 值应减去 26。

部分源程序代码如下：

```
#include <stdio.h>
main()
{  char c;
   while((c=getchar())!='\n')
   {
      if(_____)
      {  _____;
         if(_____)
            _____;
      }
      printf("%c",c);
   }
}
```

## 三、实训报告

上机实训之后，选择上面题目之一，完成下面的实训报告。

| 班级 | | 姓名 | | 学号 | |
|---|---|---|---|---|---|
| 课程名称 | | 实训指导教师 | | | |
| 实训名称 | | | | | |
| 实训目的 | （1）在设计较复杂的程序时，能够正确分析程序的结构<br>（2）能够灵活运用 3 种基本结构完成较复杂程序的编写<br>（3）能够分析出程序的算法，并编写完善的程序 | | | | |
| 实训要求 | （1）在上机之前预习实训内容，并完成整个程序的编写<br>（2）上机运行并调试程序，得出最终的正确结果<br>（3）完成实训报告 | | | | |
| 程序功能 | | | | | |
| 源程序代码 | | | | | |

续表

| 班级 | | 姓名 | | 学号 | |
|---|---|---|---|---|---|
| 课程名称 | | 实训指导教师 | | | |
| 运行结果 | | | | | |
| 程序调试<br>情况说明 | | | | | |
| 实训体会 | | | | | |
| 实训建议 | | | | | |

# 应用数组进行程序设计

前面各项目使用的都是属于基本类型（整型、实型和字符型）的数据，在使用之前用类型关键字定义变量，用于存放一个同类型的数据。在计算机中，常常要处理一批相同数据类型的数据，如一组实验数据、一个班的学生成绩、表和矩阵等问题。此时，如果利用前面学习的变量类型定义变量来存放数据，由于需要的变量过多，显然是不现实的。为了较方便地解决这类问题，C 语言提供了构造的数据类型——数组。数组类型与后面章节中介绍的结构体类型、共用体类型都属于构造数据类型。构造数据类型是由基本数据类型按照一定规则组成的。

数组是一种最简单的构造数据类型，它是具有相同数据类型且按照一定次序排列的数据的集合，用一个统一的数组名和下标来唯一确定数组中的元素。数组的特点是在程序中既可以对个别数组元素进行处理，也可以统一处理数组中的一批元素或者所有元素。

C 语言中可以使用一维数组以及多维数组，通过这些数组可以管理大量的数据。常用的是一维数组和二维数组，多维数组一般用得较少。因为字符数组是 C 语言中常用的数据类型，对它有些例外的约定，所以在本项目中专门进行讨论。

## 学习目标

（1）掌握数组的概念、数组的定义方法。
（2）掌握数组的初始化，能够正确地引用数组。
（3）掌握字符数组的使用，能够运用字符数组存储和处理字符串。
（4）在编程中能够灵活地运用数组来解决实际问题。

## 任务一　冒泡法排序

【知识要点】一维数组。

### 一、任务分析

用冒泡法对任意输入的 10 个整数进行由小到大的排序。
（1）定义一个一维数组，其中包含 10 个元素，以存放这 10 个整数。

（2）懂得冒泡法排序的思想，利用循环的嵌套来解决问题。

（3）利用这个一维数组来输出排好序的 10 个整数。

## 二、必备知识与理论

### 1. 认识数组

将一组排列有序、个数有限的变量作为一个整体，用一个统一的名称来表示，这些有序变量的全体称为数组。或者说，数组是用一个名称代表顺序排列的一组数据，这组数据称为数组元素。简单变量与数组元素不同，简单变量没有顺序，无所谓谁先谁后；而数组中的元素有排列顺序。排列顺序由内存中的存储地址来决定，简单变量的存储位置是任意的，而数组一经定义，系统就会为所有的元素分配一段连续的存储空间，每个元素按照顺序在这段空间中连续存放，因此其排列有序。

在 C 语言中，数组必须是静态的。也就是说，定义一个数组之后，就确定了它的维数和所容纳的同类元素的个数（即数组大小）。这就构成了数组类型的如下两个特点。

（1）数组大小必须是确定的，不允许随机变动。

（2）数组元素的数据类型必须相同，不允许出现混合类型。

也就是说，数组只可以成批处理同样类型的有限个数据信息。在软件设计中，一维数组、二维数组应用最广。

何谓数组的维数？数组的维数就是数组元素中下标的个数。如果数组中的所有元素能够按照顺序排成一行，也就是说用一个下标便可以确定它们各自所处的位置，则这样的数组称为一维数组。如果数组中的所有元素能够按照行、列顺序排成一个矩阵，也就是说必须用两个下标才能确定它们各自所处的位置，则这样的数组称为二维数组。以此类推，有 3 个下标的变量构成三维数组，有多少个下标的变量就构成多少维的数组。通常把二维以上的数组称为多维数组。

> **注　意**
>
> 数组的维数和大小是在定义数组时就确定的，程序运行时不能改变。

### 2. 一维数组的定义

数组变量也要遵循"先定义，后引用"的原则。当定义数组时，要传递给编译器两方面的信息，即数组中共有多少个元素和每个元素占用多少字节。根据这两个方面的信息，编译器才能决定分配多大的存储空间给该数组使用。

一维数组定义的一般格式如下：

　　类型声明符　数组名[常量表达式];

例如：

```
int m[8];
```

其表示定义一个整型数组，数组名是 m，数组 m 中有 8 个元素。

数组定义中要注意以下几个问题。

（1）"类型声明符"可以是任何一种基本数据类型或构造数据类型。

（2）"数组名"的命名规则和变量命名规则相同，都遵循标识符的命名规则。

（3）数组名后的常量表达式是用方括号括起来的，不能使用圆括号。例如，int m(5); 是不对的。

（4）"常量表达式"表示数组中数据元素的个数，即数组长度。其通常是一个整型常量或符号常量，不能包含变量。例如，m[8]表示数组 m 有 8 个元素，下标从 0～7，这 8 个数组元素分别是 m[0]、m[1]、m[2]、m[3]、m[4]、m[5]、m[6]、m[7]。注意没有 m[8]，若使用 m[8]，则会出现下标越界的错误。

（5）一个数组定义语句中可以只定义一个数组，也可以定义多个数组，还可以同时定义数组和变量。

例如：

```
double a[10],b[6];/*定义了一个含有 10 个元素的双精度型数组 a 和一个有 6 个元素
                   的双精度型数组 b*/
char f[8],e1;/*定义了一个含有 8 个元素的字符型数组 f 和一个字符型变量 e1*/
```

对于定义好的数组，在编译时系统会在内存中为它分配一块连续的存储空间，数组中的元素按照下标由小到大的顺序连续存放，下标为 0 的元素排在最前面，每个元素占据的存储空间大小与同类型的简单变量相同。空间的大小是每一个数据所占的字节数和元素个数的乘积。例如，数组 m 中有 8 个元素，元素类型是 int，那么系统为数组 m 分配的存储空间是 4×8=32 字节。

---

**注　意**

在数组名中存放的是一个地址常量，它代表整个数组的首地址，不能当作普通变量来使用。同一数组中的所有元素，按照其下标的顺序占用一段连续的存储单元。

---

3. 一维数组的引用

数组必须先定义，后使用。C 语言规定只能逐个引用数组元素，而不能一次引用整个数组。在 C 语言中，凡是一般简单变量可以使用的地方都可以使用数组元素。

一维数组元素的表示格式如下：

数组名[下标]

【说明】

（1）下标可以是整型常量或整型表达式。例如，a[0]=a[5]+a[9]-a[2*3]。

（2）下标表达式必须放在方括号内，且只能取整型值。下标的下限是 0，而上限不能超过该数组定义时的长度值减 1（即数组长度-1）。

（3）数组元素由数组名和该元素在数组中的位置（即下标）来表示。

（4）数组元素可以作为一个独立的简单变量来使用。

> **注　意**
>
> 　　在编译和执行程序时，系统不检查数组的下标是否越界，因此在编程时，要注意下标越界问题，以免发生错误。

**【例 4.1】** 数组元素的赋值及引用举例。其程序代码如下：

```
#include <stdio.h>
main()
{
    int i,m[8];              /*定义了整型变量 i 和整型数组 m，长度是 8*/
    for(i=0;i<=7;i++)        /*用循环变量 i 来控制数组 m 中元素的下标*/
        m[i]=i;              /*使 m[0]到 m[7]的值为 0～7*/
    for(i=7;i>=0;i--)
        printf("%d  ",m[i]); /*按逆序输出 m[0]到 m[7]的值*/
    printf("\n");
}
```

其运行结果如图 4.1 所示。

图 4.1　例 4.1 程序的运行结果

**4. 一维数组的初始化**

在定义数组的同时给数组元素赋初值称为数组的初始化。

一维数组初始化的一般格式如下：

　　类型声明符　数组名[常量表达式]={数据值,数据值,…,数据值};

其中，{ }中的各数据值即各元素的初值，各值之间用逗号间隔，并从数组的 0 号元素开始依次赋值给数组的各个元素。

例如：

```
int m[8]={0,1,2,3,4,5,6,7};
```

用于定义和初始化 m[0]=0、m[1]=1、m[2]=2、m[3]=3、m[4]=4、m[5]=5、m[6]=6、m[7]=7。

C 语言对数组的初始化赋值还有以下几点规定。

（1）可以只给部分元素赋初值。没有赋初值的元素，对于数值型数组，自动赋初值为 0；对于字符型数组，自动赋初值为空字符。

例如：

```
int m[8]={1,2,3,4};
```

用于定义的数组 m 有 8 个元素，但花括号内只有 4 个初值，这表示只给前面 4 个元素赋初值，后 4 个元素值均为 0，即 m[0]=1、m[1]=2、m[2]=3、m[3]=4、m[4]=0、m[5]=0、m[6]=0、m[7]=0。

（2）只能给元素逐个赋值，不能给数组整体赋值。

例如，给数组 m 中的 8 个元素全部赋值 2，只能用以下格式来表示：

```
int m[8]={2,2,2,2,2,2,2,2};
```

而不能为了方便写成如下格式：

```
int m[8]=2;
```

（3）如果给全部数组元素赋初值，则在数组声明中，可以不指定数组的长度，其长度等于花括号中数值的个数。

例如：

```
int m[5]={1,2,3,4,5};
```

可写为

```
int m[ ]={1,2,3,4,5};
```

（4）当花括号内提供的初值个数多于数组元素的个数时，系统编译时将会出错。

---

注　意

可利用赋值语句或输入语句给数组中的元素赋值。例如，对于 int m[8];，可以使用如下方法赋值。

① 赋值语句赋值：m[0]=1;m[1]=2;m[2]=3;m[3]=4;m[4]=5;m[5]=6; m[6]=7; m[7]=8;。

② 输入语句赋值：如果赋的值相同或有规律，则用循环较方便。

例如：

```
for(i=0;i<8;i++)
    scanf("%d",&m[i]);
```

---

【例 4.2】用数组求 Fibonacci 数列的前 20 项。该数列具有如下特点：第 1 个、第 2 个数为 1、1，从第 3 个数开始，该数是其前面两个数之和，即

$$\begin{cases} f[1]=1, \ f[2]=1, & (n=1,2) \\ f[n]=f[n-2]+f[n-1], & (n>2) \end{cases}$$

其程序代码如下：

```
#include <stdio.h>
main()
{
    int i,f[21];
    f[1]=1;f[2]=1;
    for(i=3;i<=20;i++)
```

```
        f[i]=f[i-2]+f[i-1];
    for(i=1;i<=20;i++)
    {  printf("%10d",f[i]);
        if(i%5==0) printf ("\n");
    }
}
```

其运行结果如图 4.2 所示。

图 4.2  例 4.2 程序的运行结果

为了与数列下标保持一致，定义数组 f 的长度为 21，使用 f[1]~f[20]的 20 个数组元素，没有使用数组元素 f[0]。程序中产生输出结果的语句使用了一个小技巧，即通过一个 if 语句，在输出 5 个元素后输出"换行"，使程序输出的结果每行只显示 5 个数据。

### 三、任务实施

本任务是用冒泡法对任意输入的 10 个整数进行由小到大排序。

冒泡法的算法思想如下：n 个数排序，将相邻两个数依次进行比较，将小数调在前面，大数放在后面，这样逐次比较，直至将最大的数移至最后；再对 n-1 个数继续进行比较，重复上述操作，直至比较完毕。由于排序过程类似于每次将最大的数沉到下面，把小的数浮到上面，因此称为冒泡法排序。

n 个数进行从小到大排序，外循环第一次循环控制参加比较的次数为 n-1，内循环找出 n 个数的最大值，移到最后位置；以后每次循环中，其循环次数和参加比较的数依次减 1。若 n=6，即对 6 个数进行排序，则其排序过程如下。

假设数组 a 中存放{9,8,5,4,2,0}，第 1 趟排序情况如下。

第 1 次：a[0]和 a[1]比较，即 9 和 8 比较，交换，得到　　　　　8,9,5,4,2,0。
第 2 次：a[1]和 a[2]比较，即 9 和 5 比较，交换，得到　　　　　8,5,9,4,2,0。
第 3 次：a[2]和 a[3]比较，即 9 和 4 比较，交换，得到　　　　　8,5,4,9,2,0。
第 4 次：a[3]和 a[4]比较，即 9 和 2 比较，交换，得到　　　　　8,5,4,2,9,0。
第 5 次：a[4]和 a[5]比较，即 9 和 0 比较，交换，得到　　　　　8,5,4,2,0,9。

在第 1 趟排序中，6 个数比较了 5 次，把 6 个数中的最大数 9 排在最后。数组中数据为{8,5,4,2,0,9}。

第 2 趟排序情况如下。

第 1 次：a[0]和 a[1]比较，即 8 和 5 比较，交换，得到　　　　　5,8,4,2,0,9。

第 2 次：a[1]和 a[2]比较，即 8 和 4 比较，交换，得到 5,4,8,2,0,9。

第 3 次：a[2]和 a[3]比较，即 8 和 2 比较，交换，得到 5,4,2,8,0,9。

第 4 次：a[3]和 a[4]比较，即 8 和 0 比较，交换，得到 5,4,2,0,8,9。

在第 2 趟排序中，最大数 9 不用参加比较，其余 5 个数比较了 4 次，把其中的最大数 8 排在最后，排出{8,9}。

以此类推。

第 3 趟比较 3 次，排出{5,8,9}。

第 4 趟比较 2 次，排出{4,5,8,9}。

第 5 趟比较 1 次，排出{2,4,5,8,9}。

最后剩下 1 个数 0，无须再比较，得到排序结果为{0,2,4,5,8,9}。

若对 10 个数据进行排序，则算法可以描述如下。

（1）定义数组 a 的长度为 11，本例中对 a[0]不用，只用 a[1]到 a[10]，以符合人们的习惯。

（2）利用循环的嵌套来解决问题。由上面的算法分析可以看出，10 个数据的数组升序排列需要进行 9 趟排序。每趟的排序仅在内层循环中对数组中的数据两两进行比较，而外层循环仅说明了总共需要比较的趟数，不会处理数组中的元素。另外，根据上述问题的分析，可以看出内、外层循环变量之间的变化规律，每趟执行的内循环的次数和相应的趟数之和为定值。可采用二重循环实现冒泡法排序，其中外循环控制进行比较的次数，内循环找出最大的数，并放在最后位置（即沉底）。

冒泡法排序的程序代码如下：

```
#include <stdio.h>
main()
{
    int a[11];                    /*数组 a 的长度为 11，本例中不用 a[0]，只
                                     用 a[1]到 a[10]，以符合人们的习惯*/
    int i,j,t;
    printf("input 10 numbers:\n");/*输出提示信息*/
    for(i=1;i<11;i++)
        scanf("%d",&a[i]);        /*设置循环语句，通过键盘将 10 个整数分
                                     别放到 a[1]到 a[10]中*/
    for(j=1;j<=9;j++)             /*外循环，10 个数排序 9 次*/
        for(i=1;i<=10-j;i++)      /*内循环，10-外循环次数=内循环次数*/
            if(a[i]>a[i+1])
            {  t=a[i];a[i]=a[i+1];a[i+1]=t;}/*借助中间变量 t 交换数据*/
            printf("the sorted numbers:\n");
    for(i=1;i<11;i++)
        printf("%d ",a[i]);
    printf("\n");
}
```

其运行结果如图 4.3 所示。

图 4.3　冒泡法排序的运行结果

## 四、深入训练

（1）从键盘上输入 10 个整数，求其中的最大值和最小值。

【算法分析】

① 定义数组 a 的长度为 10，包含 a[0]到 a[9]共 10 个元素。

② 利用擂台法来解决问题。临时设置两个变量 max 和 min 用于存放最大值和最小值，先假定第一个元素既是最大值又是最小值，即 max=min=a[0]。

③ 用 max 与数组中的每一个元素 a[i]进行两两比较，可以不包括 a[0]，因为 max 的初值就是 a[0]。若 a[i]比 max 大，则将 a[i]赋给 max，继续比较，一直到把数组中的全部元素访问完毕为止，最终 max 中存放的就是这组数据中的最大值。

④ 同样的道理，用 min 与数组中的每一个元素 a[i]进行两两比较，可以不包括 a[0]，因为 min 的初值就是 a[0]。若 a[i]比 min 小，则将 a[i]赋给 min，继续比较，一直到把数组中的全部元素访问完毕为止，最终 min 中存放的就是这组数据中的最小值。

（2）用选择法对任意输入的 10 个整数进行由小到大排序。

选择法排序的基本思想如下：n 个无序的数据存放在含有 n 个元素的数组中；排序时把数组看作两个部分，即有序部分和无序部分；每一趟（第 i 趟）在 n-i+1（i=1,2,…,n-1）个数据中选取值最小的数据作为有序部分中第 i 个数据，而无序部分的数据则逐渐减少；这样选择 n-1 趟之后，即可实现数据排序。

以 6 个数 9、8、5、4、2、0 为例，先定义整型数组 int a[6]，再把数据存放到数组 a 中。

第 1 趟：在数组无序部分中找出最小数的下标 k，实现 a[k]和 a[0]的交换。这样，有序部分含有一个元素，而无序部分则减少了一个元素。

第 2 趟：在数组无序部分中找出剩下的最小数的下标 k，实现 a[k]和 a[1]的交换。这样，有序部分又增加了一个元素，而无序部分的元素个数减少了一个。

……

这样选择 5 趟以后，无序部分只含有一个元素，其自动成为有序部分中的元素，整个排序策略得以实现。

【算法分析】

① 定义数组 a 的长度为 10，包含 a[0]到 a[9]共 10 个元素。

② 利用循环的嵌套来解决问题。因为是在数组中考虑循环，所以要考虑循环变量和数组下标的关系以及内外层循环变量的变化规律。每一趟找到一个数值最小的元素，10 个数据只需寻找 9 趟就可以完成排序，所以外循环共有 9 趟；内循环的功能分别

为查找 10 个数的最小值下标、查找 9 个数最小值的下标……查找 2 个数最小值的下标。因此，内循环的次数分别为 9、8、…、1；每次内循环都是在无序区中寻找最小值的下标，因此循环变量要表现出无序区的数组下标的变化范围，查找方法和查找最小值的算法思想一致；每一趟找到的最小数，要和该趟无序部分的第一个数，即和执行本次外循环变量 i 相同下标的数据元素进行交换。由于内、外循环变量都要处理数组中的数据，因此外循环变量的初始值为 0。

## 任务二　求矩阵中元素最值

【知识要点】二维数组。

## 一、任务分析

本任务要求找出 3×4 矩阵中值最大的元素的值，以及其所在的行号和列号。

如果需要解决的问题中存在二维关系的数据类型，则最好使用二维数组来存放其数据。最常见的是数学中的矩阵问题、二维关系的表的问题。

（1）很显然，要定义一个 3×4 的二维数组来放这个 3×4 的矩阵中的数据。

（2）要将二维数组中的数据操作一遍，使用循环的嵌套来完成。

（3）一组数据求最大值要用擂台法。

（4）设置两个变量，分别标记最大值元素的行号和列号。

## 二、必备知识与理论

### 1. 二维数组的定义

二维数组定义的一般格式如下：

　　类型声明符　数组名[常量表达式 1][常量表达式 2]；

例如：

```
int a[3][4];
```

用于定义 a 为 3×4 的二维数组，其中行数为 3、列数为 4，注意不能写成

```
int a[3,4]; 或者 int a(3),(4);
```

数组定义中要注意以下几个问题：

（1）二维数组在概念上是二维的，也就是说，其下标有行和列两个方向上的变化。

（2）一个二维数组可以看作若干个一维数组。

例如，可以把 a 看作 3 个一维数组，数组名分别是 a[0]、a[1]、a[2]，每个一维数组中又包含 4 个元素，如图 4.4 所示。

（3）在 C 语言中，二维数组是按行排列的。

在内存中，二维数组元素的存放顺序是按行存放，即在内存中先顺序存放第一行的

元素，再存放第二行的元素，以此类推。

$$a \begin{cases} a[0] \text{——} a[0][0], \ a[0][1], \ a[0][2], \ a[0][3] \\ a[1] \text{——} a[1][0], \ a[1][1], \ a[1][2], \ a[1][3] \\ a[2] \text{——} a[2][0], \ a[2][1], \ a[2][2], \ a[2][3] \end{cases}$$

图 4.4　二维数组的组成

上例中先存放第一行的元素 a[0][0]、a[0][1]、a[0][2]、a[0][3]，再存放第二行的元素 a[1][0]、a[1][1]、a[1][2]、a[1][3]，最后存放第三行的元素 a[2][0]、a[2][1]、a[2][2]、a[2][3]。

注　意

二维数组 a[3][4]中的 a[0]、a[1]和 a[2]，不能当作数组元素使用，因为它们是一维数组名，而不是一个单纯的数组元素。

**2. 二维数组的引用**

二维数组元素的表示格式如下：

数组名[下标1][下标2]

例如：

a[2][3]

【说明】

（1）下标可以是整型常量或整型表达式。

例如，a[3-1][2*2-1]不要写成 a[2,3]、a[3-1,2*2-1]的形式。

（2）数组元素可以出现在表达式中，也可以被赋值。

例如，a[2][3]=a[1][0]/2。

（3）在使用数组元素时，注意下标值应在已定义的数组大小的范围内。常出现的错误如下：

```
int a[3][4];
    ...
a[3][4]=3;
```

其定义了 a 为 3×4 的数组，它可用的行下标值最大为 2，列下标值最大为 3，而 a[3][4]超出了数组下标的范围。

注　意

二维数组关于下标越界的处理与一维数组相同。

3．二维数组的初始化

二维数组初始化的一般格式如下：

类型声明符　数组名[常量表达式 1][常量表达式 2]={{数据值,数据值,…,数据值},{数据值,数据值,…,数据值},…,{数据值,数据值,…,数据值}};

或者

类型声明符　数组名[常量表达式 1][常量表达式 2]={数据值,数据值,…,数据值};

二维数组初始化说明如下。

（1）分行对二维数组赋初值。例如：

```
int a[3][4]={{1,2,3,4},{5,6,7,8},{9,10,11,12}};
```

这种赋值方法比较直观，也不易出错，把第一个花括号内的数据赋给第一行的元素，第二个花括号内的数据赋给第二行的元素……即按行赋初值。

（2）可以将所有数据写在一个花括号内，按照数组元素的排列顺序对各元素赋初值。例如：

```
int a[3][4]={1,2,3,4,5,6,7,8,9,10,11,12};
```

其效果与前例相同，但以第一种方法为好，一行对一行，界限清楚。第二种方法用于较大的二维数组时，由于数据多，容易遗漏，也不易检查错误。

（3）可以只对部分元素赋初值，未赋初值的元素自动取 0 值。例如：

```
int a[3][4]={{1},{5},{9}};
```

是对每一行的第一列元素赋值，未赋值的元素取 0 值。赋初值后数组各元素的值如下：

```
a[0][0]=1, a[0][1]=0, a[0][2]=0, a[0][3]=0
a[1][0]=5, a[1][1]=0, a[1][2]=0, a[1][3]=0
a[2][0]=9, a[2][1]=0, a[2][2]=0, a[2][3]=0
```

也可以对各行中的某一元素赋初值。例如：

```
int a[3][4]={{1},{0,6},{0,0,11}};
```

赋初值后数组各元素的值如下：

```
a[0][0]=1, a[0][1]=0, a[0][2]=0, a[0][3]=0
a[1][0]=0, a[1][1]=6, a[1][2]=0, a[1][3]=0
a[2][0]=0, a[2][1]=0, a[2][2]=11, a[2][3]=0
```

也可以只对某几行元素赋初值。例如：

```
int a[3][4]={{1},{0},{9}};
```

赋初值后数组各元素的值如下：

```
a[0][0]=1, a[0][1]=0, a[0][2]=0, a[0][3]=0
```

```
a[1][0]=0，a[1][1]=0，a[1][2]=0，a[1][3]=0
a[2][0]=9，a[2][1]=0，a[2][2]=0，a[2][3]=0
```

这种方法在非 0 元素少时比较方便，不必将所有的 0 都写出来，只需输入少量数据即可。

（4）如果对全部元素都赋初值，则定义数组时对第一维的长度可以不指定，但第二维的长度不能省略。例如：

```
int a[3][4]={1,2,3,4,5,6,7,8,9,10,11,12};
```

其等价于

```
int a[ ][4]={1,2,3,4,5,6,7,8,9,10,11,12};
```

系统会根据数据的总数分配存储空间，一共 12 个数据，每行 4 列，可以确定为 3 行。

---

**注 意**

使用这种方法赋初值时，必须给出所有数组元素的初值，如果初值的个数不正确，则系统将做出错处理。

---

在定义时也可以只对部分元素赋初值而省略第一维的长度，但应分行赋初值。例如：

```
int a[ ][4]={{1},{0},{9}};
```

这样的写法能通知编译系统数组共有 3 行。

【例 4.3】二维数组的输入和输出。

【算法分析】

多个数据的重复操作可由循环来完成，二维数组的操作一般由双重循环（行循环，列循环）来完成。

其程序代码如下：

```c
#include <stdio.h>
main()
{
    int a[3][4],i,j;                /*定义 3 行 4 列的整型数组*/
    printf("\n Input array a: ");
    for(i=0;i<3;i++)
        for(j=0;j<4;j++)
            scanf("%d",&a[i][j]);   /*输入数据到二维数组中*/
    printf("\n Output array a:\n");
    for(i=0;i<3;i++)
    {   for(j=0;j<4;j++)            /*内循环执行 4 次，输出二维数组每行的 4 个元素*/
            printf("%4d",a[i][j]);
        printf("\n");               /*输出每行之后换行*/
    }
}
```

其运行结果如图 4.5 所示。

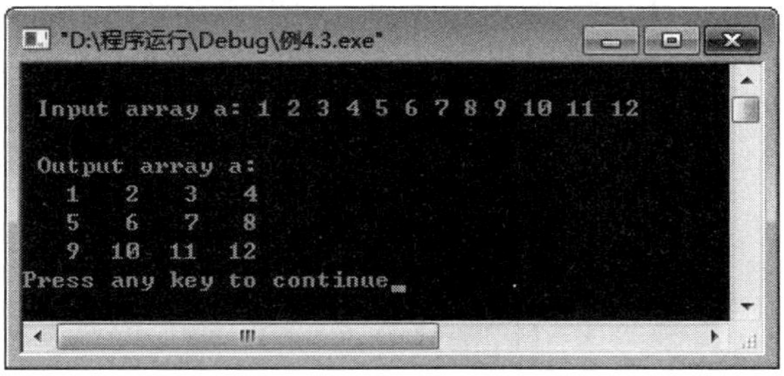

图 4.5　例 4.3 程序的运行结果

【例 4.4】实现矩阵的转置。所谓矩阵的转置就是将矩阵中的行列元素互换，形成一个新的矩阵输出。

【算法分析】

（1）矩阵和其转置矩阵为两个矩阵，因此采用两个二维数组来存放，此外，需要两个循环变量来控制二维数组的行和列。

（2）由于转置矩阵的行数与列数与原矩阵的行数与列数恰好相反，因此，处理时只需把矩阵中的每个元素更改行列赋值到转置矩阵中，并把转置矩阵的值输出即可。

其程序代码如下：

```c
#include <stdio.h>
main()
{
    int a[3][4]= {{1,2,3,4},{5,6,7,8},{9,10,11,12}};
    int b[4][3],i,j;
    printf("array a:\n");
    for(i=0;i<3;i++)
    {
        for(j=0;j<4;j++)
        {   printf("%4d",a[i][j]);          /*输出数组 a 的元素*/
            b[j][i]=a[i][j];                 /*矩阵的元素互换，实现转置的运算*/
        }
        printf ("\n");
    }
    printf("array b:\n");
    for(i=0;i<4;i++)
    {
        for(j=0;j<3;j++)
            printf("%4d",b[i][j]);           /*输出转置矩阵的值*/
        printf ("\n");                       /*输出每行之后换行*/
    }
}
```

其运行结果如图 4.6 所示。

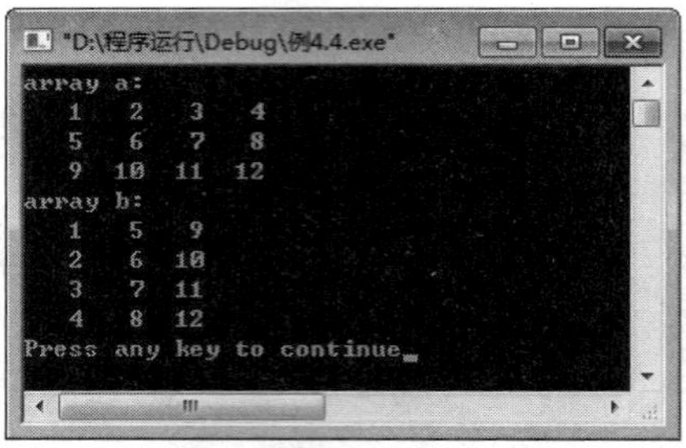

图 4.6　例 4.4 程序的运行结果

### 三、任务实施

有一个 3×4 的矩阵，要求编写程序以求出其中值最大的那个元素的值，以及其所在的行号和列号。

【算法分析】

（1）定义二维数组 int m[3][4]，用于存放这个 3×4 矩阵中的数据。

（2）利用擂台法来解决问题。临时设置变量 max 放最大值，先假定第一个元素是最大的，即 max=m[0][0]。设置两个变量 row 和 colum 分别用于标记最大值元素的行号和列号，即 row=0，colum=0。

（3）用 max 与数组中的每一个元素 m[i][j] 进行两两比较，因为是二维数组，所以要用双重循环来访问数组中的全部元素。在比较过程中，若 m[i][j] 比 max 大，则将 m[i][j] 赋给 max，并标记这个元素的行号和列号，直到把所有的元素比较完毕为止，最终 max 中存放的就是 3×4 的矩阵中的最大值，row 标记着最大值元素的行号，colum 标记着最大值元素的列号。

（4）输出 max、row、colum 这 3 个变量的值。其程序代码如下：

```c
#include <stdio.h>
main()
{   int i,j,row=0,colum=0,max;
    int m[3][4]={{12,1,2,4},{10,-3,24,5},{-11,6,7,8}};
    max=m[0][0];
    for(i=0;i<3;i++)
      for(j=0;j<4;j++)
         if(m[i][j]>max)
         {  max=m[i][j];
           row=i; colum=j; }
     printf("max=%d,row=%d,colum=%d\n",max,row,colum);
}
```

其运行结果如图 4.7 所示。

图 4.7　求矩阵中元素的最值的运行结果

## 四、深入训练

（1）计算 3×3 矩阵的两条对角线（主、辅对角线）上的元素之和。

【算法分析】

① 设矩阵为 m×m（m 为正整型数）的方阵，显然，只有方阵可以计算对角线的和。

② 主对角线元素的特点为任意元素 a[i][j]满足 i==j。

③ 辅对角线元素的特点为任意元素 a[i][j]满足 i+j==m-1 或 i==m-j-1。

（2）思考以下问题。

① 分别计算矩阵的两条对角线（主、辅对角线）上的元素之积的程序如何修改？

② 主辅对角线元素有什么特点？

③ 如何求二维数组元素的平均值？

# 任务三  统计字符中的单词

【知识要点】字符数组。

## 一、任务分析

本任务要求输入一行字符，统计其中的单词数，单词之间用空格隔开。

（1）输入一行字符，将这一行字符放到一个一维的字符数组中。

（2）从字符数组中读取一个字符赋给某个字符变量，并判断它是不是结束符。

（3）判断新单词是否出现，新单词出现时，计数器的值加 1，新单词未出现时，计数器的值不变。

## 二、必备知识与理论

### 1. 字符数组的定义和引用

用于存放字符数据的数组是字符数组。字符数组中的一个元素存放一个字符。

1）字符数组的定义

字符数组的定义和前面介绍的一般数组的定义相似，只是类型声明符为 char。字符数组定义格式如下：

```
char  数组名[常量表达式];
```

例如：

```
char c[10];
```

定义了一个名为 c 的字符数组，包含 10 个元素。使用赋值语句给字符数组元素赋初值：

```
c[0]='V';c[1]='e';c[2]='r';c[3]='y';c[4]='';
c[5]='g';c[6]='o';c[7]='o';c[8]='d';c[9]='!';
```

字符数组的每一个元素只能存放一个字符(包括转义字符),数组在内存中的存储状态如图 4.8 所示。

```
c[0] c[1] c[2] c[3] c[4] c[5] c[6] c[7] c[8] c[9]
```
| V | e | r | y |   | g | o | o | d | ! |

图 4.8　数组在内存中的存储状态

字符以 ASCII 值的形式存储在内存中,字符数组的任一元素相当于一个字符变量。由于字符型与整型是互相通用的,因此上面的定义也可改为

```
int c[10];
```

与数值数组一样,字符数组也可以是二维或多维数组。例如:

```
char e[8][9];
```

2)字符数组的引用

可以引用字符数组中的一个元素以得到一个字符。

【例 4.5】输出一个钻石图形。其程序代码如下:

```
#include <stdio.h>
main()
{   char diamond[ ][5]={{' ',' ','*'},{' ','*',' ','*'},{'*',' ',' ',
                         ' ','*'},{' ','*',' ','*'},{' ',' ','*'}};
                                        /*第二维大小不能省略*/
    int i,j;
    for(i=0;i<5;i++)                /*逐行*/
    {
        for(j=0;j<5;j++)           /*逐列*/
            printf("%c",diamond[i][j]);
        printf("\n");
    }
}
```

其运行结果如图 4.9 所示。

图 4.9　例 4.5 程序的运行结果

2. 字符数组的初始化

字符数组的初始化和数值型数组初始化的规则相同。

对字符数组进行初始化，最容易理解的方式是将字符逐个赋给数组中的各元素。例如：

```
char c[10]={'V','e','r','y',' ','g','o','o','d','!'};
```

把 10 个字符依次赋值给 c[0]到 c[9]的 10 个元素。

【说明】

（1）如果提供的字符个数小于数组长度，则只将这些字符赋给数组中前面的那些元素，其余的元素自动定为空字符（即\0'）。例如：

```
char b[10] ={'G','o','o','d','!'};
```

其数组状态如图 4.10 所示。

图 4.10　数组状态

（2）如果提供的字符个数和预定的数组长度相同，则在定义数组时可以省略数组长度，系统会自动根据字符个数确定数组长度。例如：

```
char c[ ]={'V','e','r','y',' ','g','o','o','d','!'};
```

数组 c 的长度自动定为 10。用这种方式可以不必数字符的个数，尤其是在赋初值的字符个数较多时，比较方便。

（3）如果提供的字符个数大于数组长度，则按照语法错误处理。

**3. 字符串和字符串结束标志**

C 语言中不提供字符串数据类型，字符串是存放在字符数组中的。C 语言规定：以 \0'作为字符串结束标志。因此，在用字符数组存放字符串时，系统会自动在最后一个字符后加上结束标志\0'，表示字符串到此结束。这样，在定义字符数组时，数组长度至少要比字符串中字符个数多 1，以便保存\0'。

有了结束标志\0'后，字符数组的长度就显得不那么重要了。在程序中往往依靠检测 \0'来判定字符串是否结束，而不是根据数组的长度来决定字符串的长度。当然，在定义字符数组时应估计实际字符串的长度，保证数组长度始终大于字符串实际长度。

**注　意**

> \0'代表 ASCII 值为 0 的字符，它不是一个可以显示的字符，而是一个空操作符，即它什么也不做。用它作为字符串结束标志时，不会产生附加的操作或增加有效字符，只起辨别的作用。

这里补充一种字符数组初始化的方法：用字符串常量来使字符数组初始化。例如：

```
char c[ ]={"Very good!"};
```

也可以省略花括号，直接写成

```
char c[ ]="Very good!";
```

这两种方法省略了数组的长度，因为字符串的有效字符个数是 10，还需要存储字符串结束标志'\0'，所以数组 c 的长度不是 10，而是 11。各数组元素的初值如下：c[0]='V'、c[1]='e'、c[2]='r'、c[3]='y'、c[4]=' '、c[5]='g'、c[6]='o'、c[7]='o'、c[8]='d'、c[9]='!'、c[10] = '\0'。用一个字符串（注意字符串的两端是用双引号而不是单引号括起来的）作为初值，这种方法直观、方便，符合人们的习惯。以上初始化语句与下面的初始化语句等价：

```
char c[ ]={'V','e','r','y',' ','g','o','o','d','!','\0'};
```

但其与下面的初始化语句不等价：

```
char c[ ]={'V','e','r','y',' ','g','o','o','d','!'};
```

前者的长度为 11，后者的长度为 10。

需要说明的是，字符数组并不要求它的最后一个字符为'\0'，甚至可以不包含'\0'。以下写法完全是正确的：

```
char c[10]={'V','e','r','y',' ','g','o','o','d','!'};
```

是否需要加'\0'根据需要决定。但是由于系统对字符串常量自动加一个'\0'，因此，人们为了使处理方法一致，便于测定字符串的实际长度，以及在程序中作相应的处理，在字符数组初始化时也常常人为地加上一个'\0'。

4. 字符数组的输入/输出

关于字符数组的输入/输出，有以下两种方法。

1）单个字符输入/输出

（1）使用标准输入/输出函数 scanf()和 printf()，使用格式符"%c"，实现输入/输出一个字符。

（2）使用单个字符输入/输出函数 getchar()和 putchar()。

【例4.6】从键盘上输入一个字符串，在显示器上逆序输出该字符串。其程序代码如下：

```
#include <stdio.h>
main()
{   int i=0,n;
    char aa[20];
    do{
        scanf("%c",&aa[i]);
        i++;
    }while(i<20&&aa[i]!='\0');
    for(i=19;i>=0;i--)
        printf("%c",aa[i]);
    printf("\n");
}
```

上例也可以写成如下形式：

```c
#include <stdio.h>
main()
{   int i=0,n;
    char aa[20];
    do{
        aa[i]=getchar();
        i++;
    }while(i<20&&aa[i]!='\0');
    for(i=19;i>=0;i--)
        putchar(aa[i]);
    printf("\n");
}
```

其运行结果如图 4.11 所示。

图 4.11　例 4.6 程序的运行结果

此程序中字符数组定义的长度为 20，所以从键盘上输入的字符串长度应为 19。

2）整个字符串输入/输出

（1）使用标准输入/输出函数 scanf()和 printf()，使用格式符"%s"实现整个字符串的一次性输入或输出。

【例 4.7】从键盘上输入一个字符串，并在显示器上输出该字符串。其程序代码如下：

```c
#include <stdio.h>
main()
{   char m[20];
    printf("input string:\n");
    scanf("%s",m);
    printf("%s\n",m);
}
```

【程序说明】

此程序中由于定义数组长度为 20，因此输入的字符串最大长度为 19，以留出一个位置用于存放字符串结束标志'\0'。需要注意的是，输出字符时不输出'\0'。

使用"%s"格式符输出字符串时，printf()函数中的输出项是字符数组名，而不是数组元素名，不能写为 printf("%s",m[ ])，因为 C 语言中数组名代表该数组的起始地址。

对于一个字符数组，如果不作初始化赋值，则必须声明数组长度。

运行程序，从键盘上输入如下字符串：

```
Happy!↙
```

其程序运行结果如图 4.12 所示。

图 4.12　例 4.7 程序的第一次运行结果

注　意

当用 scanf()函数输入字符串时，字符串中不能含有空格，否则将以空格作为字符串的结束符。

再次运行程序，从键盘上输入：

```
Happy New Year!↙
```

其程序运行结果如图 4.13 所示。

图 4.13　例 4.7 程序的第二次运行结果

从运行结果可以看出，空格以后的字符都未能输出。为了避免这种情况发生，可多设几个字符数组分段存放含空格的字符串。程序可改写为

```c
#include <stdio.h>
main()
{   char st1[6],st2[6],st3[6];
    printf("input string:\n");
    scanf("%s%s%s",st1,st2,st3);
    printf("%s %s %s\n",st1,st2,st3);
}
```

运行程序，从键盘上输入：

```
Happy New Year!↙
```

其程序运行结果如图 4.14 所示。

图 4.14 例 4.7 程序改写后的运行结果

例如：

```
#include <stdio.h>
main()
{
char c[20]={ 'H','o','w',' ','a','r','e','\0','y','o','u','!','\0'};
printf("%s\n",c);
}
```

其程序运行结果如图 4.15 所示。

图 4.15 程序的运行结果

若输出语句改为

```
for(i=0;i<20;i++) printf("%c",c[i]); printf("\n");
```

则其程序运行结果如图 4.16 所示。

图 4.16 程序改写后的运行结果

**注 意**

如果一个字符数组中有多个字符串结束标志'\0'，则遇到第一个'\0'时输出结束。要想输出第一个'\0'之后的字符，只能用 printf()函数的"%c"格式进行逐个字符的输出。

（2）使用 gets()函数和 puts()函数实现字符串的输入/输出。

当使用 gets()函数和 puts()函数时，要用编译预处理命令#include <stdio.h>将相关的信息包含进来。

gets()函数格式如下：

```
gets(字符数组名)
```

作用如下：从终端读入一个字符串到字符数组中，直到遇到换行符，换行符不进入字符串，它被转换为'\0'，并作为字符串的结束标志。

函数值：操作成功时，返回字符数组的起始地址，否则返回空指针。

puts()函数格式如下：

```
puts(字符数组名或字符串常量)
```

作用如下：将一个字符串（必须以'\0'作为结束标志）输出到终端，一次只能输出一个字符串。

函数值：调用成功时，返回换行（即输出字符串后换行），否则返回 EOF。

【例 4.8】使用不同的函数输入字符串，并在显示器上输出该字符串。其程序代码如下：

```c
#include <stdio.h>
main()
{   char s1[20],s2[20];
    printf("input string:\n");
    gets(s1);
    scanf("%s",s2);
    printf("s1:%s\ns2:%s\n",s1,s2);
    puts(s1);puts(s2);
}
```

运行程序，从键盘输入：

```
How are you!↙
Thank you!↙
```

其程序运行结果如图 4.17 所示。

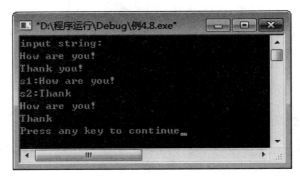

图 4.17　例 4.8 程序的运行结果

使用 scanf()函数输入字符串时，在遇到空格、换行符时结束输入；而使用 gets()函数时，只以换行符作为输入结束，即用 gets()输入的字符串中可以包含空格。

使用"%s"格式为字符数组输入字符串时，系统会自动在输入的有效字符后面附加一个'\0'作为字符串结束标志。

scanf()函数和 printf()函数的输入/输出项是字符数组名，而不是数组元素名。

> **注 意**
>
> 使用 puts()函数和 gets()函数只能输入或输出一个字符串，不能写成 puts(str1,str2) 或 gets(strl,str2)。

5．字符串处理函数

C 语言的函数库中提供了一些关于字符串的函数，使得处理字符串的操作十分简单方便。几乎所有版本的 C 语言都提供这些函数。这里介绍几种常用的字符串处理函数，其原型在 string.h 中。

1）字符串长度测试函数 strlen()

strlen()函数格式如下：

```
strlen(字符数组)
```

作用如下：用于测试以'\0'结束的字符串的长度，结束标志'\0'不计在内。

函数值：返回字符串的长度。

例如：

```
char str[10]="China";
printf("%d",strlen(str));
```

其输出结果不是 10，也不是 6，而是 5。

也可以直接测试字符串常量的长度，例如：

```
strlen("China");
```

【例 4.9】从键盘上输入一个字符串，在显示器上逆序输出该字符串。

可以将例 4.6 改写为

```
#include <stdio.h>
main()
{
    char str[80],c;
    int i,j;
    gets(str);           /*从键盘上输入一个字符串并放在字符数组 str 中*/
    for(i=0,j=strlen(str)-1;i<j;i++,j--)  /*用 strlen(str)函数求出字
                            符串的实际长度*/

    {c=str[i];str[i]=str[j];str[j]=c;}    /*借助中间变量 c 对字符串首尾
                            对应的字符进行交换*/

    puts(str);
}
```

其运行结果如图 4.18 所示。

图 4.18　例 4.9 程序的运行结果

2）字符串连接函数 strcat()

strcat()函数格式如下：

```
strcat(字符数组1,字符数组2)
```

作用如下：连接两个字符数组中的字符串，删除字符串 1 中的结束标志'\0'，把字符串 2 接到字符串 1 的后面，结果放在字符数组 1 中。

函数值：返回字符数组 1 的首地址。

例如：

```
char str1[30]={"Very"};
char str2[10]={"Good"};
printf("%s",strcat(str1,str2));
```

输出 str1 为

```
Very Good
```

【说明】

（1）字符数组 1 必须足够大，以便容纳连接后的新字符串。这里定义 str1 的长度为 30，是足够大的，如果在定义时改用

```
char str1[ ]={"Very "};
```

就会出问题，因为字符数组长度不够。

（2）连接前两个字符串的后面都有一个'\0'，连接时将字符串 1 后面的'\0'取消，只在新字符串最后保留一个'\0'。

3）字符串复制函数 strcpy()

strcpy()函数格式如下：

```
strcpy(字符数组1,字符串2)
```

作用如下：将字符串 2 复制到字符数组 1 中。

函数值：返回字符数组 1 的首地址。

例如：

```
char str1[10];
strcpy(str1,"China");
```

【说明】

（1）字符数组 1 必须定义得足够大，以便容纳被复制的字符串。字符数组 1 的长度不应小于字符串 2 的长度。

（2）字符数组 1 必须写成字符数组名形式，字符串 2 可以是一个字符串常量，也可以是一个字符数组名。例如：

```
char str1[10],str2[ ]={"China"};
strcpy(str1,str2);
```

其作用与前例相同。

（3）可用于实现两个字符数组间的整体赋值。

（4）复制时，连同字符串 2 的'\0'一起复制到字符数组 1 中。

（5）不能使用赋值语句将一个字符串常量或字符数组直接赋给一个字符数组。例如，下面的赋值语句是不合法的：

```
str1={"China"};
str1=str2;
```

使用赋值语句只能将一个字符赋给一个字符型变量或字符数组元素。例如，下面的语句是合法的：

```
char a[5],c1,c2;
c1='A';c2='B';
a[0]='C';a[1]='h';a[2]='i',a[3]='n';a[4]='a';
```

（6）可以使用 strcpy()函数将字符串 2 中前面若干个字符复制到字符数组 1 中。例如：

```
strcpy(str1,str2,2);
```

其作用是将 str2 中前面 2 个字符复制到 str1 中，加'\0'。

4）字符串比较函数 strcmp()

strcmp()函数格式如下：

```
strcmp(字符串 1,字符串 2)
```

作用如下：将两个字符串按照 ASCII 值从左至右逐个字符进行比较，直到出现不同的字符或遇到'\0'为止。若全部字符都相同，则认为两个字符串相等；若出现不相同的字符，则以第一个不相同的字符的比较结果为准。比较的结果由函数值带回。

函数值说明如下：

（1）如果字符串 1==字符串 2，则函数值为 0。

（2）如果字符串 1＞字符串 2，则函数值为正整数。

（3）如果字符串 1＜字符串 2，则函数值为负整数。

例如：

```
strcmp(str1,str2);
strcmp("China","Korea");
```

```
strcmp(str1,"Beijing");
```

注  意

对两个字符串的比较，不能使用以下形式：

```
if(str1==str2) printf("str1=str2");
```

而只能使用

```
if(strcmp(str1,str2)==0) prinif("str1=str2");
```

5）大写字母转换成小写字母函数 strlwr()

strlwr()函数格式如下：

```
strlwr(字符串)
```

作用如下：将字符串中的大写字母转换成小写字母，小写字母不变。lwr 为 1owercase（小写）的缩写。

6）小写字母转换成大写字母函数 strupr()

strupr 函数格式如下：

```
strupr(字符串)
```

作用如下：将字符串中的小写字母转换成大写字母，大写字母不变。upr 为 uppercase（大写）的缩写。

以上介绍的是常用的几种字符串处理函数。应当再次强调：库函数并非 C 语言本身的组成部分，而是人们为使用方便而编写、提供的公共函数。每个系统提供的函数数量和函数名、函数功能不尽相同，使用时要注意，必要时应查阅库函数手册。当然，对一些基本的函数（包括函数名和函数功能），不同的系统所提供的函数是相同的，这就为程序的通用性提供了基础。

## 三、任务实施

输入一行字符，统计其中有多少个单词，单词之间用空格分隔开。

算法分析如下：

（1）程序中变量 i 作为循环变量，num 用于统计单词个数，word 作为判别是否为单词的标志。若 word=0，则表示未出现单词；若出现单词，则 word 置 1。

（2）解题思路。单词的数目可以由空格出现的次数决定（连续的若干个空格认为出现一次空格，一行开头的空格不统计在内）。如果测出某一个字符为非空格，而它前面的字符是空格，则表示"新的单词开始了"，此时使 num（单词数）累加 1。如果当前字符为非空格，而其前面的字符也是非空格，则意味着仍然是原来那个单词，num 不应累加 1。前面一个字符是否空格可以从 word 的值看出来，若 word＝0，则表示前一个字符是空格；如果 word=1，则表示前一个字符为非空格，如图 4.19 所示。

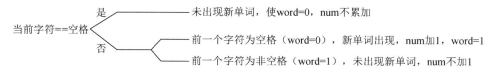

图 4.19　用 word 判断前一个字符是否为空格

其程序代码如下：

```c
#include <stdio.h>
main()
{   char string[80];
    int i,num=0,word=0;
    char c;
    gets(string);
    for(i=0;(c=string[i])!='\0';i++)
        if(c==' ') word=0;
        else if(word==0)
        {   word=1;
            num++; }
    printf("There are %d words in the line.\n",num);
}
```

其运行结果如图 4.20 所示。

图 4.20　统计字符中的单词的运行结果

程序中 for 语句中的循环条件为

```c
(c=string[i])!= '\0'
```

其作用是先将字符数组的某一元素（一个字符）赋给字符变量 c，此时，赋值表达式的值就是该字符，再判定它是否为结束符。这个"循环条件"包含了一个赋值操作和一个关系运算。可以看到使用 for 循环可以使程序简练。

## 四、深入训练

（1）编写一个程序，将两个字符串连接起来，要求不使用 strcat()函数。

【算法分析】

① 使用两个字符数组 s1 和 s2 分别存放将要连接的两个字符串。

② 设置两个整型变量 i、j 分别作为 s1 和 s2 两个数组的下标，以指示正在处理的位置。

③ 检测第一个字符串不带'\0'的长度。

④ 将 s2 中存放的字符串放到 s1 数组后。

（2）由键盘任意输入一个字符串和一个字符，要求从该字符串中删除所指定的字符。

【算法分析】

① 使用两个字符数组 s 和 temp。其中，s 用于存放任意输入的一个字符串；temp 用于存放删除指定字符后的字符串。

② 设置两个整型变量 i、j 分别作为 s 和 temp 两个数组的下标，以指示正在处理的位置。

执行步骤如下：

① 开始处理前 i=j=0，即都指向第一个数组元素。

② 检查 s 中当前的字符。

③ 如果不是要删除的字符，则将此字符复制（赋值）到 temp 数组中，j 增 1（指向 temp 下次要复制的字符位置）。

④ 如果是要删除的字符，则不复制该字符，j 也不必增 1（因为此次没有字符复制）。

⑤ i 增 1（准备检查 s 的下面一个元素）。

⑥ 重复步骤②～步骤⑤，直到字符串结束。

## 项目实训

### 一、实训目的

1．掌握一维数组、二维数组的定义。

2．掌握数组元素的赋值、引用方法。

3．掌握字符数组及常见字符串处理函数的使用。

4．在编程中能够灵活运用数组有关的算法解决实际问题。

5．在程序的调试过程中，会处理错误信息，提高程序调试能力。

### 二、实训任务

1．一个班有 30 名学生，通过键盘输入成绩，并进行输出，每行输出 10 名学生的成绩。

【算法分析】

（1）定义一个数组用于存放 30 个成绩数据。

```
int score[30];
```

（2）用循环结构实现成绩输入。

```
for(i=0;i<30;i++)
        scanf("%d",&score[i]);
```

（3）用循环结构实现成绩输出，并控制换行。

```
for(i=0;i<30;i++)
{   printf("%5d",score[i]);
    if((i+1)%10==0)
        printf("\n");}
main()
{   int i;
    int score[30];                   /*成绩数组的定义*/
    for(i=0;i<30;i++)            /*输入成绩*/
        scanf("%d",&score[i]);
    for(i=0;i<30;i++)            /*输出成绩*/
    {   printf("%5d",score[i]);
        if((i+1)%10==0)
            printf("\n");}          /*输出 10 个数据换行*/
}
```

2．一个班有 n（n≤30）名学生，通过键盘输入成绩，并进行以下处理。

（1）求平均成绩（数组求和）。

【算法分析】

① 输入 n 的值及 n 个成绩。

② 对成绩进行汇总求和，并存入变量 s。

③ 求平均数，average=s/n。

④ 输出平均分 average。

```
#include <stdio.h>
main()
{   int n,i,s=0;
    int score[30];
    float average;
    printf("请输入学生的人数：");
    scanf("%d",&n);
    printf("请输入%d 学生的成绩：\n",n);
    for(i=0;i<n;i++)
    {scanf("%d",&score[i]);
     s=s+score[i];}
     average=(float)s/n;
     printf("%.1f",average);
}
```

（2）添加 m 名学生的成绩（数组添加）。

【算法分析】

① 当前成绩个数设为 n。

② 输入 m 的值。

③ 从第 n 个元素开始输入 m 个成绩。

④ 更新数组元素的个数，n=m+n。

⑤ 输出添加完后的成绩。

（3）把不及格学生的成绩更新为 60 分（数组更新）。

【算法分析】

① 当前成绩个数设为 n。

② 从第 0 个元素开始逐个元素进行测试，直到最后一个元素。

```
if(score[i]<60)  score[i]=60;
```

③ 输出修改后的成绩元素。

（4）求成绩的最高分和最低分，并记住对应元素的下标（数组求极值）。

【算法分析】

① 当前成绩个数设为 n，定义变量 max 和 min 分别用于存放最大数和最小数。

② 为 max 和 min 赋初始值，max=min=score[0]。

③ 从第 1 个元素开始逐个元素进行测试，直到最后一个元素。

```
if(score[i]>max) max=score[i];
if(score[i]<min) min=score[i];
```

④ 输出 max 和 min。

（5）对成绩进行排序（数组排序，使用冒泡法或者选择法均可）。

（6）对已经排好序的成绩数组进行以下操作：把一个新成绩按照顺序插入到数组的合适位置。

【算法分析】

① 从键盘上接收一个数据，存入变量 m。

② 根据变量 m 的大小进行定位，其对应下标为 k。

③ 把最后一个元素到 score[k]的元素依次后移，为新数据腾出空间。

④ 把 m 存入下标为 k 的空间，score[k]=m。

⑤ 输出处理后的新数组。

3. 某学习小组有 4 名学生，学习了 5 门课程，求每名学生的平均分和每门课程的平均分。

【算法分析】

（1）定义一个二维数组 score[5][6]（最后一行和最后一列存放平均数）。

（2）为数组赋值。

（3）求行平均数，把平均数存入 score[i][5]（i=0～3）。

（4）求列平均数，把平均数存入 score[4][j]（j=0～4）。

（5）输出整个数组。

4. 计算 3×3 矩阵的两条对角线（主、辅对角线）上的元素之和。

【算法分析】

（1）主对角线元素的特点为任意元素 a[i][j]满足 i==j。

（2）辅对角线元素的特点为任意元素 a[i][j]满足 i+j==m-1 或 i==m-j-1。

其程序代码如下：

```c
#include <stdio.h>
#define M 3
main()
{   int a[M][M],i,j,s=0;        /*s 用于存放累加和*/
    printf("please input numbers:\n");
    for(i=0;i<M;i++)            /*二维数组的输入*/
       for(j=0;j<M;j++)
          scanf("%d",&a[i][j]);
    for(i=0;i<M;i++)
       for(j=0;j<M;j++)
          if(i==j||i+j==M-1) s=s+a[i][j];
          printf("s=%d",s);
}
```

5. 由键盘任意输入一个字符串和一个字符，要求从该字符串中删除所指定的字符。

【算法分析】

（1）使用两个字符数组 s 和 temp。其中，s 用于存放任意输入的一个字符串；temp 用于存放删除指定字符后的字符串。

（2）设置两个整型变量 i、j 分别作为 s 和 temp 两个数组的下标，以指示正在处理的位置。

方法一：

```c
#include <stdio.h>
#include <string.h>
main()
{   char s[20],temp[20],x;
    int i,j;
    gets(s);
    printf("delete?");
    scanf("%c",&x);
    for(i=0,j=0;i<strlen(s);i++)
       if(s[i]!=x)
       {   temp[j]=s[i];
           j++;   }
    temp[j]='\0';
    strcpy(s,temp);
    puts(s);
}
```

方法二：

```c
#include <stdio.h>
#include <string.h>
```

```
main()
{   char s[20],x;
    int i,j;
    gets(s);
    printf("delete?");
    scanf("%c",&x);
    for(i=0,j=0;i<strlen(s);i++)
        if(s[i]!=x)
        {   s[j]=s[i];
            j++;}
        s[j]= '\0';
    puts(s);
}
```

思考如下问题：

① 对比方法一和方法二的程序代码，其有什么不同？

② 在方法二中不使用 temp 数组，直接将 temp 数组改为 s 数组也可以得到相同结果，为什么？

## 项目练习

1. 选择题

（1）若有以下语句，则（　　　）是正确的描述。

```
char s1[ ]= "China";
char s2[ ]={'C','h','i','n','a'};
```

  A．s1 数组和 s2 数组的长度相同   B．s1 数组的长度小于 s2 数组的长度

  C．s1 数组的长度大于 s2 数组的长度   D．s1 数组等价于 s2 数组

（2）为了判断两个字符 str1 和 str2 是否相等，应当使用（　　　）。

  A．if(str1==str2)   B．if(str1=str2)

  C．if(strcpy(str1,str2))   D．if (strcmp(str1,str2)==0)

（3）以下一维数组 a 的定义正确的是（　　　）。

  A．int a(10);   B．int n=10,a[n];

  C．int n;   D．#define SIZE 10

    scanf("%d",&n);     int a[SIZE];

    int a[n];

（4）以下能对二维数组 s 进行正确初始化的语句是（　　　）。

  A．int s[2][ ]={{1,2,3},{4,5,6}};   B．int s[ ][3]={{1,2,3},{4,5,6}};

  C．int s[2][4]={{1,2,3},{4,5},{6}};   D．int s[ ][3]={{1,2,3},{ },{4,5,6}};

（5）对以下语句理解正确的是（    ）。

```
int a[10]={1,2,3,4,5};
```

  A．将 5 个初值依次赋给 a[1]至 a[5]

  B．将 5 个初值依次赋给 a[0]至 a[4]

  C．将 5 个初值依次赋给 a[6]至 a[10]

  D．因为数组长度与初值的个数不相同，所以此语句不正确

（6）若有语句 int a[ ][3]={1,2,3,4,5,6,7};，则数组 a 第一维的大小是（    ）。

  A．2    B．3    C．4    D．无确定值

（7）若二维数组 a 有 m 列，则计算任一元素 a[i][j]在数组中位置的公式为（    ）（假设 a[0][0]位于数组的第一个位置）。

  A．i*m+j   B．j*m+i   C．i*m+j-1   D．i*m+j+1

（8）有两个字符数组 a[20]、b[20]，则以下输入语句正确的是（    ）。

  A．gets(a,b);        B．scanf("%s%s",&a,&b);

  C．scanf("%s%s",a,b);     D．gets("a");gets("b");

（9）以下对字符数组的描述中，错误的是（    ）。

  A．字符数组中可以存放字符串

  B．字符数组中的字符串可以整体输入/输出

  C．可以在赋值语句中通过赋值运算符"="对字符数组进行整体赋值

  D．不可以使用关系运算符对字符数组中的字符串进行比较

（10）有以下程序段，则（    ）。

```
char a[3],b[ ]= "China";
a=b;
printf("%s",a);
```

  A．运行后将输出 China    B．运行后将输出 Ch

  C．运行后将输出 Chi     D．编译出错

（11）有以下变量和数组定义：

```
int i;
int x[3][3]={1,2,3,4,5,6,7,8,9};
```

则以下语句的输出结果是（    ）。

```
for(i=0;i<3;i++)  printf("%d ",x[i][2-i]);
```

  A．1 5 9   B．1 4 7   C．3 5 7   D．3 6 9

（12）不能把字符串"China"赋给数组 b 的语句是（    ）。

  A．char b[10]={'C','h','i','n','a','\0'};

  B．char b[10],b="China";

  C．char b[10]; strcpy(b,"China");

  D．char b[10]="China";

（13）当执行以下程序且输入"ABC"时，输出的结果是（　　）。

```
#include <stdio.h>
#include <string.h>
main()
{   char a[10]="12345";
    strcat(a,"6789");
    gets(a);
    printf("%s",a);
}
```

　　　　A．ABC　　　　　　　　B．ABC9　　　　　C．123456ABC　　D．ABC456789

（14）调用 strlen("abe\0def\0g")的结果为（　　）。

　　　　A．3　　　　　　　　　　B．6　　　　　　　　C．9　　　　　　　　D．10

（15）在 C 语言中，二维数组元素在内存中的存放顺序是（　　）。

　　　　A．由用户自己定义的　　　　　　　　B．由编译器完成的
　　　　C．按行存放　　　　　　　　　　　　D．按列存放

（16）有以下程序，其运行结果是（　　）。

```
char c[ ]= { 'V','e','r','y','\0','g','o','o','d','!'};
printf("%s",c);
```

　　　　A．Very good!　　　　　　　　　　　B．Very
　　　　C．'V', 'e', 'r', 'y'　　　　　　　　　　D．以上选项均不正确

2．判断题（判断下列叙述的正确性，正确的请打"√"，错误的请打"×"）

（1）C 语言数组元素的下标必须是正整数、0 或者整型表达式。　　　　　　（　　）
（2）C 语言的数组名是一个地址常量，不能对其进行赋值运算和自加、自减运算。
　　　　　　　　　　　　　　　　　　　　　　　　　　　　　　　　　　（　　）
（3）C 语言数组的下标下限为 0，上限为用户定义的变量表达式的值。　　（　　）
（4）使用函数 strlen()检测字符串长度时应包含字符串结束符'\0'。　　　　（　　）
（5）不能直接使用赋值语句将字符串赋给字符数组。　　　　　　　　　　（　　）

3．程序阅读题

```
（1）#include <stdio.h>
   main()
   {   int a[ ]={1,2,3,4},i,s=0,j=1;
       for(i=3;i>=0;i--)
       {
           s=s+a[i]*j;
           j=j*10;
       }
       printf("s=%d\n",s);
   }
```

程序的运行结果为_____。

（2）
```c
#include <stdio.h>
main()
{   int i,j,s=0;
    int a[3][3]={1,2,3,4,5,6,7,8,9};
    for(i=0;i<3;i++)
        for(j=0;j<3;j++)
            s=s+a[i][j];
    printf("s=%d\n",s);
}
```

程序的运行结果为_____。

（3）
```c
#include <stdio.h>
main()
{   int i,s=0;
    char ch[10]={"65rose28"};
    for(i=0;ch[i]>='0'&&ch[i]<='9';i+=2)
        s=10*s+ch[i]-'0';
    printf("%d\n",s);
}
```

程序的运行结果为_____。

（4）
```c
#include <stdio.h>
#include <string.h>
main()
{   char str1[20]={"hello"};
    char str2[ ]={"world"};
    printf("%s",strcat(str1,str2));
}
```

程序的运行结果为_____。

（5）
```c
#include <stdio.h>
#include <string.h>
main()
{   int d;
    char a[20]="ab\n\\\012/\\\"";
    d=strlen(a);
    printf("%d",d);
}
```

程序的运行结果为_____。

4. 编程题

（1）使用选择法对任意输入的 10 个整数进行由小到大的排序。

（2）数组中的数已按照升序排好，现从键盘上输入一个数插入数组，使数组中的数仍按升序排列。

（3）求一个 4×4 矩阵的对角线元素之和，并找出对角线元素中的最大值。

（4）任意输入 20 个正整数，找出其中的素数，并按由小到大的顺序排列。

（5）输出杨辉三角形（要求输出 10 行）。

```
        1
        1   1
        1   2   1
        1   3   3   1
        1   4   6   4   1
        1   5   10  10  5   1
              ……
```

提示：观察杨辉三角形的规律，其中，首列元素和主对角线元素为 1，其余元素等于前一行中对应的左前方元素和正上方元素之和。将生成的数据用二维数组存储并输出即可。

（6）编写一个程序，将两个字符串连接起来，不要使用 strcat() 函数。

（7）输入一行字符，分别统计其中的字母及数字个数。

# 项目五

## 应用函数进行程序设计

通过前面的学习，大家已经掌握了简单程序设计的方法。但是，随着问题复杂程度的增大，简单的程序设计已经不能满足解决问题的需要。一般而言，复杂问题的解决方法是采用模块化编程。在 C 语言中，模块化编程是通过函数来实现的。函数是模块化程序设计的最小单位，它是程序功能的载体。函数在一般情况下要求完成的功能单一，这样做的好处是便于函数设计与重用，一般由主函数来完成模块的整体组织。所以设计 C 语言程序，实际上就是设计 C 语言函数。

### 学习目标

（1）理解函数的概念。
（2）学会正确地定义函数。
（3）熟练掌握函数调用的方法，清楚函数间的参数传递过程。
（4）了解函数的嵌套调用和递归调用。
（5）掌握变量的存储类别和作用域。
（6）在编程中能够灵活地运用函数来解决实际问题。

## 任务一　比较整数大小

【知识要点】函数的定义。

### 一、任务分析

通过函数调用来实现比较两个数的大小，输出其中较大的数。

任务要求用函数调用来完成，也就是说，完成两个整数比较大小这个功能需要另外定义一个函数，总共是两个模块。

（1）编写一个 main() 函数。

（2）在 main() 函数中定义 3 个变量，前两个变量用于存放两个整数，第 3 个变量用于存放两个数中的最大值。

（3）自定义一个函数 max() 用于完成两个整数比较大小功能，并将较大的数作为返回值返回到 main() 函数中。

（4）在 main()函数中调用 max()函数完成任务。

## 二、必备知识与理论

### 1. 函数的引入

C 语言是结构化的程序设计语言，结构化程序设计以模块化设计为中心，是将待开发的软件系统划分为若干个相互独立的模块，由这些独立的模块完成不同的功能，并将这些模块通过一定的方法组织起来，成为一个整体。这就是结构化程序设计的思想，也就是"自顶向下、逐步细化"。

C 语言是由函数来实现模块化设计的。一个 C 语言程序可由一个主函数和若干个函数构成。由主函数调用其他函数，其他函数也可以互相调用。同一个函数可以被一个或多个函数调用任意多次。

"自顶向下、逐步细化"的模块化程序设计方法的一般步骤如下：

（1）将一个大问题按照层次分解成多个方便解决的小问题，一直分解到求解较小问题的算法和程序的"功能模块"。

（2）各功能模块可以先单独设计，再将求解所有小问题的模块组合成求解原问题的程序函数。

（3）完成相对独立功能的程序。

下面通过一个例子来说明 C 语言中如何利用这个思想实现程序。

【例 5.1】输入年、月、日，计算该日为该年的第多少天。

问题分析如下：一年有 12 个月，除 2 月之外，每个月的天数是固定的。因此，为了解决问题，需要考虑年份是闰年还是平年，以确定 2 月的天数。根据输入的天数和日期累计相加，可以得出此日是该年的第多少天。因此，可将问题分解如下。

（1）判断年份是否为闰年。年份为闰年的条件是，年份能被 4 整除，同时不能被 100 整除；或者能被 400 整除。

（2）求某个月份对应的天数。月份不同，其对应的天数不同。1、3、5、7、8、10 和 12 月各有 31 天；4、6、9 和 11 月各有 30 天；闰年的 2 月有 29 天，平年的 2 月有 28 天。

（3）求该日期对应的天数。将前几个月的天数相加，再加上该日期就是该日期的天数。

（4）输出数据：年、月、日及相应的天数。

求日期天数的模块分解图如图 5.1 所示。

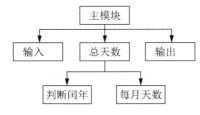

图 5.1　求日期天数的模块分解图

其程序代码如下：

```c
#include <stdio.h>
/*(1)判断闰年*/
int leap(int year)
{   int flag=1;
```

```
        if(year%4==0&&year%100!=0||year%400==0)    /*判断闰年的条件*/
            flag=1;                                 /*是闰年，则更改标志*/
        else flag=0;                                /*不是闰年*/
        return flag;
    }
/*(2)求某月的天数*/
int month_days(int year,int month)
{ int d;
    switch(month)                                   /*根据输入的月份确定天数*/
    { case 1:
      case 3:
      case 5:
      case 7:
      case 8:
      case 10:
      case 12:d=31;break;
      case 2:d=leap(year)?29:28;break;              /*通过调用函数计算，闰年的 2 月
                                                      有 29 天，平年的 2 月有 28 天*/
      default:d=30;break;
    }
    return d;
}
/*(3)求天数和*/
int days(int year,int month,int day)
{   int i,ds=0;
    for(i=1;i<month;i++)
        ds=ds+month_days(year,i);                   /*在函数 days 中调用函数 month_
                                                      days，获取各月份对应的天数*/
        ds=ds+day;
    return ds;
}
/*主程序中调用各个函数来计算天数的和*/
main()
{
    int year,month,day,t_day;
    printf("input year-month-day:\n");
    scanf("%d-%d-%d",&year,&month,&day);
    t_day=days(year,month,day);                     /*求天数和*/
    printf("%d-%d-%d is %dth day of the year!\n", year, month, day,
        t_day);
}
```

其运行结果如图 5.2 所示。

这个程序共包含 6 个函数，这些函数分别如下。

（1）main()：主函数完成主控任务。程序先从主函数开始执行，其他函数只有通过

主函数或其他函数的调用才能执行。

图 5.2　例 5.1 程序的运行结果

（2）printf()和 scanf()：系统标准库函数，完成数据的输出及输入。

（3）days()：用户自定义函数，功能是计算输入的天数是这一年的第多少天。

（4）month_days()：用户自定义函数，功能是计算每个月的天数。

（5）leap()：用户自定义函数，功能是判断某年是否为闰年。

自定义函数需要通过定义来确定该函数的功能，而功能的实现则需要其他函数的调用才能完成。

从上例可以看出 C 语言函数设计的一般原则如下：

（1）界面清晰。函数的处理任务明确，函数之间数据传递越少越好。

（2）大小适中。若函数太大，则处理任务复杂，导致结构复杂，程序可读性差；反之，若函数太小，则程序调用关系复杂，这样会降低程序的效率。

在程序设计中，经常将一些常用的功能模块编写成函数放在函数库中，以供随时调用。程序设计人员要善于利用函数，以减少重复编写程序段的工作量。

2. 函数的分类

（1）从函数定义的角度进行分类，可将 C 函数分为标准库函数和用户自定义函数两种。

① 标准库函数：由 C 语言系统提供，用户不需要自己定义，可以直接使用它们，也不必在程序中作类型声明，只需在程序前注明包含该函数原型的头文件，便可以在程序中直接调用。在前面各项目的例题中反复用到的 printf()、scanf()、getchar()、putchar()、gets()、puts()等函数均属此类，一般包含在 stdio.h 文件中。C 语言提供了丰富的库函数（如 Turbo C、MSC 都提供了 300 多个库函数），这些库函数分别在不同的头文件中声明（详细情况可参看相关库函数手册）。使用库函数，应知道函数名及其功能。

② 用户自定义函数：由用户根据需要编写的函数。用户自定义的函数，不仅要在程序中定义函数本身，还必须在主调函数模块中对被调函数进行类型声明，即必须先定义后使用。

（2）从函数形式的角度进行分类，可将 C 函数分为无参函数和有参函数两种。

① 无参函数：无参函数即在函数定义、函数声明及函数调用中均不带参数。

② 有参函数：有参函数也称为带参函数。在函数定义及函数声明时都有参数，称为形式参数（简称为形参）。

（3）从有无返回值的角度进行分类，可将 C 函数分为有返回值函数和无返回值函数两种。

① 有返回值函数：被调用执行完毕后将向主调函数返回一个执行结果，称为函数返回值。

② 无返回值函数：无返回值函数用于完成某项特定的处理任务，执行完成后不向主调函数返回函数值。

（4）从函数的作用范围进行分类，可将 C 函数分为外部函数和内部函数。

① 外部函数：可以被任何编译单位调用的函数称为外部函数。

② 内部函数：只能在本编译单位中被调函数称为内部函数。

3. 函数的定义

C 语言中的"函数"实际上是"功能"的意思，当需要完成某种功能时，就通过一个函数来实现。C 语言程序处理过程都是以函数形式出现的，最简单的程序至少也有一个 main()函数。函数必须先定义和声明后才能调用。

在 C 语言中，函数的定义形式分为无参函数定义形式和有参函数定义形式。

1）无参函数定义的一般格式

无参函数定义的一般格式如下：

```
类型声明符 函数名()
{/*函数体*/
类型声明
语句部分
}
```

【例 5.2】简单的无参函数调用举例。其程序代码如下：

```
#include <stdio.h>
printstar()                    /*printstar()函数*/
{
    printf(" * * * * * * * * * * * *\n");
}
printmessage()                 /*printmessage()函数*/
{
    printf("  How do you do! \n");
}
main()
{
    printstar();               /*调用 printstar()函数*/
    printmessage();            /*调用 printmessage()函数*/
    printstar();               /*调用 printstar()函数*/
}
```

其运行结果如图 5.3 所示。

图 5.3    例 5.2 程序的运行结果

此程序中的 printstar()函数和 printmessage()函数都是无参函数，使用"类型声明符"可以指定函数值的类型，而无参函数一般不需要带回函数值，因此可以不写类型声明符，这里的 printstar()函数和 printmessage()函数就如此。

2）有参函数定义的一般格式

C 函数的定义格式有两种：现代风格（ANSI C 格式）和传统风格（K&R 格式）。传统风格是早期编译系统使用的格式，现代风格是现代编译系统使用的格式，推荐使用现代风格。现代风格在系统编译时易于对形参进行检查，从而保证函数声明和定义的一致性。具体定义的语法格式如下。

（1）现代风格。

```
类型声明符 函数名(类型名 形式参数1,类型名 形式参数2,…)
{/* 函数体 */
    类型声明
    语句部分
}
```

（2）传统风格。

```
类型声明符 函数名(形式参数表列)
形参的类型说明;
{/* 函数体 */
    类型声明
    语句部分
}
```

【说明】

① 类型声明符和函数名为函数首部。类型声明符指明了函数的类型，它实际上是规定了该函数返回值的类型。用类型标识符 void 指定函数不返回值时，该函数称为"空类型函数"；需要返回值的函数的返回值的类型可以是任何基本类型，也可以是后面介绍的指针类型、结构体类型和用户自定义类型。默认的返回值类型是 int。

② 函数名是编译系统识别函数的依据，除了 main()函数有固定的名称外，其他自定义函数由用户按照标识符的命名规则自行命名，应简洁好记、见名知意。在同一源程序文件中，函数不能同名。另外，函数名后有一对圆括号，函数名和圆括号之间不能有空格，C 语言编译系统依据一个标识符后有没有圆括号来判定它是不是函数。与数组名一样，函数名也是一个常数，代表该段程序代码在内存中的首地址，也称为函数入口地址。

> **注　意**
>
> 　即使是无参函数，函数名后面的圆括号也不能省略。

　　③ { }中的内容称为函数体。函数体由两部分组成：一部分是类型声明，即变量定义部分，是对函数体内部所用到的变量的类型声明；另一部分是语句，即执行部分。

　　④ 函数的定义位置必须在任意函数之外，且不能嵌套定义。

　　⑤ 有参函数比无参函数多了一个形式参数表列（简称为形参表），用于建立函数之间的数据联系，它们被放在函数名后面的括号中。当有多个形式参数时，相互之间必须用逗号隔开。

　　3）"空函数"的格式

　　可以有"空函数"，其一般格式如下：

```
类型声明符 函数名()
{   }
```

例如：

```
dummy(){    }
```

　　空函数是既没有内部数据声明，也没有执行语句的函数，即函数体为空。调用此函数时，不做任何操作，没有任何实际作用。在程序设计中往往根据需要确定若干模块，分别由一些函数来实现。在编写程序的开始阶段，可以在将来准备扩充功能的位置写上一个空函数，暂时占据一个位置，以后扩充函数功能时再补充具体内容。空函数在程序设计中是有实际意义的：有利于模块化设计，使程序结构清晰、可读性好，防止遗漏，并有利于扩充。

## 三、任务实施

　　本任务是用函数调用的方法来比较两个整数的大小，输出其中较大的数。

　　任务要求用函数调用来完成，也就是说，完成对两个整数比较大小这个功能需要另外定义一个函数，总共是两个模块。

　　（1）编写一个 main()函数，在 main()函数中定义 3 个整型变量 a、b、c，a 和 b 用于存放两个整数，c 用于存放两个整数中的较大值。

　　（2）自定义一个有参函数 max()，用于完成两个整数比较大小功能，并且将较大的数作为返回值返回到 main()函数中。

　　（3）在 main()函数中调用 max()函数完成任务。

　　其程序代码如下：

```
#include <stdio.h>
main()                          /*主函数*/
{
    int max(int x,int y);       /*对被调用 max()函数的声明*/
    int a,b,c;
```

```
        printf("please input two numbers:\n");
        scanf("%d,%d",&a,&b);
        c=max(a,b);                 /*调用max()函数，将得到的值赋给c*/
        printf("max=%d\n",c);
    }
    /*现代风格*/
    int max(int x,int y)            /*定义max()函数，函数值为整型，x、y为形式参数*/
    {
        int z;
        z=x>y?x:y;
        return (z);                 /*将z的值返回，通过函数调用将值带回到调用处*/
    }
```

其运行结果如图 5.4 所示。

图 5.4　比较整数大小的运行结果

注　意

max()函数也可以写成如下形式：

```
    /*传统风格*/
    int max(x,y)        /*定义max()函数，函数值为整型，x、y为形式参数*/
    int x,y;
    {
        int z;
        z=x>y?x:y;
        return (z);     /*将z的值返回，通过函数调用将值带回到调用处*/
    }
```

函数的作用：比较 x 和 y 两个数的大小，将较大的赋值给 z，其中 x 和 y 是形参，最后通过语句 return 返回较大值 z 给主调函数。在进行函数调用时，主调函数将实际参数 a 和 b 的值传递给被调函数的形式参数 x 和 y。

四、深入训练

编写具有以下功能的函数。
（1）求两个数的和。
（2）求两个数的差。

（3）求两个数的积。

（4）求两个数的商。

【算法分析】

（1）仿照本项目任务一分别定义 4 个函数，每个函数用于完成一个功能。

（2）编写一个 main()函数，在 main()函数中根据输入的运算符号选择调用相应的函数，完成相应的运算，并把得到的结果带回 main()函数中。

（3）在 main()函数中输出运算及运算结果。

# 任务二　求 x 的 n 次方

【知识要点】函数的参数及返回值，函数的调用及声明。

## 一、任务分析

（1）求 x 的 n 次方的值即求 n 个 x 的乘积，可以把 x 和 n 作为函数的形参，定义一个函数 power()来完成这个功能。

（2）主调函数提供实参，通过函数调用将实参的值传递给形参。调用完成后，power()函数将所求的 x 的 n 次方的值作为返回值返回主调函数。

（3）数据从主调函数中传递，可以增加程序的灵活性。

## 二、必备知识与理论

1. 函数的参数

函数的参数用于建立函数之间的数据联系。当一个函数调用另一个函数时，实际参数的值会传递给形式参数，以实现主调函数与被调函数之间的数据通信。同时，函数参数的运用还可以提高函数的灵活性和通用性。

1）形式参数和实际参数

形式参数（简称为形参）是指在定义函数时，位于函数名后面的小括号中的变量名。实际参数（简称为实参）是指调用函数时，位于函数名后面的小括号中的表达式。

2）参数的传递

在调用函数时，主调函数和被调函数之间有数据的传递——实参传递给形参。

例如，在本项目任务一中定义了一个 max()函数，并且指定了两个形参 x 和 y。在 main()函数中通过 "c=max(a,b);" 语句调用 max()函数，a 和 b 是实参。通过函数调用，使两个函数中的数据发生联系，如图 5.5 所示。

关于形参与实参的说明如下。

① 在定义函数时指定的形参变量，在未出现函数调用时，它们并不占内存中的存储单元。只有在发生函数调用时，函数中的形参才被分配内存单元。在调用结束后，形参所占的内存单元即被释放。

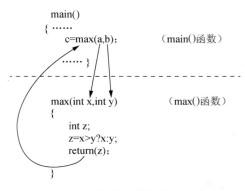

图 5.5　函数调用数据传递关系

② 实参可以是常量、变量、表达式、函数等，无论实参是何种类型的变量，在进行调用时，它们都必须具有确定的值，以便在调用时将实参的值赋给形参，因此，实参在使用前必须事先赋值。

③ 实参和形参的名称可相同，也可不同，但数据类型应一致，参数个数、对应顺序也必须保持一致，否则会发生"类型不匹配"的错误。在 C 语言中，字符型数据与 0～255 的整型数据可以互相通用。

④ 实参向形参传递数据，有以下两种方式。

- 数值传递，也称传数值，如常量值、变量值、表达式值、数组元素值、函数值等，这些值都是由用户程序决定的。

- 地址传递，也称传地址，如变量地址、指针、数组名所代表的地址等，值由系统分配决定，用户不能指定。当然，地址也是数值，是一个地址数据值。

⑤ 实参变量对形参变量的数值传递属于单向传递，只由实参传给形参，而不能由形参传给实参。

⑥ 函数调用，如果是数值传递，则传递后实参仍保留原值；如果是地址传递，则传递后实参地址的值不会改变，但地址的内容可能会改变。

2. 函数的返回值

通常，希望通过函数调用使主调函数得到一个确定的值，这就是函数的返回值。下面对函数值进行说明。

（1）return 语句。函数的返回值是通过函数中的 return 语句获得的。return 语句的一般格式如下：

```
return (表达式);
```

return 语句将被调函数中的一个确定值带回主调函数，如果需要从被调函数带回一个函数值（供主调函数使用），被调函数中必须包含 return 语句。如果不需要从被调函数带回函数值，则可以不要 return 语句。

① return 语句后面的括号可以不要，如"return(z);"与"return z;"等价。

② return 后面的值可以是一个表达式，如本项目任务一中的 max() 函数可以改写为

```
max(int x,int y)
{
    return(x>y?x:y);
}
```

这样的函数体更为简短。return 语句的功能是计算表达式的值，并返回给主调函数。

③ 在函数中允许有多个 return 语句，但要求每个 return 语句的表达式类型应相同。每次调用只能有一个 return 语句被执行，因此只能返回一个函数值。

④ 如果被调函数中没有 return 语句，则不会带回一个确定的、用户所希望得到的函数值。实际上，函数并不是不带回值，而是带回一个不确定的值。

（2）函数值的类型。既然函数有返回值，这个值当然应属于某一个确定的类型，应当在定义函数时指定函数值的类型。例如：

```
int max(int x,int y)           /*函数值为整型*/
double min(int x,int y)        /*函数值为双精度型*/
```

C 语言规定，凡不加类型声明的函数，一律自动按照整型处理。为了便于代码在不同编译环境下重复使用，建议在定义时对所有的函数指定函数类型。

（3）在定义函数时指定的函数类型一般应该与 return 语句中的表达式类型一致。如果两者不一致，则以函数类型为准。对于数值型数据，可以自动进行类型转换，即函数类型决定返回值的类型。

【例 5.3】返回值与函数类型不同（变量的类型变化）。其程序代码如下：

```
#include <stdio.h>
main()    /*主函数*/
{
    int max(float x,float y);   /*对被调 max()函数的声明*/
    float a,b;
    int c;
    printf("please input two numbers:\n");
    scanf("%f,%f",&a,&b);
    c=max(a,b);
    printf("max=%d\n",c);
}
int max(float x,float y) /*定义 max()函数，函数值为整型，x、y 为形式参数*/
{
    float z;
    z=x>y?x:y;
    return (z);              /*将 z 的值返回，通过函数调用将值带回到调用处*/
}
```

其运行结果如图 5.6 所示。

图 5.6　例 5.3 程序的运行结果

函数 max()定义为整型，而 return 语句中的 z 为实型，两者类型不一致，按照规定，先将 z 转换为整型，max()函数再将一个整型值 67 返回主调函数 main()。如果将 main()函数中的 c 定义为实型，用"%f"格式符输出，则输出 67.000000。

（4）对于不带回值的函数，应当使用"void"定义为"空类型"。这样能够保证在函数中不能使用 return 带回任何值，但系统仍然允许 void 类型函数使用 return 语句，此时该语句的作用是结束函数的运行，返回到主调函数。

3．函数的调用

1）函数调用的一般格式

函数定义一旦完成，就可以通过函数名来调用函数，执行函数体的指令，其过程与其他语言的子程序调用相类似。C 语言中，函数调用的一般格式如下：

　　函数名(实参表列);

如果是调用无参函数，则实参表列可以没有，但括号不能省略。实参表列中的参数可以是常量、变量或其他构造类型数据及表达式。如果实参表列包含多个实参，则各实参之间用逗号分隔。实参与形参的个数应相等，类型应匹配。实参与形参按照顺序一一对应传递数据。

2）函数调用的方式

在 C 语言中，按照函数在程序中出现的位置，函数的调用方式有以下 3 种。

（1）函数表达式：函数出现在一个表达式中，这种表达式称为函数表达式。此时要求函数带回一个确定的值参与表达式的运算。这种方式要求函数有返回值。例如：

　　c=5*max(a,b);

其中，函数 max()是表达式的一部分，把 max()的返回值乘以 5 再赋值给变量 c。

（2）函数语句：把函数调用作为一个独立语句使用，仅进行某些操作而不返回函数值。例如：

　　printf("max=%d\n",c);

此时不要求函数有返回值，只要求函数完成一定的操作。

（3）函数实参：函数作为另一个函数调用的实际参数出现。这种情况是把该函数的返回值作为实参进行传送，因此要求该函数必须是有返回值的。例如：

```
m=max(max(a,b),c);
```

其中，max(a,b)是一次函数调用，它的值作为 max()函数另一次调用的实参。m 的值是 a、b、c 三者中的最大值。又如：

```
printf("%d\n",max(a,b));
```

其中，max(a,b)是一次函数调用，它的返回值又作为 printf()函数的实参来使用。

### 4. 函数的声明

1）对被调函数的声明

在主调函数中调用另一个函数（即被调函数）需要满足如下条件。

（1）被调函数必须已经存在（库函数或用户自定义的函数）。

（2）如果使用库函数，则一般应该在本文件开头用#include 命令将调用有关库函数时所需用到的信息包含到文件中。例如，前面已经使用过的如下命令：

```
#include <stdio.h>
```

也可以写成

```
#include "stdio.h"
```

其中，stdio.h 是一个"头文件"。stdio 是 standard input & output 的缩写，意为"标准输入/输出"。stdio.h 文件中含有输入/输出库函数所用到的一些宏定义信息。如果不包含 stdio.h 文件中的信息，则无法使用输入/输出库中的函数，如 putchar()函数、getchar()函数等。

（3）如果使用用户自定义的函数，且该函数与主调函数在同一个文件中，则一般应该在主调函数中对被调函数作声明，即向编译系统声明将要调用此函数，并将有关信息通知编译系统。例如，例 5.3 中的语句：

```
int max(float x,float y);  /*对被调 max()函数的声明*/
```

其实，在函数声明中也可以不写形参名，而只写形参的类型，如上面的声明可以写成

```
int max(float ,float );
```

编译系统只检查参数个数和函数类型，而不检查参数名。

在 C 语言中，以上的函数声明称为函数原型。在函数被调用之前先用函数原型对函数进行声明，这与使用变量之前要先对变量进行声明是一样的。对于使用的库函数文件，用文本工具（如记事本）打开可以看到，其内容也是一些函数声明。

---

**注 意**

函数的"定义"和"声明"不是一回事。"定义"是指函数功能的实现部分，包括指定函数名、函数值类型、形参及其类型、函数体等，它是一个完整的、独立的函数单位。而"声明"的作用是向编译系统声明将要调用此函数，并把函数名、函

数类型以及形参的类型、个数和顺序等有关信息通知编译系统，以便在调用该函数时系统按此进行对照检查，如函数名是否正确、实参与形参的类型和个数是否一致等。函数声明在函数定义之前，没有函数体。

2）函数声明的形式

从程序中可以看到对函数的声明与函数定义首部基本上是相同的，因此可以简单地照写已定义的函数首部，再加一个分号，即可成为函数的声明。

函数声明的一般格式如下：

函数类型　函数名(参数类型 1,参数类型 2,…,参数类型 n);
函数类型　函数名(参数类型 1　形参 1,参数类型 2　形参 2,…,参数类型 n　形参 n);

其中，第一种形式是基本的形式。为了便于阅读程序，也允许在函数原型中加上参数名，就成为第二种形式。但编译系统不检查参数名，因此参数名并不要求与函数的定义处保持一致。

【说明】

（1）应当保证函数原型与函数首部写法上的一致，即函数类型、函数名、参数个数、参数类型和参数顺序必须相同。函数调用时，函数名、实参个数应与函数原型一致。实参类型必须与函数原型中的形参类型赋值兼容，如果不兼容，则按照出错进行处理。

（2）以前的 C 语言版本的函数声明不是采用以上方式,而只声明函数名和函数类型。例如：

```
int max();
```

其中，不包括参数类型和参数个数，系统也不检查参数类型和参数个数。新版本兼容这种用法，但不提倡这种用法，因为它未进行全面的检查。

（3）当被调函数的定义出现在主调函数之前时，可以不必声明。因为编译系统已经预先知道已定义的函数类型，会根据函数首部提供的信息对函数的调用做正确性检查。例如，例 5.1 中判断闰年的函数 leap()、求某月的天数的函数 month_days()、求天数和的函数 days()，这 3 个函数的定义都放在 main()函数之前，在 main()函数中省去了对这些函数的声明。

（4）如果函数的返回值是整型或字符型，则可以不必进行声明，系统对它们自动按照整型声明。但为清晰起见，建议加以声明。

（5）对库函数的调用不需要再声明，但必须把该函数声明所在的头文件用#include宏命令包含在源文件的前部。

3）函数声明的位置

（1）在所有函数定义之前。这是最清晰的一种表示方法，便于查找、管理。因为在文件头部对函数事先作了声明，编译系统从声明中已经知道函数的有关信息，所以不必在以后各主调函数中再进行声明。

（2）在所有函数的外部（或者说在函数与函数之间），但必须在被调函数之前声明。

（3）在调用函数的内部声明，声明的函数可与同类变量写在同一行中。

## 三、任务实施

编写一个函数，求 x 的 n 次方的值，其中 n 是整数。

【算法分析】

（1）求 x 的 n 次方即求 n 个 x 的乘积，可把 x 和 n 作为函数的形参，定义一个函数 power() 来完成这个功能。

（2）主函数中提供了实参，通过函数调用将实参的值传递给形参，调用完成后，power() 函数将所求的 x 的 n 次方的值作为返回值返回主调函数。

（3）power() 函数中用循环结构来实现该算法。其程序代码如下：

```c
#include <stdio.h>
long power(int x,int n)  /*函数定义*/
{   int i;
    long p=1;
    for(i=1;i<=n;i++)
        p*=x;
    return p;
}
main()                          /*主调函数*/
{   int x,n;
    long y;
    printf("Enter two numbers: x,n!\n");
    scanf("%d,%d",&x,&n);
    y=power(x,n);               /*函数调用*/
    printf("Value=%ld\n",y);
}
```

其运行结果如图 5.7 所示。

图 5.7  求 x 的 n 次方的运行结果

> **注 意**
>
> 此程序中 power() 函数的定义在主函数 main() 之前，所以在程序中省略了对 power() 函数的声明。

## 四、深入训练

调用函数判断某数是否为素数。

【算法分析】

（1）判断素数的功能由函数实现，程序能够有更好的扩展性。

（2）对于判断素数的函数来说，由于需要接收输入数据 n，因此需要有一个参数；执行以后需要返回该数是否为素数，因为在 C 语言中没有布尔型变量，真假值利用整型常量 1 和 0 表示，因此函数的返回值为整型。

## 任务三　用递归法求 n!

【知识要点】函数的嵌套调用和递归调用。

## 一、任务分析

本任务要求用递归法求 n!。

大家知道 n!=n×(n-1)×(n-2)×…×1=n×(n-1)!，递归公式为

$$n! = \begin{cases} 1, & (n = 0,1) \\ n \times (n-1)!, & (n > 1) \end{cases}$$

（1）上面表达式可以分解为 n!=n×(n-1)!，即将求 n!的问题变为求(n-1)!的问题，而(n-1)!=(n-1)×(n-2)!，即将求(n-1)!的问题变为求(n-2)!的问题，再将求(n-2)!的问题变为求(n-3)!的问题，以此类推，直到最后成为求 1!，这是递推过程。

（2）反之，求 1!，2!，3!，…，n!，称为"回归过程"。

## 二、必备知识与理论

### 1．函数的嵌套调用

在 C 语言中，函数定义都是互相平行、独立的模块，无隶属关系，只存在调用和被调用的关系，除了主函数不能被其他函数调用外，其他函数之间都可以互相调用。

一个函数在使用过程中调用另外一个函数，而被调函数又调用其他函数，这种情况称为函数的嵌套调用，如图 5.8 所示。

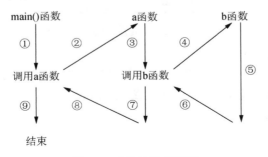

图 5.8　函数的嵌套调用

图 5.3 表示的是两层嵌套（main()函数包含在内时共 3 层函数），其执行过程如下：

①执行 main()函数的开头部分；②遇到调用 a 函数的操作语句，流程转去 a 函数；③执行 a 函数的开头部分；④遇到调用 b 函数的操作语句，流程转去 b 函数；⑤执行 b 函数，如果再无其他嵌套的函数，则完成 b 函数的全部操作；⑥返回调用 b 函数处，即返回 a 函数；⑦继续执行 a 函数中尚未执行的部分，直到 a 函数结束；⑧返回 main()函数中调用 a 函数处；⑨继续执行 main()函数的剩余部分直到结束。

【例 5.4】编写两个函数，分别求两个整数的最大公约数和最小公倍数，用主函数调用这两个函数，并输出结果。

【算法分析】

在数学上，两数的最小公倍数=两数乘积/两数的最大公约数。

求两个数的最大公约数应用辗转相除法。已知两个整数 M 和 N，假定 M>N，则求 M%N，若余数 r 为 0，则 N 即为所求；若余数 r 不为 0，则用 N 除 r，再求其余数……直到余数为 0，此时，除数就是 M 和 N 的最大公约数。

其程序代码如下：

```c
#include <stdio.h>
int gcd(int a,int b)        /*求最大公约数——辗转相除法*/
{   int r,t;
    if(a<b)
    {   t=a;a=b;b=t; }
    r=a%b;
    while(r!=0)
    {   a=b;
       b=r;
       r=a%b; }
    return (b);
}
int lcm(int a,int b)        /*求最小公倍数*/
{
    int r;
    r=gcd(a,b);
    return (a*b/r);
}
main()                      /*主函数*/
{
    int x,y;
    printf("please input two numbers:\n");
    scanf("%d,%d",&x,&y);
    printf("%d\n",gcd(x,y));
    printf("%d\n",lcm(x,y));
}
```

其运行结果如图 5.9 所示。

图 5.9　例 5.4 程序的运行结果

在此程序中，主函数先调用了函数 gcd() 求最大公约数，再调用了函数 lcm() 求最小公倍数，而在函数 lcm() 中又调用了函数 gcd()，这就是一个函数嵌套调用的过程。

> **注　意**
>
> （1）函数之间没有从属关系，一个函数可以被其他函数调用，同时该函数也可以调用其他函数。
> （2）在 C 语言中，函数可以嵌套调用，但不可以嵌套定义。

2.　函数的递归调用

函数的递归调用实际上是函数嵌套调用的一种特殊情况。在调用一个函数的过程中，直接或间接地调用该函数本身，称为函数的递归调用。直接调用称为直接递归调用，间接调用称为间接递归调用，程序中常用的是直接递归调用。在函数体内调用该函数本身的函数称为递归函数。

C 语言的特点之一就在于允许函数的递归调用。例如：

```
int f(int x)
   {int  y, z;
   …
   z=f(y);
   …
   return (2*z);}
```

在调用函数f()的过程中又调用了函数f()，这是直接调用函数本身，被称为直接递归调用，如图 5.10 所示。

又如：

```
（1）int f1(int x)          （2）int f2(int t)
    {                          {
       int y,z;                   int a,c;
       …                          …
       z=f2(y);                   c=f1(a);
       …                          …
       return(2*z);               return(3+c);
    }                          }
```

在调用函数 f1()的过程中要调用函数 f2(),而在调用函数 f2()的过程中又要调用函数 f1(),这被称为间接递归调用,如图 5.11 所示。

图 5.10　直接递归调用　　　　　　　　　图 5.11　间接递归调用

从图 5.10 和图 5.11 中可以看出,这两种递归调用都是无终止的自身调用。显然,这是不正确的,程序中不应出现无终止的递归调用,为了防止递归调用无终止进行,必须在函数内设置终止递归调用的手段。常用的办法是添加条件判断,可以通过 if 语句来控制,满足某种条件后就不再作递归调用并逐层返回。下面举例说明递归调用的执行过程。

【例 5.5】有 5 个人坐在一起,问第 5 个人的年龄,他说其比第 4 个人大 2 岁;问第 4 个人的年龄,他说其比第 3 个人大 2 岁;问第 3 个人的年龄,他说其比第 2 个人大 2 岁;问第 2 个人的年龄,他说其比第 1 个人大 2 岁;最后问第 1 个人的年龄,他说其 10 岁。请问第 5 个人多大?

显然,这是一个递归问题,要求第 5 个人的年龄,就必须先知道第 4 个人的年龄,而第 4 个人的年龄未知,要求第 4 个人的年龄,就必须先知道第 3 个人的年龄,而第 3 个人的年龄又取决于第 2 个人的年龄,第 2 个人的年龄又取决于第 1 个人的年龄。此外,每一个人的年龄都比其前 1 个人的年龄大 2,即

age(5)=age(4)+2

age(4)=age(3)+2

age(3)=age(2)+2

age(2)=age(1)+2

age(1)=10

可以用公式表述如下:

$$age(n) = \begin{cases} 10, & (n = 1) \\ age(n-1) + 2, & (n > 1) \end{cases}$$

可以看到,当 n>1 时,求第 n 个人的年龄的公式是相同的。因此,可以用一个函数来表示上述关系。

求解过程可分成两个阶段:第一个阶段是“递推”,即将第 n 个人的年龄表示为第(n-1)个人年龄的函数,而第(n-1)个人的年龄还要“递推”到第(n-2)个人的年龄……直到第 1 个人的年龄,此时 age(1)已知,不必再向前推;再开始第二个阶段,采用回推方法,从第 1 个人的年龄推算出第 2 个人的年龄(12 岁),从第 2 个人的年龄推算出第 3 个人的年龄(14 岁)……一直推算出第 5 个人的年龄(18 岁)为止。也就是说,递归问题可以分为“递推”和“回推”两个阶段。显而易见,如果要求递归过程不是无限制地进行下去,则必须具有一个结束递归过程的条件。例如,age (1)=10 是使递归结束的条件。

可以用如下函数来描述上述递归过程：

```
age(int n)                  /*求年龄的递归函数*/
{   int c;                  /*c用作存放函数的返回值的变量*/
    if(n==1) c=10;
    else c=age(n-1)+2;
    return (c);
}
main()
{   printf("%d\n",age(5));
}
```

其运行结果如图 5.12 所示。

图 5.12    例 5.5 程序的运行结果

main()函数中只有一条语句。整个问题的求解全靠 age(5)函数调用来解决。可以看到：age()函数共被调用 5 次，即 age(5)、age(4)、age(3)、age(2)、age(1)。其中 age(5)是由 main()函数调用的，其余 4 次是在 age()函数中调用的，即递归调用 4 次。请读者仔细分析调用的过程。应当强调说明的是，在某一次调用 age()函数时并不是立即得到 age(n)的值，而是一次又一次地进行递归调用，直到 age(1)时才有确定的值，再回推出 age(2)、age(3)、age(4)、age(5)。

### 三、任务实施

用递归的方法求 n!。
n!=n×(n-1)×(n-2)×…×1=n×(n-1)!递归公式为

$$n = \begin{cases} 1, & (n = 1) \\ n \times (n-1)!, & (n > 1) \end{cases}$$

【算法分析】

（1）上面的表达式可分解为 n!=n×(n-1)!，即将求 n!的问题变为求(n-1)!的问题，而(n-1)!=(n-1)×(n-2)!，即将求(n-1)!的问题变为求(n-2)!的问题，再将求(n-2)!的问题变为求(n-3)!的问题。以此类推，直到最后成为求 1!，这是递推过程。

（2）反之，求 1!=1，2!，3!，…，n!，称为"回归过程"。

（3）以求 5 的阶乘为例，5!=5×4!，4!=4×3!，3!=3×2!，2!=2×1!，1!=1，它的递归结束条件是当 n=1 时，n!=1。

其程序代码如下：

```
#include <stdio.h>
```

```
float fac(int n)
{   float f;
    if(n<0) printf("n<0,data error\n");
    else if(n==0||n==1)  f=1;
    else f=fac(n-1)*n;                  /*递归调用*/
    return(f);
}
main()
{
    int n;
    float y;
    printf("input an integer number:");
    scanf("%d",&n);
    y=fac(n);                           /*调用递归函数*/
    printf("%d!=%10.0f\n",n,y);
}
```

其运行结果如图 5.13 所示。

图 5.13　用递归法求 n!的运行结果

递归过程分为两个阶段：第一个阶段是"递推"阶段，即将求解 5!变成求解 5×4!，4!变成求解 4×3!……直到 1!=1 为止；第二个阶段是"回推"阶段，即根据 2×1!得到 2!，再根据 3×2!得到 3!，4×3!得到 4!，5×4!得到 5!，结果为 120。显然，在一个递归过程中，递推阶段是有限的递归调用过程，这样就必须要有递归结束条件，否则会无限地递归调用下去。

此例的递归结束条件如下：当 n 的值为 0 或为 1 时，fac(n)的值为 1；n<0 时，作为错误输入数据。

在递推阶段，函数执行完后必定要返回主调函数，通过 return 语句将 fac(n)的值带回到上一层 fac(n)函数，一层一层返回，最终在主函数中得到 fac(4)的结果。

**注　意**

一个合法的递归应该由两部分构成：一部分是递推公式，另一部分是结束条件，缺少任何一个都无法利用递归解决问题。

最后，对递归函数做如下概括。

（1）有些问题既可以用递归的方法解决，也可以用递推的方法解决。有些问题不用递归是难以得到结果的，如汉诺塔。某些问题，特别是与人工智能有关的问题，本质上是递归的。

（2）递归函数算法清晰，代码简练。例如，汉诺塔问题可谓复杂，程序却极为简单。

（3）从理论上讲，递归函数似乎很复杂，其实它是编程中一类问题的算法，最为直接。一旦熟悉了递归，它就是处理这类问题最清晰的方法。

（4）C语言编译系统对递归函数的自调用次数没有限制，但当递归层次过多时，可能会引起内存不足而造成运行出错，尤其是函数内部定义较多的变量和较大的数组时。

（5）函数递归调用时，在栈上为局部变量和形参分配存储空间，并从头执行函数代码。递归调用并不复制函数代码，只是重新分配相应的变量，返回时再释放存储空间。递归需要保存变量、断点、进栈、出栈，增加许多额外的开销，会降低程序的运行效率，所以程序设计中又有一个递归消除的问题。

### 四、深入训练

（1）求 $1^k+2^k+3^k+\cdots+n^k$ 的值，假设 k 为 4，n 为 6。

【算法分析】

① 可用函数的嵌套调用来完成，程序中用到 3 个函数，即 main()函数，以及自定义的 add()和 powers()函数。

② 在主函数 main()中调用 add()函数，其功能是进行累加。

③ 在 add()函数中调用 powers()函数，其功能是进行累乘。

（2）猴子吃桃问题。猴子第一天摘了若干个桃子，当即吃了一半，还不过瘾，又多吃了一个。第二天早上，猴子将剩下的桃子吃掉一半，又多吃了一个。以后猴子每天早上都吃了前一天剩下的一半加一个桃子。到第 10 天早上，猴子想再吃桃子时，发现只剩一个桃子。求第一天共摘了多少个桃子。

【算法分析】

很显然，该问题可以利用递归的方法来解决，要求第一天的桃子数，必须知道第二天还剩下多少，而第二天的桃子数取决于第三天的桃子数……第 10 天的桃子数目已知有一个。又因为每一天的桃子数都是后一天的桃子数的 2 倍加上一个，也就是

peach(1)=(peach(2)+1)*2

peach(2)=(peach(3)+1)*2

peach(3)=(peach(4)+1)*2

　……

peach(10)=1

具体的数学公式表述如下：

$$peach(n) = \begin{cases} 1, & (n = 10) \\ (peach(n+1)+1) \times 2, & (1 \leq n < 10) \end{cases}$$

# 任务四 选择法排序

【知识要点】数组作为函数参数。

## 一、任务分析

任务要求用选择法对数组中的 10 个整数按照由小到大的顺序排列，前面在讲解数组时，介绍冒泡法排序时曾提到选择法排序的思想。

所谓选择法就是先将 10 个数中最小的数与 a[0]对换；再将 a[1]到 a[9]中最小的数与 a[1]对换……每比较一轮，找出一个未经排序的数中最小的一个；共应比较 9 轮。

这里主要应用数组名作为函数参数，让实参和形参共用一段内存单元。

## 二、必备知识与理论

数组可以作为函数的参数使用，进行数据传送。数组用作函数参数有两种形式，一种是把数组元素作为函数实参使用；另一种是把数组名作为函数的实参和形参使用。

### 1. 数组元素作为函数实参

数组元素的使用与普通变量相同，因此它作为函数实参使用与普通变量是完全相同的，在发生函数调用时，把作为实参的数组元素的值传送给形参，实现单向的数值传送。

【例 5.6】两个数组 a、b 各有 10 个元素，对这些元素逐个对应比较（即 a[0]与 b[0]比较，a[1]与 b[1]比较……）。如果 a 数组中的元素大于 b 数组中的相应元素的数目多于 b 数组中元素大于 a 数组中相应元素的数目（例如，a[i]>b[i]6 次，b[i]>a[i]3 次，其中 i 每次为不同的值），则认为 a 数组大于 b 数组，并分别统计出两个数组相应元素大于、等于、小于的次数。

其程序代码如下：

```
#include <stdio.h>
main()
{
    int a[10],b[10],i,n=0,m=0,k=0;
    printf("enter array a:\n");
    for(i=0;i<10;i++)
        scanf("%d",&a[i]);
    printf("\n");
    printf("enter array b:\n");
    for(i=0;i<10;i++)
        scanf("%d",&b[i]);
    printf("\n");
    for(i=0;i<10;i++)
```

```
        {   if(large(a[i],b[i])==1) n=n+1;
            else if(large(a[i],b[i])==0) m=m+1;
            else k=k+1;  }
        printf("a[i]>b[i] %d times\na[i]=b[i] %d times\na[i]<b[i] %d
                times\n",n,m,k);
        if(n>k) printf("array a is larger than array b\n");
        else if(n<k) printf("array a is smaller than array b\n");
        else printf("array a is equal to array b\n");
    }
    large(int x,int y)
    {   int flag;
        if(x>y) flag=1;
        else if(x<y) flag=-1;
            else flag=0;
            return (flag);
    }
```

其运行结果如图 5.14 所示。

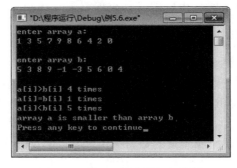

图 5.14　例 5.6 程序的运行结果

### 2. 数组名作为函数参数

数组名作为函数参数时，实参与形参都应用数组名（或用数组指针，见项目六）。要求实参和形参数组的类型相同，维数相同。在进行参数传递时是"地址传递"，也就是说，将实参数组的起始地址传递给形参数组，而不是将实参数组中的每一个元素一一传递给形参数组元素。

【例 5.7】有一个一维数组 score，其中存放了 10 名学生的成绩，求平均成绩。

其程序代码如下：

```
#include <stdio.h>
float average(float array[10])        /*函数定义*/
{
    int i;
    float aver,sum=array[0];
    for(i=1;i<10;i++)
```

```
        sum=sum+array[i];                    /*累加成绩*/
        aver=sum/10;                         /*求平均成绩*/
        return(aver);
    }
main()
{
    float score[10],aver;
    int i;
    printf("input 10 scores:\n");
    for(i=0;i<10;i++)                        /*输入 10 名学生的成绩*/
        scanf("%f",&score[i]);
    printf("\n");
    aver=average(score);                     /*函数调用*/
    printf("average score is %5.2f\n",aver);
}
```

其运行结果如图 5.15 所示。

图 5.15　例 5.7 程序的运行结果

【程序说明】

（1）用数组名作为函数参数时，应该在主调函数和被调函数中分别定义数组，此例中 array 是形参数组名，score 是实参数组名，分别在其所在的函数中定义。

（2）实参数组与形参数组类型应一致，若不一致，结果将出错。

（3）实参数组和形参数组大小可以一致，也可以不一致，C 语言编译系统对形参数组大小不作检查，只是将实参数组的首地址传给形参数组。如果要求形参数组得到实参数组全部元素值，则形参数组与实参数组大小应一致。

（4）数组名作为函数参数时，不是"值传送"，不是单向传递，而是把实参数组的起始地址传递给形参数组，这样两个数组会共用同一段内存单元。

3. 多维数组作为函数参数

多维数组元素可以作为实参，这与普通变量作为实参的用法相同。

也可以用多维数组名作为实参和形参，在被调函数中对形参数组进行定义时可以指定每一维的大小，也可以省略第一维的大小。但是不能把第二维以及其他高维的大小省略。因为从实参传送来的是数组起始地址，在内存中按照数组排列规则存放（按行存放），并不区分行和列，如果在形参中不声明列数，则系统无法决定应为多少行、多少列。不能只指定第一维而省略第二维，下面写法是错误的：

```
int array[3][ ];
```

实参数组可以大于形参数组。例如，实参数组定义为

```
int score[5][10];
```

而形参数组定义为

```
int array[3][10];
```

此时，形参数组只取实参数组的一部分，其余部分不起作用。

【例 5.8】有一个 3×3 的矩阵，将它转置输出。

其程序代码如下：

```
#include <stdio.h>
void turn(int array[][3])    /*二维数组转置函数*/
{
    int i,j,k;
        for(i=0;i<3;i++)
          for(j=0;j<i;j++)
          {  k=array[i][j];
             array[i][j]=array[j][i];
             array[j][i]=k;
          }
}
main()
{
    int a[3][3]= {{1,3,4},{5,7,8},{10,11,12}};
    int i,j;
    turn(a);                 /*调用函数，完成二维数组转置*/
    for(i=0;i<3;i++)         /*输出转置后的二维数组*/
    {
        for(j=0;j<3;j++)
            printf("%4d",a[i][j]);
        printf("\n");        /*输出每行之后换行*/
    }
}
```

其运行结果如图 5.16 所示。

图 5.16　例 5.8 程序的运行结果

### 三、任务实施

本任务是用选择法对数组中的 10 个整数按照由小到大的顺序排列。

【算法分析】

所谓选择法，就是先将 10 个数中最小的数与 a[0]对换；再将 a[1]到 a[9]中最小的数与 a[1]对换……每比较一轮，找出一个未经排序的数中最小的一个；共应比较 9 轮。

（1）编写 main()函数，在 main()函数中定义一个整型数组 a 用于存放将要排序的 10 个整数。

（2）自定义一个有参函数 sort()，用于完成对 10 个整数排序的功能，在函数 sort() 中定义一个整型数组 array，数组 array 接收数组 a 的首地址，使数组 array 和数组 a 共用一段内存单元，并将较大的数作为返回值返回到 main()函数中。

（3）在 sort()函数中用数组 array 完成对这 10 个整数的排序任务。

其程序代码如下：

```c
#include <stdio.h>
void sort(int array[],int n)
{   int i,j,k,t;
    for(i=0;i<n-1;i++)
    {   k=i;
        for(j=i+1;j<n;j++)
            if(array[j]<array[k]) k=j;
        t=array[k];array[k]=array[i];array[i]=t;   }
}
main()
{   int a[10],i;
    printf("enter the array:\n");
    for(i=0;i<10;i++)
        scanf("%d",&a[i]);
    sort(a,10);
    printf("the sorted array:\n");
    for(i=0;i<10;i++)
        printf("%d ",a[i]);
    printf("\n");
}
```

其运行结果如图 5.17 所示。

图 5.17　选择法排序的运行结果

可以看到在执行函数调用语句"sort(a,10);"之前和之后，a 数组中各元素的值是不同的。其原来是无序的，执行"sort(a,10);"后，a 数组已经排好序了，这是由于形参数组 array 已用选择法进行了排序，形参数组的改变使得实参数组随之改变。

实参数组 a 将它的首地址传递给形参数组 array，这样两个数组在内存中共同使用同一段内存单元。

### 四、深入训练

（1）从键盘上输入 10 个整数，用函数调用的方式求其中的最大值。

【算法分析】

① 分别定义 3 个函数，每个函数完成一个功能。input()函数，用于输入数组中的 10 个数据；print()函数，用于输出数组中的元素；maxa()函数，用于求数组中存放的 10 个整数中的最大值。

② 编写一个 main()函数，在 main()函数中选择调用相应的函数完成相应的任务，并把得到的结果带回到 main()函数中。

③ 在 main()函数中输出运算结果。

（2）任意输入 20 个数，找出其中的素数并求素数的和。要求用函数实现，在主函数中完成输入和输出。

【算法分析】

① 编写一个判断素数的函数，将找出的素数存起来。

② 编写一个函数求所有素数的和。

③ 编写一个 main()函数，在 main()函数中选择调用相应的函数完成相应的任务，并把得到的结果带回到 main()函数中。在 main()函数中输出运算结果。

## 任务五　求数组中成绩的平均分和最值

【知识要点】变量的作用域和生存期。

### 一、任务分析

有一个一维数组，内放 10 名学生的成绩，编写一个函数，求出平均分、最高分和最低分。

任务要求用函数来求一组数据的平均分、最高分和最低分。也就是说，希望从函数中得到 3 个结果值，除了可以得到一个函数的返回值以外，还可以利用全局变量得到另外两个值。

### 二、必备知识与理论

1. 变量的作用域

C 语言中的变量可以在 3 种基本位置加以定义：函数内部、函数参数中及所有函数外部，不同的定义范围决定了变量有不同的作用域。变量的作用域是变量在程序中可以有效索引、适当操作的特定区域，即作用范围。根据变量的作用范围不同，变量可以分为局部变量和全局变量。

1）局部变量

局部变量也称为内部变量，该变量是在一个函数内部定义声明的，其作用域仅限于函数内，即只有在此函数内才能使用它们，在此函数以外是不能使用的，故称为"局部变量"。例如：

```
float fl(int a)              /*函数 f1*/
{
    int b,c;                 a、b、c 的作用域
    ...
}
char  f2(int x,int y)        /*函数 f2*/
{
    int i,j;                 x、y、i、j 的作用域
    ...
}
main()                       /*主函数*/
{
    int  m,n;                m、n 的作用域
    ...
}
```

函数 f1()内定义了 3 个变量，a 为形参，b、c 为一般变量。a、b、c 在 f1()函数的范围内有效，或者说变量 a、b、c 的作用域仅限于函数 f1()内。同理，x、y、i、j 的作用域仅限于 f2()内，m、n 的作用域仅限于 main()函数内。

关于局部变量的作用域还要说明以下几点。

（1）主函数 main()中定义的变量 m、n 只能在主函数中有效，不能在其他函数中使用。同时，主函数中也不能使用其他函数中定义的变量。因为主函数也是一个函数，它与其他函数是平行关系。这一点是与其他语言不同的，应予以注意。

（2）不同函数中可以使用相同的变量名，它们代表不同的对象，分配不同的内存单元，互不干扰，也不会发生混淆。例如，在 f1()函数中定义了变量 b、c，而在 f2()函数中定义变量 b、c 是完全允许的，因为它们的作用域仅限于自己所在的函数。

（3）形参变量是属于被调函数的局部变量，实参变量是属于主调函数的局部变量。

（4）在一个函数内部，可以在复合语句中定义变量，这些变量只在复合语句中有效。这种复合语句也可称为"分程序"或"程序块"。例如：

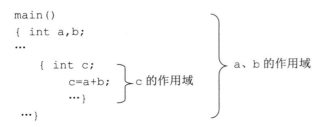

变量 c 只在复合语句（分程序）内有效，离开该复合语句该变量就无效，并释放内存单元。

**【例 5.9】** 分程序作用举例。其程序代码如下：

```c
#include <stdio.h>
main()
{   int x,y,z;
    x=1;
    y=++x;
    z=++y;
    {  /*以下为分程序*/
       int x=7,y=9;
       printf("x=%d,y=%d,z=%d\n",x,y,z);
       z++;
    }
    printf("x=%d,y=%d,z=%d\n",x,y,z);
}
```

其运行结果如图 5.18 所示。

图 5.18　例 5.9 程序的运行结果

分析此例前，首先要注意程序中对 x、y 的两次定义：main()函数中定义了 x、y，分程序中也定义了 x、y，这两对 x、y 只是名称相同，它们是不同的实体，有着不同的作用域。在执行分程序前，main()函数中 x、y、z 的值分别为 2、3、3（而不是 1、2、3）。当执行到分程序时，根据同名变量优先原则，访问的是分程序内定义的 x、y，分程序内没有定义变量 z，要看包含它的 main()函数中有无变量 z，若有，则对它进行访问，输出的结果是"x=7,y=9,z=3"，之后执行语句"z++;"，z 的值变为 4。此时分程序执行完毕，回到 main()函数继续向下执行，由于又回到了 main()函数，因此要访问的 x、y、z 变量就是 main()函数中定义的 3 个变量，x、y 的值未变，z 的值在分程序中被赋值为 4，所以输出结果是"x=2,y=3,z=4"。

2）全局变量

全局变量也称为外部变量，该变量在函数外部定义声明。它不属于某一个函数，而属于一个源程序文件，故全局变量可以为本文件中其他函数所共用。全局变量的位置可以在文件的开头所有函数之前，也可以在两个函数之间，甚至在文件末尾的所有函数之后。它的作用域为从定义变量的位置开始到本源文件结束。

```
int p=1,q=5;    /*外部变量*/
int f1(int a)   /*定义函数f1*/
{   int  b,c;
    …}
float c1,c2;    /*外部变量*/
float f2(float x,float y) /*定义函数f2*/
{   float i,j;
    …}
 main()         /*主函数*/
{   int m,n;
    char f;
    …}
```

全局变量
p、q 的
作用域

全局变量
c1、c2 的
作用域

从此例可以看出，p、q、c1、c2 都是在函数外部定义的外部变量，都是全局变量。但它们的作用域不同，c1、c2 定义在函数 f1() 之后，而在 f1() 内没有对 c1、c2 的声明，所以在 f1() 内不能使用。p、q 定义在源程序最前面，因此在 f1()、f2() 及 main() 内不加声明也可使用。在一个函数中既可以使用本函数中的局部变量，又可以使用有效的全局变量。

关于全局变量的作用域还要说明以下几点。

（1）全局变量可加强函数模块之间的数据联系。由于同一文件中的所有函数都能引用全局变量的值，因此如果在一个函数中改变了全局变量的值，则能影响其他函数，相当于各个函数之间有直接的传递通道。由于函数的调用只能带回一个返回值，因此有时可以利用全局变量增加与函数联系的渠道，从函数中得到一个以上的返回值。

为了便于区别全局变量与局部变量，在 C 语言程序设计人员中有一个不成文的约定（但非规定），即将全局变量名的第一个字母用大写表示。

（2）建议在不必要时不要使用全局变量，原因如下。

① 全局变量在程序的整个执行过程中都占用内存，而不是仅在需要时才开辟内存单元。

② 它使函数的通用性降低，因为函数在执行时要依赖其所在的外部变量。如果将一个函数移到另一个文件中，则应将有关的外部变量及其值一起移过去。但若该外部变量与其他文件的变量同名，则会降低程序的可靠性和通用性。在程序设计中，划分模块时要求模块的"内聚性"强、与其他模块的"耦合性"弱，即模块的功能要单一（不要把许多互不相干的功能放到一个模块中），与其他模块的相互影响要尽量少，而使用全局变量是不符合这个原则的。一般要求把 C 语言程序中的函数做成一个封闭体，除了可以通过"实参—形参"渠道与外界发生联系外，没有其他渠道。这样的程序移植性好，可读性强。

③ 使用的全局变量过多会降低程序的清晰性，人们往往难以清楚地判断每个瞬时各个外部变量的值。在各个函数执行时都可能改变外部变量的值，程序容易出错。因此，要限制使用全局变量。

（3）在同一源文件中，允许全局变量和局部变量同名。在局部变量的作用域内，全局变量被"屏蔽"，即不起作用。

【例 5.10】全局变量与局部变量同名。其程序代码如下：

```
#include <stdio.h>
int y=5;
void f1()
{   y=8;                    /*此处是对全局变量 y 赋值，f1()函数中没有定义任何变量*/
    printf("f1(y)=%d\n",y);
}
main()
{   int y;
    y=3;
    f1();
    printf("main(y)=%d\n",y);/*输出的是main()函数中定义的局部变量 y 的值*/
}
```

其运行结果如图 5.19 所示。

图 5.19   例 5.10 程序的运行结果

此例中定义了两个 y，一个是全局变量 y，定义时被初始化为 5，在 f1()函数中又被赋值为 8，所以在 f1()函数中输出的是全局变量 y 的值，y=8；另一个是定义在 main()函数中的局部变量 y，这两个 y 只是名称相同的两个不同实体。因此，在 main()函数中输出的 y 值是 3。

2. 变量的生存期

根据前面的介绍，从变量的作用域（即从空间），可以分为全局变量和局部变量；从变量值存在的时间（即生存期），可以分为静态存储变量和动态存储变量。

静态存储方式是指在程序运行期间分配固定的存储空间的方式。动态存储方式是在程序运行期间根据需要动态分配存储空间的方式。

实际上，在内存中供用户使用的存储空间可分为程序代码区、静态存储区和动态存储区 3 部分，如图 5.20 所示。其中，程序代码区用于存放程序，静态存储区和动态存储区用于存放程序中使用的数据。

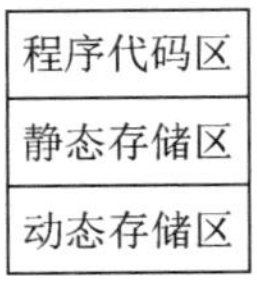

| 程序代码区 |
| 静态存储区 |
| 动态存储区 |

图 5.20   内存存储空间

变量的生存期是指变量在内存中占据存储空间的时间。有些变量在程序运行期间始终占据内存空间，而有些变量只在程序运行时的某段时间内占据存储空间。前者是分配在静态存储区中的变量，后者是分配在动态存储区或 CPU 寄存器中的变量。

（1）静态存储变量：存放在内存静态存储区中的变量称为静态存储变量。对于这类变量，如全局变量，编译时系统在静态存储区给它分配固定的存储空间。在程序的运行期间，变量的值始终存在，只有程序运行结束时，静态存储变量所占的存储空间才被释放。因此，静态存储区中的变量生存期是整个程序的执行期。由于是在编译时分配存储空间的，如果在定义静态存储变量的同时给变量赋初值，这个初值是在编译时赋的，程序执行时不再赋初值。如果在定义静态存储变量时未赋初值，则编译系统自动给静态变量赋初值为 0。

（2）动态存储变量：存放在内存动态存储区中的变量称为动态存储变量。对于这类变量，典型的例子是函数的形式参数，系统是在函数被调用时，在内存的动态存储区中为其分配存储空间的，函数执行结束后，它们所占的存储空间立即释放，也就不能再引用这些变量了。如果一个函数被多次调用，则反复分配和释放形参变量所占的存储单元。因此，这类变量的生存期是函数执行期。如果在定义变量时未赋初值，则初值不确定。

生存期和作用域是从时间和空间两个不同角度来描述变量的特性，两者既有联系又有区别，一个变量究竟属于哪一种存储方式并不能仅从其作用域来判断，还应明确其存储类型声明。

### 3．变量的存储类别

C 语言中的变量和函数都有两个属性：数据类型和存储类别。数据类型决定了给数据分配的内存及操作。存储类别是指数据在内存中的存放位置。对于数据类型，读者已熟悉，在定义一个变量时先要定义数据类型，实际上，还应该定义它的存储类别。变量的存储类别决定了变量的生存期以及将它分配在哪个存储区中。

C 语言中变量的存储类别共有 4 种。

（1）auto：自动变量。

（2）register：寄存器变量。

（3）static：静态变量。

（4）extern：外部变量。

自动变量和寄存器变量属于动态存储方式，外部变量和静态变量属于静态存储方式。变量定义的完整格式如下：

　　　存储类别　数据类型　变量名 1,变量名 2,…;

例如：

```
register int i;              /*声明 i 为寄存器整型变量*/
auto char c1,c2;             /*声明 c1、c2 为自动字符型变量*/
static int a[5]={1,2,3,4,5}; /*声明 a 为静态整型数组*/
extern float x,y;            /*声明 x、y 为外部实型变量*/
```

1）自动变量

自动变量的类型声明符为 auto，这种存储类型是 C 语言程序中使用最广泛的一种类型。自动变量一般为函数或复合语句内定义的变量（包括形参）。C 语言规定，函数内凡未加存储类别声明的变量均视为自动变量，也就是说，自动变量可省去声明符 auto。前面程序中所定义的变量都是自动变量。例如，在函数内有如下定义：

```
int x,y;
float m,n;
```

其等价于以下语句：

```
auto int x,y;
auto float m,n;
```

自动变量具有如下特点：

（1）自动变量是局部变量，作用域仅限于定义该变量的函数或复合语句内。在函数中定义的自动变量只在该函数内有效，在复合语句中定义的自动变量只在该复合语句中有效。

（2）自动变量属于动态存储方式，只有在定义该变量的函数被调用时才给它分配存储单元，开始它的生存期，函数调用结束时释放存储单元，结束生存期。因此，函数调用结束之后，自动变量的值不能保留。在复合语句中定义的自动变量，在退出复合语句后也不能再使用，否则将引起错误。

【例5.11】自动变量值的变化情况。其程序代码如下：

```
#include <stdio.h>
void f1(int x)
{   auto int y=3;
    y=y+x;
    printf("y=%d\n",y);
}
main()
{   int x=2,y=2;
    f1(x);
    printf("y=%d\n",y);
}
```

其运行结果如图5.21所示。

图5.21　例5.11程序的运行结果

（3）由于自动变量的作用域和生存期都局限于定义它的个体内（函数或复合语句内），因此不同的个体中允许使用同名的变量而不会混淆。即使在一个函数内定义的自动变量，也可以与该函数内部的复合语句中定义的自动变量同名。

（4）在对自动变量赋值之前，它的值是不确定的。定义变量时，若没有给自动变量赋初值，则变量的初值不确定；如果赋初值，则每次函数被调用时都执行一次赋值操作。例如：

```
main()
{
    int m;
    printf("m=%d\n",m);
}
```

未对 m 赋值就输出 m 的值，m 的值将是一个不可预知的数，由 m 所在的存储单元当时的状态决定。因此，对于自动变量，必须对其赋初值后才能引用。

2）寄存器变量

一般情况下，程序运行时各变量的值是存放在内存中的。如要对某变量进行访问，则由控制器发出指令将该变量的值从内存读到运算器中进行运算。如果变量在程序运行中使用非常频繁，则存取该变量要消耗很多时间。为提高执行效率，C 语言允许将局部变量的值存放在 CPU 的寄存器中，称为寄存器变量。寄存器变量占用 CPU 的高速寄存器，不占用内存单元，使用时不需要访问内存，寄存器的读写速度比内存读写速度快，因此，可以将程序中使用频率高的变量（如控制循环次数的变量）定义为寄存器变量，这样可提高程序的执行速度。寄存器变量使用关键字 register 作为存储类别标识符。

【例 5.12】寄存器变量的使用情况。其程序代码如下：

```
#include <stdio.h>
void fun(register int n)
{   for(;n<=1000;n++)
    printf("*");
    printf("\n");
}
main()
{
    fun(10);
}
```

在发生函数调用的时候，由于变量 n 的访问频率比较高，因此可以定义为寄存器变量，以提高程序的执行效率。

对寄存器变量还要说明以下几点：

（1）只有局部自动变量和形式参数才可以定义为寄存器变量，因为寄存器变量属于动态存储方式。凡需要采用静态存储方式的变量都不能定义为寄存器变量。

（2）由于 CPU 中寄存器的个数有限，因此一个程序中可以定义的寄存器变量的数目也是有限的。当寄存器没有空闲时，系统将寄存器变量当作自动变量处理。因此，寄存器变量的生存期与自动变量相同。在 Turbo C、MSC 下使用 C 语言时，实际上是把寄存器变量当作自动变量处理，允许使用寄存器变量只是为了与标准 C 保持一致。

（3）有些系统受寄存器长度的限制，寄存器变量一般是 char、int 和指针类型的变量。不能把浮点型、双精度型变量定义为寄存器变量。

3）静态变量

静态变量的类型声明符是 static，静态变量属于静态存储方式。

（1）静态局部变量：在局部变量的声明前加上 static 就构成了静态局部变量。

有时希望局部变量的值在每次离开其作用域后不消失，并保持原值，即占用的存储空间不释放，这个特点是使用自动变量时不可能实现的，因为自动变量属于动态存储方式，每次函数调用的时候数据的值都会清空。此时应该用 static 将变量定义为静态局部变量，从而成为静态存储方式。

例如：

```
static int a,b;
```

【例 5.13】静态局部变量程序分析。其程序代码如下：

```
#include <stdio.h>
f1()
{   int x=0;             /*x 为自动变量*/
    static int y=0;      /*y 为静态局部变量，调用结束后会保留值*/
    x=x+1;               /*x 的值对下次函数调用没有影响*/
    y=y+1;               /*y 的值对下次函数调用会产生影响*/
    printf("x=%d\t",x);
    printf("y=%d\n",y);
}
main()
{                        /*3 次调用 f1()函数*/
    f1();
    f1();
    f1();
}
```

其运行结果如图 5.22 所示。

图 5.22　例 5.13 程序的运行结果

因为变量 x 为自动变量，因此每次函数调用以后，变量所占的内存都要释放，每次调用之前要给变量重新分配内存单元，并重新赋值，所以 3 次调用输出的结果都是一样的；而静态局部变量 y 在函数调用结束以后不会释放内存，数据的值也不会消失，前一次的调用结果在下一次调用时可以直接使用。

静态局部变量属于静态存储方式，它具有以下特点：

① 静态局部变量在函数内定义，但不像自动变量那样在调用时存在，退出函数时

就消失。静态局部变量始终存在，数据的值具有继承性，每次进行函数调用时都可以保存原有数据的值，也就是说，它的生存期为整个源程序。

② 静态局部变量的生存期虽然为整个源程序，但是其作用域仍与自动变量相同，即只能在定义该变量的函数内使用该变量。退出该函数后，尽管该变量还继续存在，但不能在其他函数中使用此变量。

③ 对静态局部变量是在编译时赋初值的，即只赋初值一次，在程序运行时它已有初值，以后每次调用函数时不再重新赋初值，而只是保留上次函数调用结束时的值。对自动变量赋初值不是在编译时进行的，而是在函数调用时进行的。每调用一次函数就重新赋一次初值，相当于执行一次赋值语句。

④ 对于基本类型的静态局部变量，若在声明时未赋初值，则系统自动赋 0 值。对自动变量不赋初值，其值是不定的。

（2）静态全局变量：在函数外定义的变量若没有用 static 声明，则是全局变量（外部变量）。在全局变量的类型声明之前加 static 就构成了静态的全局变量。全局变量本身就是静态存储方式，两者在存储方式上相同。两者的区别在于非静态全局变量的作用域是整个源程序，当一个源程序由多个源文件组成时，非静态的全局变量在各个源文件中都是有效的。而静态全局变量限制了其作用域，即只在定义该变量的源文件内有效，在同一源程序的其他源文件中不能使用它。

从以上分析可以看出，static 对局部变量和全局变量的作用是不同的。对局部变量来说，它使变量由动态存储方式改变为静态存储方式，即改变了它的生存期。对全局变量来说，static 的含义已不是指存储方式，而是指它的作用域，即限制变量的使用范围只在本文件内。因此，static 在不同的地方所起的作用是不同的，应予以注意。

4）外部变量

如果在一个源文件中将某些变量定义为全局变量，而这些全局变量允许其他源文件中的函数引用，则需要把程序的全局变量告诉所有的模块文件。解决方法如下：在一个模块文件中将变量定义为全局变量，而在其他模块文件中用 extern 来声明这些变量。对于局部变量的定义和声明可以不加以区分，而对于外部变量则不然，外部变量定义和外部变量的声明并不是一件事。外部变量定义必须在所有的函数之外，且只能定义一次。

假设程序 file1.c 中的代码如下：

```
int a;    /*声明变量a为全局变量*/
fun()
{   printf("input the data a:\n");
    scanf("%d",&a);
}
```

程序 file2.c 中的代码如下：

```
extern int a;    /*扩充全局变量a的作用域*/
main()
{   printf("%d",a);
}
```

在这两个程序中都可以使用外部变量 a，因此使用外部全局变量可以增加程序之间的数据联系。但其同时存在局限性，即使一个函数的运行依赖于另外一个函数。

外部全局变量的使用需要注意以下几点。

（1）编译时将外部变量分配在静态存储区。用关键字 extern 来声明外部变量，可扩展外部变量的作用域。由于全局变量在整个程序的运行过程中"永久性"地占用固定的内存单元，所以它放在静态存储区中，属于静态存储变量。

（2）外部变量的定义中不用加上 extern 的声明，可以省略。只有当外部变量定义处之前的函数想引用该变量时，才应在引用之前用关键字 extern 对该变量作"外部变量声明"，表示该变量是一个已经定义的外部变量。有了此声明，就可以从声明处开始合法地使用该外部变量。

（3）如果一个程序包含多个文件，且在多个文件中都要用到同一个外部变量，则应在某一个文件中定义外部变量，而在其他文件中用 extern 作外部变量声明。在各文件经过编译后，将各目标文件连接成一个可执行的目标文件。

注　意

　　函数内的 extern 变量声明表示引用本源文件中的外部变量；而函数外（通常在文件开头）的 extern 变量声明表示引用其他文件中的外部变量。

（4）定义外部变量时，系统要给变量分配存储空间；而对外部变量进行声明时，系统不分配存储空间，只是让编译系统知道该变量是一个已经定义过的外部变量，与函数声明的作用类似。

（5）外部变量定义时，如果没有赋初值，则系统编译时，会自动赋初值为 0。因此，在对外部变量进行声明时不能再赋初始值，否则系统会提示声明错误。

有的读者可能会问：extern 既可以用于扩展外部变量在本文件中的作用域，又可以使外部变量的作用域从一个文件扩展到程序中的其他文件，那么系统怎样区分处理呢？实际上，在编译过程中遇到 extern 时，系统先在本文件中查找外部变量的定义，如果找到，则在本文件中扩展作用域。如果找不到，则在连接时从其他文件中找外部变量的定义；如果找到，则将作用域扩展到本文件；如果还找不到，则按出错处理。

4．归纳变量分类

1）变量的完整声明

对于一个数据的定义，需要指定两种属性：数据类型和存储类别，分别用两个关键字进行定义。其一般定义格式如下：

　　存储类别　数据类型　变量名；

变量的 6 个属性为数据类型、地址、值、作用域、生存期、存储类别。

2）按照作用域分类

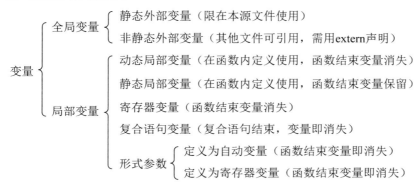

3）按照生存期分类

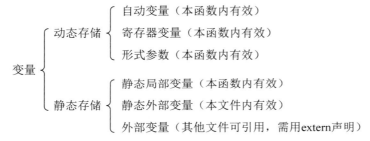

4）按照存储位置区域分类

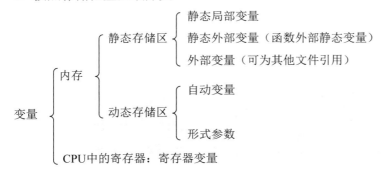

## 三、任务实施

有一个一维数组，内放 10 名学生的成绩，要求编写一个函数，求出平均分、最高分和最低分。

任务要求用一个函数得到一组数据中的平均分、最高分和最低分。也就是说，希望从函数得到 3 个结果值，除了可以得到一个函数的返回值以外，还可以利用全局变量得到另外两个值。

（1）定义两个全局变量来存放最高分和最低分。

（2）自定义一个有参函数 average()，用于完成求 10 名学生的平均分功能，并将平均分作为返回值返回 main()函数。

（3）在 main()函数中调用 average()函数完成任务。

其程序代码如下：

```c
#include <stdio.h>
float max=0,min=0;
float average(float array[],int n)    /*定义函数，形参为数组*/
{   int i;
    float aver,sum=array[0];
    max=min=array[0];
    for(i=1;i<n;i++)
    {   if(array[i]>max) max=array[i];
        else if(array[i]<min) min=array[i];
        sum=sum+array[i];
    }
    aver=sum/n;
    return(aver);
}
main()    /*主函数*/
{   float ave,score[10];
    int i;
    for(i=0;i<10;i++)
        scanf("%f",&score[i]);
    ave=average(score,10);  /*调用 average()函数，将得到的值赋给 ave*/
    printf("max=%6.2f\nmin=%6.2f\naverage=%6.2f\n",max,min,ave);
}
```

其运行结果如图 5.23 所示。

图 5.23　求数组中成绩的平均分和最值的运行结果

可以看出 array 和 n 的值由 main()函数提供，单向传递，函数 average()中 aver 的值传回 main()函数，也是单向的，max 和 min 是全局变量，它的值既可以传入函数，也可从函数传出。

由此可见，可利用全局变量减少函数实参与形参的个数，从而减少内存空间占用以及传递数据时的时间消耗。

**四、深入训练**

利用局部静态变量求 1!～n!。

【算法分析】

（1）一般来说，当需要保留函数上一次调用结束后的值时采用局部静态变量。

（2）由于数据 n 的阶乘等于 n-1 的阶乘再乘以 n，因此可以使用静态局部变量把 n-1 的阶乘存储起来，在计算 n 的阶乘时直接进行计算即可。

思考问题：如何计算连续数据的前 n 项之和？

# 任务六　应用数组实现学生成绩排序

【知识要点】函数的作用域。

## 一、任务分析

本任务要求将 20 名学生的成绩放到一个整型数组中，对这些数据进行从大到小的排序，现从键盘上输入一个成绩，将这个成绩从数组中删除，通过外部函数实现。

任务要求用外部函数来实现，也就是要实现多文件的程序。程序应包括输入函数、排序函数、删除函数、输出函数及主函数。将这些函数在一个文件中使用，就可以解决这个问题。但任务要求用外部函数，故可以把函数放在其他文件中，即需要多个文件。

## 二、必备知识与理论

函数一经定义即可被其他函数调用，即函数本质上是全局的。但当一个源程序由多个源文件组成时，根据在一个源文件中定义的函数能否被其他源文件中的函数调用，C语言又把函数分为内部函数和外部函数。

### 1. 内部函数

如果在一个源文件中定义的函数只能被本文件中的函数调用，而不能被同一源程序其他文件中的函数调用，则这种函数称为内部函数。内部函数定义的一般格式如下：

```
static  类型标识符  函数名(形参表)
```

例如：

```
static int fun(int a,int b)  {…}
```

关键字 static 表示"静态的"，所以内部函数又称为静态函数。但此处 static 的含义不是指存储方式，而是指函数的调用范围只局限于本文件。使用内部函数的好处是，不同的人编写不同的函数时，不用担心自己定义的函数会与其他文件中的函数同名，因为不会被其他文件中的函数调用，不会引起混淆。这就使得多人同时编写一个大型程序时非常方便。只要该函数不与其他文件共用，给函数命名时就不用考虑其他文件中是否有同名函数。

2. 外部函数

如果一个函数既可以被本文件中的函数调用，又允许被本程序其他文件中的函数调用，则这样的函数称为外部函数。外部函数在整个源程序中都有效，外部函数定义的一般格式如下：

```
extern 类型标识符  函数名(形参表)
```

例如：

```
extern int fun(int a,int b)  {…}
```

【说明】

（1）如果在函数定义中没有声明 extern 或 static，则默认为 extern。对于前面例题中定义过的函数，除了主函数以外，都可以被其他函数所调用，都是外部函数。

（2）在需要调用此函数的文件中，用 extern 对函数进行声明，表示该函数是在其他文件中定义的外部函数。

例如，file1.c（源文件 1）的程序代码如下：

```
extern int fun1(int i);  /*外部函数声明，表示 fun1()函数在其他源文件中*/
main()
{
    extern int fun2(int i);/* 外部函数声明，表示 fun2()函数在其他源文件中*/
    …
}
    file2.c(源文件 2)
extern int fun1(int i)   /*外部函数定义*/
{…}
extern int fun2(int i)   /*外部函数定义*/
{…}
```

对函数的声明类似于对外部变量的声明，可以放在函数内部，也可以放在函数外部。放在函数内是局部的，放在函数外则是全局的。

## 三、任务实施

本任务是将 20 名学生的成绩放到一个整型数组中，对这些数据进行从大到小的排序，现从键盘上输入一个成绩，要求程序将这个成绩从数组中删除，通过外部函数实现。

【算法分析】

整个程序由 4 个文件组成。除了主函数所在的文件之外，每个文件包含一个函数。主函数是主控函数，除声明部分外，由 6 个函数调用语句组成。其中，scanf()和 printf()是库函数，另外 4 个函数是用户自定义的函数。函数 input()和 output()向数组中输入/输出数据元素，函数 sort()对数组中的元素进行排序，函数 del()在数组中删除和变量 x 相同的数据。程序中 3 个函数都定义为外部函数。在 main()函数中用 extern 声明所用到的

sort()、del()、output()函数是在其他文件中定义的外部函数。

下面的代码用于完成此功能，其共含有 4 个文件，分别为 filea.c、fileb.c、filec.c、filed.c：

```
/*以下代码存放于 filea.c 文件中*/
#include <stdio.h>
main()
{   /*声明在本函数中将要调用的在其他文件中定义的 3 个函数*/
    extern sort(int score[],int n);
    extern del(int score[],int n,int x);
    extern output(int score[],int n);
    /*声明要调用的内部函数*/
    void input(int score[],int n);
    int x,score[20];
    printf("input score to array.\n");
    input(score,20);
    printf("sorting the score.\n");
    sort(score,20);              /*调用排序函数*/
    output(score,20);
    printf("delete score x.\n");
    scanf("%d",&x);
    del(score,20,x);            /*调用函数 del(),完成删除操作*/
    output(score,19);
}
/*定义内部函数*/
static void input(int score[20],int n)
{   int i;
    for(i=0;i<n;i++)
        scanf("%d",&score[i]);
}
/*以下代码存放于 fileb.c 文件中*/
extern void sort(int score[20],int n)    /*选择排序函数*/
{   int i,j,k;
    int temp;
    for(i=0;i<n-1;i++)
    {   k=i;
        for(j=i+1;j<n;j++)
        if(score[k]<score[j])  k=j;
        temp=score[i];score[i]=score[k];score[k]=temp;
    }
}
/*以下代码存放于 filec.c 文件中*/
extern void del(int score[],int n,int x)    /*删除数组中元素为 x 的元素*/
{   int i,j;
    for(i=0;i<n;i++)
```

```
    {   if(score[i]==x) break;  }
    if(i<n)
        for(j=i+1;j<n;j++)
            score[j-1]=score[j];
}
/*以下代码存放于 filed.c 文件中*/
extern void output(int score[20],int n)
{   int i;
    for(i=0;i<n;i++)
    {   if(i%5==0) printf("\n");
        printf("%d  ",score[i]);
    }
}
```

　　程序包含多个源程序文件的编译和连接：对于上述 4 个文件，如何将它们编译在一起，形成一个最终的.exe 文件而运行呢？对由多个源文件构成的程序，应当构建"项目"，所谓"项目"就是多个源文件的集合。按照下面的步骤可创建包含多文件的项目，最终对项目进行编译、连接，就能生成所需的.exe 文件。

　　（1）在 Visual C++ 6.0 中选择【文件】→【新建】命令，弹出【新建】对话框。

　　（2）在【新建】对话框中选择【工程】选项卡，在其中做如下设置。

　　① 工程类型：选择【Win32 Console Application】选项。

　　② 工程名称：在对话框右侧的【工程名称】文本框中输入要建立的工程名称（本例为"file1"）。

　　③ 工程文件存储位置为 D:\file1。

　　以上信息确认完毕后，单击【确定】按钮，如图 5.24 所示。

图 5.24　新建一个名称为"file1"的工程

　　（3）在弹出的【Win32 Console Application-步骤 1 共 1 步】对话框中选中【一个空工程】单选按钮，并单击【完成】按钮。

　　（4）在弹出的【新建工程信息】对话框中单击【确定】按钮。

（5）在开发环境中，选择【文件】→【新建】命令，弹出【新建】对话框，选择【文件】选项卡，选择【C++ Source File】选项，右上角的【添加到工程】文本框中会自动显示 file1，同时在右侧的【文件名】文本框中输入源文件名 filea.c，单击【确定】按钮。依次编辑并编译好所需的各个源文件，即 filea.c、fileb.c、filec.c、filed.c。在新建文件的过程中已经将它们加入 file1 工程。

（6）在【ClassView】窗口中单击主函数 main()，经过编译、连接生成 file1.exe 可执行文件，如图 5.25 所示。

图 5.25  生成 file1.exe 可执行文件

（7）运行程序，得到图 5.26 所示的 file1.exe 运行结果。

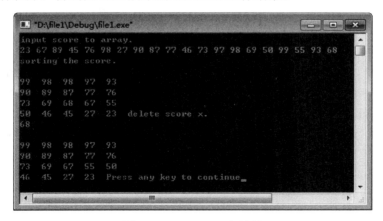

图 5.26  file1.exe 运行结果

也可以按照如下步骤进行操作。

（1）事先编辑好所需的各个源文件，即 filea.c、fileb.c、filec.c、filed.c。

（2）新建一个名称为 file1 的空工程。

（3）在开发环境中，选择【FileView】选项卡。

（4）在【FileView】窗口中单击 file1 files 左边的加号按钮，展开工程 file1 中所包含的文件目录。

（5）右击 Source Files 文件夹，在弹出的快捷菜单中选择【添加文件到目录】命令。

（6）在弹出的【插入文件到工程】对话框中选择需要加入当前工程的源程序文件，如图 5.27 所示。

（7）反复进行步骤（5）、步骤（6），直到将所有源文件全部添加到工程中为止。

（8）对该工程进行编译、连接、运行即可。

图 5.27　选择需要加入当前工程的源程序文件

### 四、典型函数程序实例

多个函数可以组成一个大的程序。一个大程序一般由几百行甚至上万行语句构成。由于篇幅有限，接下来给出一个函数使用的小型实例，演示功能比较完备的程序的设计方法。

【例 5.14】打印年历，要求输入年份，输出每个月的月历以构成年历。

问题分析：需要解决的问题是打印年历，可以把问题划分为以下 3 个部分。

（1）输入年份，判断该年是闰年还是平年。可以使用表达式 year%4==0&&year%100!=0 ||year%400==0 来判断该年是否为闰年。

（2）确定这一年的元旦是星期几。平年一年是 52（52×7=364）个星期多一天，所以平年元旦的星期数是上一年元旦星期数加 1；闰年比平年多一天，所以闰年元旦的星期数是上一年元旦星期数加 2。已知 1900 年的元旦是星期一，所以 year 的星期几可以根据下列方法计算：

```
n=year-1900        /*相差 n 年*/
n=n+（n-1）/4+1     /*n 年多 n 天，(n-1)/4 个闰年数，再加 1900 年元旦的星期序号*/
n=n%7              /*求出最后的星期数*/
```

（3）输出月份和日期。这里需要确定当前月第一天的星期数和当月的天数，并进行输出，每 7 个输出项输出一个回车符。

其程序代码如下：

```c
#include <stdio.h>
#define YES 1                   /*定义符号常量"是"*/
#define NO 0                    /*定义符号常量"否"*/
int isleap(int year)         /*函数 isleap()：判断某年是否为闰年*/
{   int leap=NO;
    if(year%4==0&&year%100!=0||year%400==0)
        leap=YES;
    return leap;
}
int week_of_newyears_day(int year)              /*求元旦是星期几*/
{   int n;
    n=year-1900;
    n=n+(n-1)/4+1;
    n=n%7;
    return n;
}
main()                                          /*主函数：打印年历*/
{   int year,month,day,weekday,len_of_month,i;
    printf("\nPlease input year: ");
    scanf("%d",&year);
    /*--------打印年历--------*/
    printf("\n\n\n                    %d\n",year);   /*打印年份*/
    weekday=week_of_newyears_day(year);             /*求元旦是星期几*/
    for(month=1;month<=12;month=month+1)            /*打印 12 个月的月历*/
    {
        printf("\n%d\n",month);
        printf("-------------------------------------------\n");
        printf(" SUM   MON   TUE   WED   THU   FRI   SAT\n");
        printf("-------------------------------------------\n");
        for(i=0;i<weekday;i=i+1)                    /*查找当月 1 日的打印位置*/
            printf("      ");
        if(month==4||month==6||month==9||month==11)
            len_of_month=30;
        else if(month==2)
        {
            if(isleap(year))
                len_of_month=29;
            else
                len_of_month=28;
        }
        else
            len_of_month=31;
        for(day=1;day<=len_of_month;day=day+1)       /*打印当月日期*/
        {
```

```
        printf("  %2d  ",day);
        weekday=weekday+1;
        if(weekday==7)                          /*输出每7个输出项应换行*/
        {
            weekday=0;
            printf("\n");
        }
    }
    printf("\n");                               /*输出一月后应换行*/
    }
}
```

此程序实现了打印年历的功能，程序并不复杂，读者可以认真分析每一次函数调用时的参数变化及调用情况。

## 项目实训

### 一、实训目的

1. 掌握函数的定义、函数的声明以及函数的调用方法。
2. 掌握函数实参与形参的对应关系，以及"值传递"的方式。
3. 掌握函数的嵌套调用和递归调用的方法。
4. 掌握变量的作用域和变量存储属性在程序中的应用。
5. 在编程中能够灵活运用自定义函数解决实际问题。
6. 在程序的调试过程中会处理错误信息，提高程序调试能力。

### 二、实训任务

1. 编写具有以下功能的函数。
（1）求两个数的和。
（2）求两个数的差。
（3）求两个数的积。
（4）求两个数的商。

【算法分析】

（1）仿照本项目任务一分别定义4个函数，每个函数完成一个功能。

（2）编写一个main()函数，在main()函数中根据输入的运算符号选择调用相应的函数并完成相应的运算，把得到的结果带回到main()函数中。

（3）在main()函数中输出运算及运算结果。

其程序代码如下：

```
    /*两个数之和*/
```

```
int add(int x,int y)
{  int s;
   s=x+y;
   return(s); }
/*两个数之差*/
int sub(int x,int y)
{ int s;
   s=x-y;
   return(s); }
/*两个数之积*/
int mul(int x,int y)
{  int s;
   s=x*y;
   return(s); }
/*两个数之商*/
int div(int x,int y)
{  int s;
   s=x/y;
   return(s); }
/*主函数*/
main()
{  int a,b,k;
   char ch;
   {
      printf("****************\n");
      printf("*+----------add*\n");
      printf("*-----------sub*\n");
      printf("**----------mul*\n");
      printf("*/----------div*\n");
      printf("*0----------exit\n");
      printf("****************\n");
      printf("input your choice:\n");
      scanf("%c",&ch);
      printf("input two numbers:\n");
      scanf("%d%d",&a,&b);
      switch(ch)
      {
         case '+':k=add(a,b);break;
         case '-':k=sub(a,b);break;
         case '*':k=mul(a,b);break;
         case '/':k=div(a,b);break;
         case '0':exit(1);break;
         default:printf("error!\n");}
      printf("%d%c%d=%d\n",a,ch,b,k);
   }
}
```

2．调用函数判断素数。

【算法分析】

（1）将判断素数的功能由函数实现，程序就能够有更好的扩展性。

（2）对于判断素数的函数来说，由于需要接收输入数据 n，因此需要有一个参数；执行以后需要返回该数是否为素数，又因为在 C 语言中没有布尔型变量，真假值利用整型常量 1 与 0 表示，因此函数的返回值为整型。

其程序代码如下：

```
#include <stdio.h>
#include <math.h>
main()
{   int n;
    int flag;                   /*设置标志变量*/
    printf("input n:\n");
    scanf("%d",&n);
    flag=prime(n);              /*函数调用*/
    if(flag)                    /*判断返回值*/
        printf("%d is prime.\n",n);
    else printf("%d is not prime.\n",n);
}
int prime(int n)               /*判断 n 是否为素数*/
{   int m;
    if(n<=1) return 0;
    for(m=2;m<=sqrt(n);m++)
        if(n%m==0) return 0;   /*有，则不是素数*/
    return 1;                  /*反之，则为素数*/
}
```

3．求 $1^k+2^k+3^k+\cdots+n^k$ 的值，假设 k 为 4，n 为 6。

【算法分析】

（1）用函数的嵌套调用来完成，程序中要用到 3 个函数，即 main()函数，以及自定义的 add()和 powers()函数。

（2）在主函数 main()中调用 add()函数，其功能是进行累加。

（3）在 add()函数中调用 powers()函数，其功能是进行累乘。

其程序代码如下：

```
#include <stdio.h>
main()
{   int sum,n=6,k=4;
    sum=add(k,n);
    printf("%d\n",sum);
}
add(int a,int b)
{   int i,s=0;
```

```
        for(i=1;i<=b;i++)
        s=s+powers(i,a);
        return(s);
    }
    powers(int m,int n)
    {   int j,p=1;
        for(j=1;j<=n;j++)
        p=p*m;
        return(p);  }
```

4. 猴子吃桃问题。猴子第一天摘了若干个桃子，当即吃了一半，还不过瘾，又多吃了一个。第二天早上，猴子将剩下的桃子吃掉一半，又多吃了一个。以后猴子每天早上都吃了前一天剩下的一半多一个桃子。到第 10 天早上，猴子想再吃桃子时，发现只剩一个桃子。求第一天共摘了多少个桃子。

【算法分析】

很显然，这个问题可以利用递归的方法来解决，要求第一天的桃子数，必须知道第二天还剩下多少，而第二天的桃子数取决于第三天的桃子数……第 10 天的桃子数目已知有一个。又因为每一天的桃子数都是后一天的桃子数的 2 倍加上一个，也就是

peach(1)=(peach(2)+1)×2

peach(2)=(peach(3)+1)×2

peach(3)=(peach(4)+1)×2

……

peach(10)=1

具体的数学公式表述如下。

$$peach(n) = \begin{cases} 1, & (n=10) \\ (peach(n+1)+1) \times 2, & (1 \leq n < 10) \end{cases}$$

其程序代码如下：

```
    int peach (int day)
    {   int n;
        if(day==10) n=1;              /*递归的结束条件*/
        else n=2*(peach(day+1)+1);    /*继续递归调用*/
        return n;
    }
    main()
    {   printf("%d\n",peach(1));      /*递归函数的调用*/
    }
```

主函数中仅有一条语句，整个问题的解决是通过 peach()函数调用来实现的。主函数调用 peach()后即进入函数 peach()，day==10 时将结束函数的执行，否则递归调用 peach()函数自身。每次递归调用的实参为 day+1，即把 day+1 的值赋予形参 day，当 day 的值为 10 时再做递归调用，形参 day 的值也为 10，将使递归终止，并逐层退回。

　　5．任意输入 20 个数，找出其中的素数并求素数之和。要求用函数实现，在主函数中完成输入和输出。

【算法分析】

　　先编写一个判断素数的函数，将找出的素数保存起来；再编写一个函数求所有素数之和，由主函数调用。

　　其程序代码如下：

```
#include <stdio.h>
#include <math.h>
int prime(int n)                     /*判断 n 是否为素数*/
{   int m;
    if(n<=1) return 0;
    for(m=2;m<=sqrt(n);m++)
        if(n%m==0) return 0;         /*有，则不是素数*/
    return 1;                        /*反之，则为素数*/
}
int sum(int d[],int x)               /*对 n 个数进行求和的函数*/
{   int i,s=0;
    for(i=0;i<x;i++)
        s=s+d[i];                    /*累加数组中各元素的值*/
    return(s);
}
main()
{   int a[20],b[20],i,j=0;
    for(i=0;i<20;i++)                /*输入数据*/
        scanf("%d",&a[i]);           /*判断每一个数 a[i]是否为素数，若是
                                        素数，则将其存储在数组 b 中*/
    for(i=0;i<20;i++)
        if(prime(a[i]))              /*函数调用*/
        {   b[j]=a[i];j++;}
    for(i=0;i<j;i++)                 /*输出存放素数的数组 b*/
        printf("%5d",b[i]);
    printf("\nsum=%d\n",sum(b,j));   /*函数调用，求 j 个素数的和*/
}
```

　　在调用函数 prime()时，数组元素作为函数参数，这与简单变量作为函数参数一样使用，传递的是数值；在调用函数 sum()时，数组名作为函数参数，传递的是整个数组的首地址。

## 项目练习

　　1．选择题

　　（1）C 语言允许函数值类型缺省定义，此时该函数值隐含的类型是（　　　）。
　　　　A．int 型　　　　　B．long 型　　　　　C．float 型　　　　　D．double 型
　　（2）C 语言规定函数的返回值的类型由（　　　）。

A．return 语句中的表达式类型决定

B．调用该函数时的主调函数类型决定

C．调用该函数时系统临时决定

D．在定义该函数时所指定的函数类型决定

（3）以下函数定义格式正确的是（　　）。

A．`double fun(int x,int y);`
`{ z=x+y;return z; }`

B．`fun(int x,y)`
`{ int z;return z; }`

C．`fun(x,y)`
`{ int x,y;double z;`
`z=x+y;return z; }`

D．`double fun(int x,int y)`
`{ double z;`
`z=x+y;return z; }`

（4）以下函数调用语句中含有（　　）个实参。

`func((exp1,exp2),(exp3,exp4,exp5));`

A．1　　　　　B．2　　　　　C．3　　　　　D．4

（5）关于函数参数的说法正确的是（　　）。

A．实参与其对应的形参各自占用独立的内存单元

B．实参与其对应的形参共同占用一个内存单元

C．只有当实参和形参同名时才占用同一个内存单元

D．形参是虚拟的，不占用内存单元

（6）以下叙述中不正确的是（　　）。

A．在不同的函数中可以使用相同名称的变量

B．函数中的形参是局部变量

C．在一个函数内定义的变量只在本函数范围内有效

D．在一个函数内的复合语句中定义的变量在本函数范围内有效

（7）在 C 语言中，形参的隐含存储类别是（　　）。

A．自动（auto）　　　　　　B．静态（static）

C．外部（extern）　　　　　D．寄存器（register）

（8）C 语言规定，除 main()函数外，程序中各函数之间（　　）。

A．既允许直接递归调用，也允许间接递归调用

B．不允许直接递归调用，也不允许间接递归调用

C．允许直接递归调用，不允许间接递归调用

D．不允许直接递归调用，允许间接递归调用

（9）以下叙述中不正确的是（　　）。

A．函数中的自动变量可以赋初值，每调用一次，赋一次初值

B．在调用函数时，实参和对应形参的类型要一致

C．全局变量的隐含类别是自动存储类别

D．函数形参可以声明为 register 变量

（10）以下说法正确的是（　　）。

A．函数的定义不能嵌套，但函数的调用可以嵌套

  B．函数的定义可以嵌套，但函数的调用不能嵌套

  C．函数的定义和调用都可以嵌套

  D．函数的定义和调用都不能嵌套

（11）在一个被调函数中，关于 return 语句使用的描述中，（　　）是错误的。

  A．被调函数中可以不使用 return 语句

  B．被调函数中可以使用多个 return 语句

  C．在被调函数中，如果有返回值，则一定要有 return 语句

  D．在被调函数中，一个 return 语句可以返回多个值给主调函数

（12）在一个 C 源程序文件中，若要定义一个只允许本源文件中所有函数使用的全局变量，则该变量使用的存储类别是（　　）。

  A．extern   B．register   C．auto  D．static

2．填空题

（1）C 语言程序中定义一个函数由两部分组成，即_____和_____。

（2）无返回值的函数应定义为_____类型。函数可以嵌套调用，不可以嵌套_____。

（3）在 C 语言中，按照函数在程序中出现的位置，函数的 3 种主要调用方式是_____、_____和_____。

（4）有参函数中，在定义函数时函数名后面括号中的变量名称为_____；在主调函数中调用一个函数时，函数名后面括号中的参数称为_____。在调用时，将_____的值传给_____。

（5）从变量的作用域来看，变量分为_____变量和_____变量，从变量值存在的时间来看，变量分为_____存储方式和_____存储方式。

（6）函数中的局部变量的值在函数调用结束后不消失而保留原值，即其占用的存储单元不释放，那么这个变量为_____变量，用关键字_____进行声明。

3．程序阅读题

（1）
```
#include <stdio.h>
void prtv(int x)
{
    printf("%d\n",++x);
}
main()
{   int a=25;
    prtv(a);
}
```

程序的运行结果为_____。

（2）
```
#include <stdio.h>
func(int a)
```

```
{   static int b=1;
    b++;
    return(a+b);
}
main()
{
    int a=4,x;
    for(x=0;x<3;x++)
        printf("%d ",func(a));
}
```

程序的运行结果为＿＿＿＿＿＿＿＿＿＿＿＿＿＿＿＿＿。

（3）
```
#include <stdio.h>
#define N 10
int func(int b[])
{   int s=0,t;
    for(t=0;t<N;t++)
        s=s+b[t];
    return(s);
}
main()
{
    int a[]={1,2,3,4,5,6,7,8,9,10},s;
    s=func(a);
    printf("s=%d\n",s);
}
```

程序的运行结果为＿＿＿＿＿＿＿＿＿＿＿＿＿＿＿＿＿。

（4）
```
#include <stdio.h>
func(int x)
{   int p;
    if(x==0||x==1) return(3);
    p=x-func(x-2);
    return p;
}
main()
{
    printf("%d\n",func(9));
}
```

程序的运行结果为＿＿＿＿＿＿＿＿＿＿＿＿＿＿＿＿＿。

（5）
```
#include <stdio.h>
func(int a[][3])
{   int i,j,sum=0;
    for(i=0;i<3;i++)
```

```
        for(j=0;j<3;j++)
        {
            a[i][j]=i+j;
            if(i==j) sum=sum+a[i][j];
        }
    return(sum);
}
main()
{
    int a[3][3]={1,3,5,7,9,11,13,15,17};
    int sum;
    sum=func(a);
    printf("\nsum=%d\n",sum);
}
```

程序的运行结果为_____。

（6）
```
#include <stdio.h>
long fib(int n)
{
    if(n>2) return(fib(n-1)+fib(n-2));
    else return (2);
}
main()
{
    printf("%d\n",fib(5));
}
```

程序的运行结果为_____。

4. 编程题

（1）编写一个判定偶数的函数。在主函数中输入一个整数，输出其是否为偶数。

（2）编写一个函数，使输入的一个字符串按照反序存放，在主函数中输入和输出字符串。

（3）编写一个函数，输入一个4位数字，要求输出这4个数字字符，但每两个数字间空一个空格，如输入2020，应输出"２０２０"。

（4）编写一个函数，由实参传递一个字符串，统计此字符串中字母、数字、空格和其他字符的个数，在主函数中输入字符串并输出相关结果。

（5）编写一个函数，将两个字符串连接起来。

（6）编写一个函数，输入一个十六进制数，输出其相应的十进制数。

（7）使用递归法将一个整数n转换成字符串。例如，输入483，应输出字符串"483"。n的位数不确定，可以是任意位数的整数。

（8）在主函数中输入N名学生的某门课程的成绩，用函数求：平均分、最高分和最低分；分别统计90～100分的人数、80～89分的人数、70～79分的人数、60～69分的人数及59分以下的人数。结果在主函数中输出。

# 应用指针进行程序设计

指针是 C 语言的一个重要特色，是 C 语言的精华所在。正是丰富的指针运算功能才使 C 语言成为目前常用、流行的面向过程的结构化程序设计语言之一。运用指针编程是 C 语言主要的风格之一。正确而灵活地运用指针，能够有效地表示复杂的数据结构；能够动态分配内存；能够很方便地使用数组和字符串；可以在函数之间进行数据传递；能够像汇编语言一样处理内存地址，这对设计系统软件是很必要的。熟练、灵活地使用指针，可以使程序简洁、紧凑、高效。每一个学习和使用 C 语言的人，都应当深入地学习和掌握指针。学习指针是学习 C 语言重要的一环，正确理解和使用指针是真正掌握 C 语言的一个标志。

指针的概念比较复杂，使用也比较灵活，因此，指针学习也是 C 语言中相对困难的一部分，在学习中除了要正确理解基本概念之外，还必须要多编程，多上机调试，在实践中掌握它。

## 学习目标

（1）理解内存中地址与指针的关系。
（2）掌握指针变量的定义方法和使用。
（3）能够运用指针指向数组、字符串并设计程序。
（4）能够运用指针指向函数并设计应用程序。
（5）在编程中能够灵活地运用指针来解决实际问题。

## 任务一　两个整数按顺序输出

【知识要点】指针的概念、定义和运算，指针变量作为函数的参数。

### 一、任务分析

输入两个整数，按照大小顺序输出，要求使用函数处理，而且使用指针类型的数据作为函数参数。

（1）要求以函数调用的形式来完成。
（2）定义一个自定义函数 swap()，用于交换两个变量 a 和 b 的值。

（3）要求使用指针变量作为函数参数，那么 swap() 函数的形参 p1、p2 是指针变量。

（4）在主函数中，对两个整数比较大小，将两个整型变量的地址作为实参传递给 swap() 函数中的 p1、p2。

## 二、必备知识与理论

### 1. 指针的概念

为了掌握指针的基本概念，巧妙而恰当地使用指针，必须了解计算机硬件系统的内存地址、指针之间的关系和变量的直接访问与间接访问。

1）内存地址

在计算机中，所有的数据都存放在存储器中，一般把存储器中的一个字节称为一个内存单元。C 语言中不同数据类型的数据所占用的内存单元个数是不相同的。例如，一个整型变量占四个内存单元，一个字符型变量占一个内存单元等。为了方便地访问这些内存单元，对每个内存单元进行编号，这样根据内存单元的编号就可以准确地找到内存单元。通常把这些内存单元的编号称为内存地址。

2）指针

变量的内存地址在程序运行过程中起到了寻找变量数值的作用，如同用一个指针指向了一个变量，因此变量的地址常被称为"指针"。

3）变量的地址和变量的内容

在程序中定义变量时，计算机会按照变量的类型为其分配一定长度的存储单元。例如：

```
int a,b,c;
```

计算机在内存中为变量 a、b 和 c 各分配了 4 个内存单元。假设它们所对应的内存单元首地址分别为 2000、2004 和 2008。

当执行赋值语句

```
a=10;b=5;c=20;
```

后，对应内存单元的状态如图 6.1 所示。

对于 C 语言中所定义的变量，它所占用的内存单元的首地址即为该变量的地址，从该地址开始的内存单元所存放的内容即为变量的值。

4）变量的直接访问与间接访问

在 C 语言程序中，使用一个变量可以直接通过其变量名存取数值，这种方式称为"直接访问方式"。除此之外，还可以把该变量的地址存入另一个指针变量，并通过该指针变量来存取变量的值，这种访问方式称为"间接访问方式"。

关于变量的"直接访问方式"和"间接访问方式"，可以打个比方来说明两者的关系。这里，被访问的变量所占存储单元如同一个抽屉（抽屉 A），用于访问它的指针变量所占存储单元如同另一个抽屉（抽屉 B），而在抽屉 B 中存放着抽屉 A 的钥匙（假设抽屉

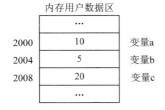

图 6.1　对应内存单元的状态

A 有两把钥匙，一把直接拿在手中，另一把存放在抽屉 B 中）。打开抽屉 A 有两种办法：一种是用拿在手中的钥匙直接打开抽屉 A，存放或取出东西，这就是直接访问；另一种办法是，先打开抽屉 B 取出抽屉 A 的钥匙，再打开抽屉 A，并在抽屉 A 中存放或取出东西，这就是间接访问。

> **注 意**
>
> 内存单元的指针（地址）和内存单元的内容是两个不同的概念。

**2. 指针变量的定义**

C 语言规定所有变量在使用之前必须定义，规定其类型。指针变量不同于整型变量和其他类型的变量，它是专门用于存放地址的。

指针变量定义的一般格式如下：

    存储类型　数据类型　*指针变量名[=初始地址值];

例如：

```
int *pa,*pb;      /*定义指向 int 型变量的指针 pa 和 pb*/
char *p1;         /*定义指向 char 型变量的指针 p1*/
float *p2;        /*定义指向 float 型变量的指针 p2*/
```

【说明】

（1）指针变量的定义与普通变量相同，可以一次定义多个指针变量并赋初值。

（2）"数据类型"指出所定义的指针变量用于存放何种数据类型变量的地址。数据类型是它将要指向的变量的数据类型。

（3）定义指针变量时，指针变量名前必须有一个"*"，在此它是定义指针变量的标志，不同于后面所说的"指针运算符"。

（4）指针变量存放地址值，在 32 位操作系统环境下，用 4 字节表示一个地址，所以指针变量无论什么类型，其本身在内存中占用的空间都是 4 字节。

> **注 意**
>
> 一个指针变量只能指向同一个类型的变量，如 p2 只能指向浮点型变量，不能时而指向一个浮点型变量，时而指向一个字符型变量。

**3. 指针变量的引用**

指针变量同普通变量一样，使用之前不仅要声明，还必须赋予具体的值。指针变量的赋值只能赋予地址，不能赋予其他任何数据，否则将引起错误。禁止使用未初始化或未赋值的指针，此时，指针变量指向的内存空间是无法确定的，使用它可能导致系统的崩溃。

C 语言专门提供了两个用于指针运算的运算符。

（1）&：取地址运算符。其功能是取变量的地址。&是单目运算符，其结合性为自右向左。例如，&a 表示变量 a 的地址，变量 a 本身必须预先声明。

（2）*：指针运算符（或称"间接访问"运算符）。其功能与&相反，用于表示指针所指向的变量。*是单目运算符，其结合性为自右向左。例如，*p 为指针变量 p 所指向的变量。

设有指向整型变量的指针变量 p，如果把整型变量 a 的地址赋予 p，则可以使用以下两种方法。

① 指针变量初始化的方法，表示如下：

```
int a;
int *p=&a;
```

② 赋值语句的使用方法，表示如下：

```
int a; int *p; p=&a;
```

**注　意**

被赋值的指针变量前不能再加 "*" 声明符，如写为*p=&a 是错误的。

【例 6.1】通过指针变量访问整型变量。其程序代码如下：

```
#include <stdio.h>
main()
{
    int a,b;
    int *p1,*p2;        /*定义两个指向整型变量的指针变量*/
    a=100,b=200;
    p1=&a;
    p2=&b;              /* p1 指向 a, p2 指向 b*/
    printf("%d,%d\n",a,b);
    printf("%d,%d\n",*p1,*p2);
}
```

其运行结果如图 6.2 所示。

图 6.2　例 6.1 程序的运行结果

【程序说明】

① 在开头处虽然定义了两个指针变量 p1 和 p2，但是它们并未指向任何一个整型变量，只是提供了两个指针变量，规定它们可以指向整型变量。程序第 7 行和第 8 行的作用是使 p1 指向 a，p2 指向 b，此时，存储单元的分配如图 6.3 所示。

② 最后一行的*p1 和*p2，就是变量 a 和 b，程序末的两个 printf()函数的作用是相同的。

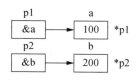

图 6.3　存储单元的分配

③ 程序中有两处出现*p1 和*p2，要区分它们的不同含义。程序第 5 行的*p1 和*p2 表示定义两个指针变量 p1 和 p2，它们前面的 "*" 只表示该变量是指针变量；程序最后一行 printf() 函数中的*p1 和*p2 则代表指针所指向的变量 a 和 b。

④ 第 7 行和第 8 行 "p1=&a;" 和 "p2=&b;" 是将 a 和 b 的地址分别赋给 p1 和 p2。注意，不能写为 "*p1=&a;" 和 "*p2=&b;"，因为 a 的地址是赋给指针变量 p1 的，而不是赋给*p1（即变量 a）的。

【例 6.2】输入 a 和 b 两个整数，按照先大后小的顺序输出。其程序代码如下：

```c
#include <stdio.h>
main()
{   int *p1,*p2,*p,a,b;
    scanf("%d,%d",&a,&b);
    p1=&a;
    p2=&b;
    if(a<b)
        {p=p1;p1=p2;p2=p;}
    printf("a=%d,b=%d\n",a,b);
    printf("max=%d,min=%d\n",*p1,*p2);
}
```

其运行结果如图 6.4 所示。

图 6.4　例 6.2 程序的运行结果

程序运行过程中，指针变量 p1 和 p2 的指向变化如图 6.5 所示。

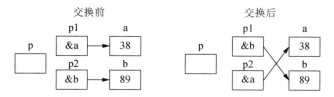

图 6.5　指针变量 p1 和 p2 的指向变化

### 4. 指针的运算

同其他变量一样，指针变量也可以参与一些运算，但其运算的种类是有限的。它只能进行赋值运算和部分算术运算及关系运算。

1）指针运算符

① &：取地址运算符。其功能是取变量的地址。&是单目运算符，其结合性为自右向左。

② *：指针运算符（或称"间接访问"运算符），用于表示指针所指向的变量。*是单目运算符，其结合性为自右向左。

2）赋值运算

指针变量的赋值运算有以下几种形式。

（1）指针变量在定义时直接初始化赋值，前面已介绍过。

（2）把一个变量的地址赋予指向相同数据类型的指针变量。例如：

```
int a,*p;
p=&a;   /*把整型变量 a 的地址赋予指向整型的指针变量 p*/
```

（3）把一个指针变量的值赋予指向相同类型变量的另一个指针变量。例如：

```
int a,*pa,*pb;
pa=&a;
pb=pa;   /*把指针变量 pa 中存放的地址赋予指针变量 pb*/
```

由于 pa、pb 均为指向整型变量的指针变量，因此可以相互赋值。

（4）把数组的首地址赋予指向数组的指针变量。例如：

```
int a[5],*pa;
pa=a;
```

数组名表示数组的首地址，且是常量，故可赋予指向数组的指针变量 pa。也可写为

```
pa=&a[0]; /*数组第一个元素的地址也是整个数组的首地址，可赋予 pa*/
```

当然，也可采用初始化赋值的方法，写为

```
int a[5],*pa=a;
```

（5）把字符串的首地址赋予指向字符类型的指针变量。例如：

```
char *pc;
pc="Hello World!";
```

或采用初始化赋值的方法写为

```
char *pc="Hello World!";
```

这里应说明的是，并不是把整个字符串装入指针变量，而是把存放该字符串的字符数组的首地址装入指针变量。这部分知识将在后面进行详细介绍。

（6）把函数的入口地址赋予指向函数的指针变量。例如：

```
int (*pf)();
pf=f;   /*f 为函数名*/
```

3）加减运算

对于指向数组的指针变量，可以加上或减去一个整数 n。设 p 是指向数组 a 的指针变量，则 p+n、p-n、p++、p--、++p、--p 运算都是合法的。

（1）指针加减任意整数运算。

指针变量与一个整数的加或减操作实质上是一种地址运算。这里以一个指向数组的指针为例来说明该操作的应用。例如：

```
int a[5]={1,2,3,4,5},*p;
p=&a[0];
p++;
p+=3;
p--;
```

指针变量 p 指向数组 a 的第一个元素 a[0]，即其指向该数组的起始地址，此时，*p 的值是 1。若指针变量加 1，则指针指向数组的下一个元素 a[1]，此时，*p 的值是 2。若指针变量的值再加 3，则指针指向数组的第 5 个元素 a[4]，此时，*p 的值为 5。此后，指针变量减去 1，指针指向数组的上一个元素 a[3]，此时，*p 的值是 4。也就是说，指针每递增一次，就指向下一个数组元素的内存单元；指针每递减一次，就指向前一个数组元素的内存单元。

（2）两个指针变量相减。

只有指向同一数组的两个指针变量之间才能进行相减运算，否则运算毫无意义。

两个指针变量相减所得之差是两个指针所指数组元素之间相差的元素个数，实际上是两个指针值（地址）相减之差再除以该数组元素的长度（字节数）。例如，pf1 和 pf2 是指向同一浮点数组的两个指针变量，设 pf1 的值为 2010H，pf2 的值为 2000H，而浮点数组每个元素占 4 个字节，所以 pf1-pf2 的结果为（2010H-2000H）/4=4，表示 pf1 和 pf2 之间相差 4 个元素。两个指针变量不能进行加法运算。例如，pf1+pf2 毫无实际意义。

4）指针的关系运算

指向同一数组的两个指针变量进行关系运算时，可表示它们所指数组元素之间的关系。例如，pf1==pf2 表示 pf1 和 pf2 指向同一个数组元素；pf1>pf2 表示 pf1 所指元素在 pf2 所指元素之后；pf1<pf2 表示 pf1 所指元素在 pf2 所指元素之前。

指针变量还可以与 0 进行比较：设 p 为指针变量，则 p==0 表明 p 是空指针，它不指向任何变量；p!=0 表示 p 不是空指针。

空指针是由对指针变量赋予 0 值而得到的。

例如：

```
#define NULL 0
int *p=NULL;
```

对指针变量赋 0 值和不赋值是不同的。指针变量未赋值时，可以是任意值，是不能使用的，否则将造成意外错误；而对指针变量赋 0 值后，指针可以使用，只是它不指向具体的变量而已。

**5. 指针变量作为函数的参数**

函数的参数不仅可以是整型、实型、字符型及数组等数据，也可以是指针类型的数据。当使用指针类型的数据作为函数参数时，实际上是将一个变量的地址传向另一个函数。由于被调函数获得了变量的地址，因此该地址空间中的数据变更在函数调用结束后将物理地址保留下来（不同于用简单变量作为函数参数时的单向值传递关系）。

### 三、任务实施

本任务是输入两个整数，按其大小顺序输出。要求使用函数进行处理，且用指针类型的数据作为函数参数。

【算法分析】

（1）这个任务与例 6.2 相同，但在这里要求用函数调用的形式来完成。

（2）定义一个自定义函数 swap()，用于交换两个变量（a 和 b）的值。

（3）要求用指针变量作为函数参数，那么 swap() 函数的形参 p1、p2 是指针变量。

（4）在主函数中，对两个整数比较大小，将两个整型变量的地址作为实参传递给 swap() 函数中的 p1、p2。

其程序代码如下：

```
#include <stdio.h>
swap(int *p1,int *p2)            /*定义函数 swap()，参数为指针类型*/
{   int temp;
    temp=*p1;
    *p1=*p2;
    *p2=temp;
}
main()
{
    int a,b;
    int *pt1,*pt2;               /*定义两个指针变量*/
    scanf("%d,%d",&a,&b);
    pt1=&a;pt2=&b;               /*为指针变量赋值*/
    if(a<b) swap(pt1,pt2);       /*调用函数 swap()*/
        printf("\n%d,%d\n",a,b);
}
```

其运行结果如图 6.6 所示。

图 6.6   两个整数按顺序输出的运行结果

　　由于在调用函数时，实参是指针变量，形参也是指针变量，实参与形参相结合，因此函数调用将指针变量传递给形参 p1 和 p2。此时传递的是变量地址，使得被调函数中的 p1 和 p2 具有了 pt1 和 pt2 的值，指向了与主函数相同的内存变量，并对其在内存存放的数据进行了交换。

　　指针变量作为函数参数时，其内存中数据的指向关系如图 6.7 所示。

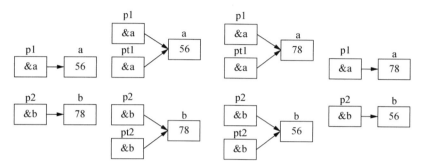

图 6.7　指针变量作为函数参数时，其内存中数据的指向关系

思考问题：以下程序是否能达到相同的效果呢？

```c
#include <stdio.h>
swap(int *p1,int *p2)
{   int *t;
    if(*p1<*p2)
    {t=p1;p1=p2;p2=t;}
}
main()
{   int a,b,*pt1,*pt2;
    scanf("%d,%d",&a,&b);
    pt1=&a;pt2=&b;
    swap(pt1,pt2);
    printf("\n%d,%d\n",*pt1,*pt2);
}
```

## 四、深入训练

　　从键盘上输入 a、b、c 三个整数，按照其大小顺序输出。

【算法分析】

　　（1）利用本项目任务一中的自定义函数 swap() 交换两个形参指向的数据。

　　（2）自定义一个函数 exchange()，用它来比较 3 个指针指向的 3 个整数 a、b、c 的大小。不符合大小顺序的应调用 swap() 函数，交换数据。

　　（3）主函数只需调用 exchange() 函数即可。

## 任务二　实现数组元素的存储逆序

【知识要点】指针与一维数组。

### 一、任务分析

某数组包含 10 个元素，将数组中的元素按照逆序存放。

【算法分析】

此处主要应用指向一维数组的指针变量作为函数参数。

（1）定义一个一维数组存储数据。

（2）自定义 inverse()函数，用于实现数组中元素的逆序存放。

（3）在 main()函数中通过调用自定义 inverse()函数来完成任务。

### 二、必备知识与理论

一个变量有一个地址，一个数组包含若干元素，每个数组元素都在内存中占用存储单元，它们都有相应的地址。指针变量既可以用于存放变量的地址、指向变量，又可以存放数组的首地址和数组元素的地址，也就是说，指针变量可以指向数组或数组元素。

数组的指针是指数组在内存中的起始地址，数组元素的指针是数组元素在内存中的起始地址。

#### 1．指向一维数组的指针变量

可以定义一个与数组类型相同的指针变量来指向数组和数组元素。

例如：

```
int a[6]={2,4,6,8,10,12};    /*定义 a 为包含 6 个整型数据的数组*/
int *p;                      /*定义 p 为指向整型变量的指针变量*/
```

此时，"p=&a[0];"表示把 a[0]元素的地址赋给指针变量 p。也就是说，p 指向 a 数组中的 a[0]元素，如图 6.8 所示。

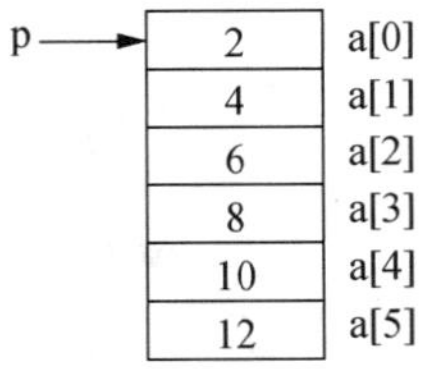

图 6.8　指针与数组元素的关系

C 语言规定，数组名是常量，代表的是数组的首地址。因此，以下两个语句是等价的：

```
p=&a[0]; p=a;
```

> **注　意**
>
> 　　a 不代表整个数组，而代表数组的首地址，"p=a;" 是将数组的首地址赋给指针变量 p，而不是将数组 a 赋给 p。

同样，语句 "p=&a[i];" 表示把 a[i]元素的地址赋给指针变量 p。也就是说，p 指向 a 数组中的 a[i]元素。

（1）如果 p 的初值为 &a[0]，则 p+i 是 a[i]的地址&a[i](i=0,1,2,3,4,5)。

（2）如果 p 指向数组中的一个元素，则 p+1 指向同一数组的下一个元素。p+1 所代表的地址实际上是 p+1×d，从 p 所指位置移动 d 个内存单元，d 是数组中一个元素所占的字节数（对于整型，d=4；对于单精度实型，d=4；对于字符型，d=1）。

**2. 通过指针引用数组元素**

若有定义：

```
int a[6]={2,4,6,8,10,12};
int *p=&a[0];
```

则可知以下 3 点：

（1）p+i 和 a+i 就是 a[i]的地址，或者说，它们指向 a 数组的第 i 个元素，如图 6.9 所示。这里需要说明的是，a 代表数组首地址，a+i 也是地址，它的计算方法同 p+i，即它的实际地址为 a+i×d。例如，p+5 和 a+5 的值是&a[5]，它指向 a[5]。

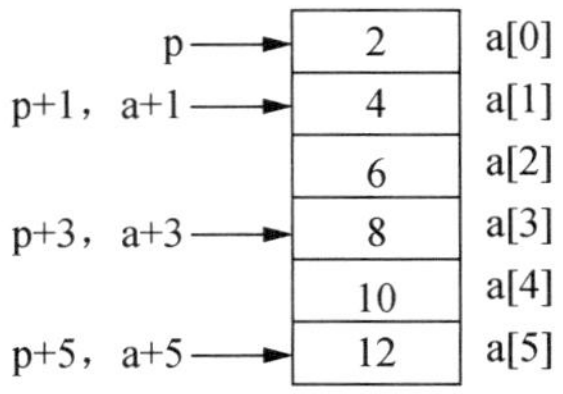

（2）*(p+i)或*(a+i)是 p+i 或 a+i 所指向的数组元素，即 a[i]。例如，*(p+5)或*(a+5)就是 a[5]，即*(p+5)=*(a+5)=a[5]。实际上，在编译时，数组元素 a[i]会被处理为*(a+i)，即按数组首地址加上相对位移量得到要找的元素的地址，并找出该单元中的内容。

图 6.9　用指针指向数组元素

（3）指向数组的指针变量也可以带下标，如 p[i]与*(p+i)是等价的。

根据以上叙述，引用数组中下标为 i 的元素时，可以使用以下方法。

（1）下标法。

数组名下标法：a[i]。

指针变量下标法：p[i]。

（2）指针法。

数组名指针法：*(a+i)。

指针变量指针法：*(p+i)。

**【例 6.3】** 用上面介绍的 4 种不同方法访问数组元素。其程序代码如下：

```
#include <stdio.h>
```

```
main()
{   int a[5]={1,2,3,4,5};
    int *p=a,i;
    for(i=0;i<5;i++)
    {   printf("%d ",a[i]);
        printf("%d ",*(a+i));
        printf("%d ",p[i]);
        printf("%d ",*(p+i));
        printf("\n");
    }
}
```

其运行结果如图 6.10 所示。

图 6.10    例 6.3 程序的运行结果

【**例 6.4**】通过指针变量输入/输出数组中的元素。其程序代码如下：

```
#include <stdio.h>
main()
{   int a[8],*p,i;
    p=a;
    for(i=0;i<8;i++)
        scanf("%d",p++);
    printf("\n");
    p=a;                        /*注意此语句的作用*/
    for(i=0;i<8;i++,p++)
        printf("%4d",*p);
}
```

此程序中，输入完数组的值以后，指针变量 p 已经指向了数组的末尾，所以在输出数组的值时必须将数组的首地址重新赋给指针变量 p，否则将输出一些不可预料的值。*(a+8)在语法上是正确的，只是它的值不是我们想输出的数组元素的值，因为它对应的是数组以外的存储单元。

3. 指向一维数组的指针变量作为函数参数

这里通过一个例子了解指针变量作为函数的参数来访问实参数组中数据的具体过程。
【**例 6.5**】用选择法对任意输入的 10 个整数进行由大到小的排序（用指向一维数组

的指针变量作为函数参数)。

选择法排序的基本思想在前面讲解一维数组的相关知识时已经介绍过。这里主要应用指向数组的指针变量作为函数的形参和实参来对数组元素进行操作。

【算法分析】

(1) 定义数组 a 的长度为 10,其包含 a[0]～a[9]共 10 个元素。

(2) 定义一个与数组 a 相同类型的指针变量 p,用它指向数组首地址,通过指针变量对数组中的元素进行操作。

(3) 自定义一个 sort()函数,在函数中用选择法对这 10 个整数进行排序。其中,sort 函数的形参可以是数组名,也可以是指针变量。

其程序代码如下:

```c
#include <stdio.h>
main()
{   int sort(int x[ ],int n);
    int *p,i,a[10];
    p=a;
    for(i=0;i<10;i++)
        scanf("%d",p++);
    p=a;
    sort(p,10);
    for(p=a,i=0;i<10;i++)
    {  printf("%4d",*p);p++;  }
    printf("\n");
}
int sort(int x[ ],int n)
{   int i,j,k,t;
    for(i=0;i<n-1;i++)
    {   k=i;
        for(j=i+1;j<n;j++)
            if(x[j]>x[k])k=j;
        if(k!=i)
        {t=x[i];x[i]=x[k];x[k]=t;}
    }
}
```

其运行结果如图 6.11 所示。

图 6.11　例 6.5 程序的运行结果

函数 sort()的形参可以是数组名,也可以是指针变量。sort()函数的函数头可以改为 int sort(int *x,int n),其他不变,程序运行结果不变。可以看到,即使在函数 sort()中将 x

定义为指针变量，在函数中仍可用 x[i]、x[k]等形式表示数组元素，它就是 x+i 和 x+k 所指的数组元素。它等价于以下语句：

```
int sort(int *x,int n)
{   int i,j,k,t;
    for(i=0;i<n-1;i++)
    {   k=i;
        for(j=i+1;j<n;j++)
            if(*(x+j)>*(x+k))k=j;
        if(k!=i)
        {   t=*(x+i);*(x+i)=*(x+k);*(x+k)=t;   }
    }
}
```

### 三、任务实施

某数组包含 10 个元素，将数组中的元素按照逆序存放。

【算法分析】

对于含有 n 个元素的数组来说，逆序排放其元素表示将 a[0]与 a[n-1]对换，再将 a[1]与 a[n-2]对换……直到将 a[(n-1)/2]与 a[n-int((n-1)/2)]两个位于中间的变量对换。可以使用循环处理此问题，既然可以明确地知道交换数据的下标，可设两个"位置指示变量" i 和 j，i 的初值为 0、j 的初值为 n-1，将 a[i]与 a[j]交换，并使 i 的值加 1、j 的值减 1，再将 a[i]与 a[j]对换，直到 i 大于或等于 j 为止。

（1）定义一个一维数组存储数据。

（2）自定义 inverse()函数，用于实现数组中元素的逆序存放。

（3）在 main()函数中通过调用自定义 inverse()函数来完成任务。

其程序代码如下：

```
#include <stdio.h>
void inverse(int x[],int n)   /*形参 x 是数组名，相当于 int *x */
{ int temp,i,j;
  for(i=0,j=n-1;i<j;i++,j--)   /*i、j 为数组 x 中前面元素和后面元素的下标*/
  {temp=x[i];x[i]=x[j];x[j]=temp;}
}
main()
{   int i,a[10]={3,7,9,11,0,6,7,5,4,2};
    for(i=0;i<10;i++)
        printf("%d ",a[i]);
    printf("\n");
    inverse(a,10);        /*实参 a 为数组名*/
    for(i=0;i<10;i++)
        printf("%d ",a[i]);
    printf("\n");
}
```

其运行结果如图 6.12 所示。

图 6.12　实现数组元素的逆序排放的运行结果

当然，对于函数 inverse()，若以指针变量作为函数的参数，设两个"地址指示变量" p 和 q，p 的初值为传递的数组首地址，q 的初值为数组中最后一个元素的地址。将*p 与*q 交换，并使 p 的地址后移一个元素的位置，q 的地址前移一个元素的位置，再将*p 与*q 对换，直到 p 大于或等于 q 为止。基于这个思想，函数的代码也可以写成以下形式：

```
void inverse(int *pa,int n)          /*形参 pa 是指针变量 */
{ int temp,*p,*q;
   for(p=pa,q=pa+n-1;p<q;p++,q--) /*利用指针变量 p 和 q 保存数组元素的地址*/
      {temp=*p;*p=*q;*q=temp;}
}
```

这个函数也可以实现数组元素的逆序排放，同时比较简单明了。

### 四、深入训练

使用指向一维数组的指针解决冒泡法排序问题。

【算法分析】

冒泡法排序的基本思想在前面讲解一维数组的相关知识时已经介绍过，在此用指针法实现，可按下列思路进行排序。首先，用常规的下标引用法编写该程序；其次，定义一个指针变量指向该数组；最后，程序中所有的数组元素和数组元素的地址都使用指针变量表示。

## 任务三　输出指定学生的学号和成绩

【知识要点】指针与二维数组。

### 一、任务分析

某班有 3 名学生，各学习 4 门课程，要求计算总平均分，找出有 2 门课程以上不及格的学生，输出其学号和所有的成绩。

【算法分析】

此任务主要应用二维数组指针作为函数参数。

（1）定义一个 3 行 4 列的二维数组，用于存储任务中给出的数据。

（2）自定义 average()函数，用于求总平均分，在此函数中处理所有的数据。

（3）自定义 output()函数，找出 2 门课程以上不及格的学生信息，output()函数要分行处理，因此将一维数组的指针变量作为函数的参数。

## 二、必备知识与理论

使用指针变量可以指向一维数组，也可以指向二维数组。

### 1. 二维数组的地址

设有一个3×4的整型二维数组，它的定义如下。

```
int a[3][4]={{1,2,3,4},{5,6,7,8},{9,10,11,12}};
```

前面介绍过，C 语言允许把一个二维数组分解为多个一维数组来处理。因此，数组 a 可分解为 3 个一维数组，即 a[0]、a[1]、a[2]。每个一维数组又含有 4 个元素。例如，a[0]所表示的一维数组含有 a[0][0]、a[0][1]、a[0][2]、a[0][3]共 4 个元素，其存储形式如图 6.13 所示。

a
a[0]
a[1]
a[2]
=
=
=
1
2
3
4
5
6
7
8
9
10
11
12

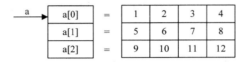

图 6.13　3×4 整型二维数组的存储形式

从二维数组的角度来看，a 是二维数组名，a 代表整个二维数组的首地址，即二维数组第 0 行的首地址，假设为 2000。a+1 代表第 1 行的首地址，为 2016，因为第 0 行有 4 个整型数据，因此 a+1 的含义是 a[1]的首地址，即 a+4×4=2016，如图 6.14 所示。

a
(2000)
a+1
(2016)
a+2
(2032)
a[0]
a[1]
a[2]

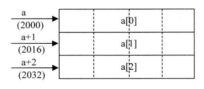

图 6.14　3×4 整型二维数组的行地址

其中，a[0]是第一个一维数组的数组名和首地址，因此也为 2000。*(a+0)或*a 与 a[0]是等效的，它表示一维数组 a[0]中第 0 个元素的首地址，也为 2000。&a[0][0]是二维数组 a 的 0 行 0 列元素首地址，同样是 2000。因此，a、a[0]、*(a+0)、*a、&a[0][0]所表示的地址值是相等的。

同理，a+1 是二维数组 1 行的首地址，等于 2016。a[1]是第二个一维数组的数组名和首地址，也为 2016。&a[1][0]是二维数组 a 的第 1 行第 0 列元素的首地址，同样为 2016。因此，a+1、a[1]、*(a+1)、&a[1][0]所表示的地址值是相等的，如图 6.15 所示。

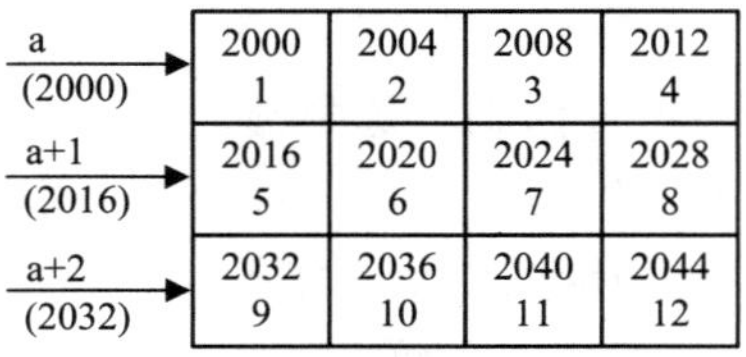

a
(2000)
a+1
(2016)
a+2
(2032)
2000
1
2004
2
2008
3
2012
4
2016
5
2020
6
2024
7
2028
8
2032
9
2036
10
2040
11
2044
12

图 6.15　3×4 整型二维数组元素的地址

此外，&a[i]和 a[i]也是等价的。因为在二维数组中不能把&a[i]理解为元素 a[i]的地址，因为不存在元素 a[i]。C 语言规定，它是一种地址计算方法，表示数组 a 第 i 行首地址。由此得出：a[i]、&a[i]、*(a+i)、a+i 所表示的地址值都是相等的。

另外，a[0]可以作 a[0]+0，是一维数组 a[0]的 0 号元素的首地址，而 a[0]+1 则是 a[0]的 1 号元素的首地址，由此可得出 a[i]+j 是一维数组 a[i]的 j 号元素的首地址，它等于&a[i][j]。

由此可见：a+i、a[i]、*(a+i)、&a[i][0]所表示的地址值是相等的，但是它们有着不同的含义，地址的级别不同。不同的二维数组地址表示形式见表 6.1。

表 6.1　不同的二维数组地址表示形式

| 行地址 | 行元素(0 列地址) | i 行 j 列地址 | i 行 j 列元素 |
| --- | --- | --- | --- |
| a、&a[0] | a[0]、*a | &a[i][0]、*(a+i) | a[i][0]、*(*(a+i)+0) |
| a+1、&a[1] | a[1]、*(a+1) | &a[i][1]、*(a+i)+1 | a[i][1]、*(*(a+i)+1) |
| a+2、&a[2] | a[2]、*(a+2) | &a[i][2]、*(a+i)+2 | a[i][2]、*(*(a+i)+2) |

其中，由 a[i]=*(a+i)可得 a[i]+j=*(a+i)+j。由于*(a+i)+j 是二维数组 a 的 i 行 j 列元素的首地址，因此*(a[i]+j)、*(*(a+i)+j)是二维数组元素 a[i][j]的值。

### 2. 指向二维数组元素的指针变量

因为数组元素在内存中是连续存放的，所以可以定义一个与数组类型相同的指针变量来指向二维数组和数组元素。

例如：

```
int *ptr,a[3][4];
```

若赋值：

```
ptr=a;
```

则用 ptr++就能访问数组中的各元素。

【例 6.6】使用指针法输入与输出二维数组中的各元素。其程序代码如下：

```
#include <stdio.h>
main()
{   int a[3][4],*ptr;
    int i,j;
    ptr=a[0];
    for(i=0;i<3;i++)
        for(j=0;j<4;j++)
            scanf("%d",ptr++);  /*指针的表示方法*/
    ptr=a[0];
    for(i=0;i<3;i++)
    {   for(j=0;j<4;j++)
            printf("%4d",*ptr++);
        printf("\n");
    }
}
```

其运行结果如图 6.16 所示。

图 6.16　例 6.6 程序的运行结果

3．使用指向一维数组的指针变量处理二维数组

把二维数组 a 分解为一维数组 a[0]、a[1]、a[2]之后，可定义

```
int (*p)[4];
```

它表示 p 是一个指针变量，它指向包含 4 个元素的一维数组。若指向第一个一维数组 a[0]，则其值等于 a、a[0]或&a[0][0]等，而 p+i 指向一维数组 a[i]。从前面的分析可得出 *(p+i)+j 是二维数组 i 行 j 列的元素的地址，而*(*(p+i)+j)是 i 行 j 列元素的值。

指向一维数组的指针变量声明的一般格式如下：

```
类型声明符  (*指针变量名)[长度];
```

其中，"类型声明符"为所指数组的数据类型；"*"表示其后的变量是指针类型；"长度"表示二维数组分解为多个一维数组时，一维数组的长度，即二维数组的列数。应注意，"(*指针变量名)"两边的括号不可少，如缺少括号，则表示指针数组，其意义就完全不同了。后面将会对此进行详细介绍。

【例 6.7】输出二维数组任一行任一列元素的值。其程序代码如下：

```
#include <stdio.h>
main()
{   int a[3][4]={1,3,5,7,9,11,13,15,17,19,21,23};
    int (*p)[4],i,j;
    p=a;
    scanf("i=%d,j=%d",&i,&j);
    printf("a[%d,%d]=%d\n",i,j,*(*(p+i)+j));
}
```

其运行结果如图 6.17 所示。

图 6.17　例 6.7 程序的运行结果

4. 指向二维数组的指针变量作函数参数

一维数组的地址可以作为函数参数传递，二维数组的地址也可以作为函数参数传递。在使用指针变量作为形参以接收实参数组名传递的地址时，有如下两种方法。

（1）处理所有元素时，使用指向变量的指针变量。

实参传递的二维数组中第 0 行第 0 列数据的地址，以及共有的元素的个数，相对应的，形参为指向变量的指针和整型变量。这样不考虑二维数组的二维特征，把二维数组当作一维数组进行访问和处理。例如，调用函数输出二维数组所有元素的值，函数的形参是指针，输出时类似于一维数组的方法。

【例 6.8】使用指针作为形参输出二维数组。其程序代码如下：

```c
#include <stdio.h>
void display(int *pp,int n);
main()
{   int a[3][4]={1,3,5,7,9,11,13,15,17,19,21,23};
    display(a[0],12);              /*实参是一个一维数组名*/
    printf("\n");
 }
void display(int *pp,int n)       /*形参是一个指针变量pp*/
{   int i;
    for(i=0;i<n;i++)
    {  if(i%4==0)  printf("\n");
       printf("\t%d",pp[i]);  }   /*以一维数组的形式访问二维数组中的变量*/
}
```

其运行结果如图 6.18 所示。

图 6.18 例 6.8 程序的运行结果

为了利用函数调用输出所有元素的值，把二维数组中第 0 行第 0 列元素的地址传递给函数 display()，在 display()函数中按照一维数组的处理方式依次输出每个元素的值。其中，主函数中的函数调用语句可以改写为 display(*a,12);。总之，接收二维数组列地址的数据必须是普通的指针变量。

（2）分行处理数组中的元素时，使用指向一维数组的指针变量。

实参用于传递二维数组中某一行的地址，以及处理的具体行标，相对应的，形参用于指向一维数组的指针和整型变量。例如，调用函数输出二维数组中某一行的数据信息时，函数的形参是指向一维数组的指针，实参为二维数组的首地址或者某一行的地址。

**【例 6.9】** 输出二维数组中的某一行元素。其程序代码如下：

```c
#include <stdio.h>
void printline(int (*p)[4],int n);
main()
{   int n;
    int a[3][4]={1,3,5,7,9,11,13,15,17,19,21,23};
    printf("input the number of line.\n");
    scanf("%d",&n);
    printline(a,n);                      /*实参为二维数组名*/
}
void printline(int (*p)[4],int n)    /*形参为指向一维数组的指针*/
{   int j;
    printf("the %d line data: ",n);
    for(j=0;j<4;j++)
        printf("%3d ",(*(p+n))[j]);    /*以二维数组的形式输出数组中的元素*/
    printf("\n");
}
```

其运行结果如图 6.19 所示。

图 6.19　例 6.9 程序的运行结果

为了利用函数调用输出数组中某一行的元素，将二维数组首地址传递给函数 printline()，在 printline() 函数中输出二维数组中第 n 行的元素。

### 三、任务实施

某班有 3 名学生，各学习 4 门课程，要求计算总平均分，找出有 2 门课程以上不及格的学生，输出其学号和所有的成绩。

**【算法分析】**

此任务主要应用二维数组指针作为函数参数。

（1）定义一个 3 行 4 列的二维数组，用于存储任务中给出的数据。

（2）自定义 average() 函数，用于求总平均分，在此函数中处理所有的数据。

（3）自定义 output() 函数，找出 2 门课程以上不及格的学生信息，output() 函数要分行处理，因此采用执行一维数组的指针变量作为函数的参数。

其程序代码如下：

```c
#include <stdio.h>
float average(float *p,int n)          /*形参为指针变量*/
{   float *p_end,sum=0,aver;
    for(p_end=p+n-1;p<=p_end;p++)
```

```
            sum=sum+(*p);                    /*以一维数组的形式访问全部数据*/
        aver=sum/n;
        return aver;
    }
    void output(float (*p)[4],int n)     /*形参为指向一维数组的指针*/
    {   int i,j,k;
        for(i=0;i<n;i++,p++)
        {   k=0;                             /*变量k用于统计不及格的人数*/
            for(j=0;j<4;j++)
                if(*(*p+j)<60)  k++;         /*以二维数组的形式访问数组中的元素*/
            if(k>1)
            {   printf("No. %d is fail,his score are:\n",i+1);
                for(j=0;j<4;j++)
                printf("%4.2f ",*(*p+j));
            }
        }
    }
    main()
    {   float score[3][4]={65,99,70,60,80,87,90,81,60,37,77,58};
        float av;
        av=average(*score,12);               /*实参是一个一维数组名*/
        printf("average:%4.1f\n",av);
        output(score,3);                     /*实参是一个二维数组名*/
        printf("\n");
    }
```

其运行结果如图 6.20 所示。

图 6.20　输出指定学生的学号和成绩的运行结果

　　函数 average()中的形参 p 是指向实型数据的指针变量，与之对应的实参是列指针 *score，即 score[0]，实参 12 代表共有 12 个成绩。output()函数中的形参 p 是指向含有 4 个元素的一维实型数组的指针变量，与之对应的是行指针 score，实参 3 代表有 3 名学生的成绩需要处理。由于处理的数据不同，可以处理全部的数据或者任意行的数据信息，以满足解决问题的需要。

**四、深入训练**

　　在本任务的基础上，增加一个函数，要求查找每门课程的最高分，同时输出最高分所在行的学生的成绩。

## 任务四　编写字符串连接函数

【知识要点】指针与字符串、指针数组与指向指针的指针。

### 一、任务分析

本任务要求使用指针编写字符串连接函数（_strcat），并在主函数中调用。

（1）定义一个函数_strcat()，完成将两个字符串连接到一起的任务，形参是指向字符串的指针变量。

（2）主函数调用_strcat()函数，实参是字符数组名，并将连接好的字符串输出。

### 二、必备知识与理论

1. 指针与字符串

字符串以字符数组的形式给出，而数组可以用指针进行访问，所以字符串也可以用指针进行访问。

（1）字符串的表示形式。在 C 语言中，可以用以下两种方法实现一个字符串。

① 使用字符数组存放一个字符串。

【例 6.10】使用字符数组存放一个字符串。其程序代码如下：

```
#include <stdio.h>
main()
{   char string[ ]= "I love China!";
    int i;
    printf("%s",string);
    printf("\n");
    for(i=0;*(string+i)!='\0';i++)   /*逐个引用*/
        printf("%c",*(string+i));
    printf("\n");
}
```

其运行结果如图 6.21 所示。

图 6.21　例 6.10 程序的运行结果

【程序说明】

与前面介绍的数组属性一样，string 是数组名，它代表字符数组的首地址，如图 6.22

所示。\*(string+i)指向数组中序号为 i 的元素，实际上
\*(string+i)就是 string[i]。

② 使用字符指针指向一个字符串。可以不定义字符
数组，而定义一个字符指针，使用字符指针指向字符串
中的字符。

【例 6.11】使用字符指针指向一个字符串。其程序代
码如下：

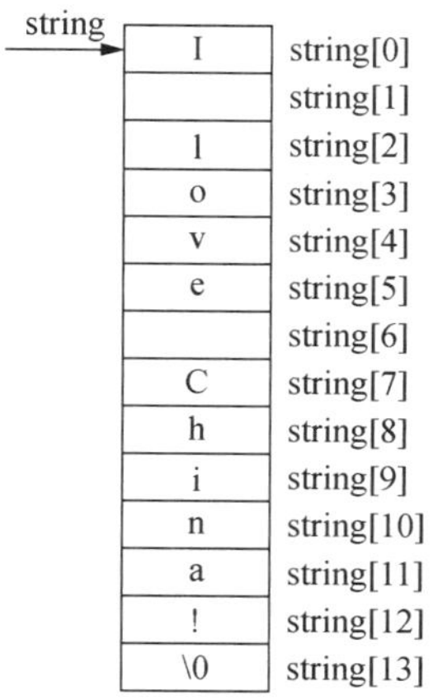

```c
#include <stdio.h>
main()
{   char *string="I love China!";
    /*字符指针 string 指向字符串*/
    printf("%s",string);
    /*整体引用输出*/
    printf("\n");
    for(;*string!='\0';string++)      /*逐个引用*/
        printf("%c",*string);
    printf("\n");
}
```

图 6.22　string 数组的内存存放

其运行结果如图 6.23 所示。

图 6.23　例 6.11 程序的运行结果

这里没有定义字符数组，但 C 语言对字符串常量是按照字符数组进行处理的，实
际上是在内存中开辟了一个字符数组用于存放字符串
常量。故应在程序中定义一个字符指针变量 string，并
把字符串首地址（即存放字符串的字符数组的首地址）
赋给它，如图 6.24 所示。

【例 6.12】使用指针处理两个字符串的复制。

对于字符串的复制要注意：若将字符串 1 复制到字
符串 2 中，则一定要保证字符串 2 的长度大于或等于字
符串 1。

方法一：使用指针指向的地址实现。其程序代码如下：

```c
/*将字符串 a 复制到字符串 b 中*/
#include <stdio.h>
main()
{   char a[]="I am a boy.",b[20];
```

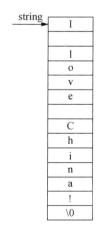

图 6.24　string 字符串的内存存放

```
    int i;
    for(i=0;*(a+i)!='\0';i++)
        *(b+i)=*(a+i);
    *(b+i)='\0';
    printf("string a is :%s\n",a);
    printf("string b is :%s\n",b);
}
```

方法二：使用指针法实现。其程序代码如下：

```
/*将字符串 a 复制到字符串 b 中*/
#include <stdio.h>
main()
{   char a[]="I am a boy.",b[20],*p1,*p2;
    p1=a;p2=b;
    for(;*p1!='\0';p1++,p2++)
        *p2=*p1;
    *p2='\0';
    printf("string a is :%s\n",a);
    printf("string b is :%s\n",b);
}
```

其运行结果如图 6.25 所示。

图 6.25　例 6.12 程序的运行结果

（2）字符数组与字符指针的区别如下。

① 字符数组可以写为"char string[ ]="I love China!";"，但不能写为"char string[20]; string[ ]="I love China!";"。字符指针可以写为"char *pc="I love China!";"，也可以写为"char *pc;pc="I love China!";"。

② 当用字符串常量初始化时，字符数组获得了字符串中的所有字符（内容），字符指针获得了字符串首的地址（与字符串中的字符无关）。

> **注　意**
>
> 　　字符串指针变量的定义声明与指向字符变量的指针变量声明是相同的。只能按照对指针变量的赋值不同来区分。对指向字符变量的指针变量应赋予该字符变量的地址。例如：
>
> ```
>     char c,*p=&c;
> ```

表示 p 是一个指向字符变量 c 的指针变量。而

```
char *ps="C Language";
```

表示 ps 是一个指向字符串的指针变量，把字符串的首地址赋予 ps。

这里先定义 ps 是一个字符指针变量，再把字符串的首地址赋予 ps（应写出整个字符串，以便编译系统把该字符串装入连续的一段内存单元），并把首地址送入 ps。

### 2. 指针数组

若干个指针变量组成的数组称为指针数组。指针数组也是一种数组，所有有关数组的概念都适用于它。但指针数组与普通数组又有区别，它的数组元素是指针类型的，只能用于存放地址值。

1）指针数组的定义

指针数组定义的一般格式如下：

```
类型声明符 *数组名[数组长度];
```

例如：

```
int *pa[3];
```

表示 pa 是一个指针数组，它有 3 个数组元素，每个元素值都是一个指针，指向整型变量。

其中，类型声明符为指针值所指向的变量的类型。

2）指针数组的初始化

由于指针数组是由若干个指针变量组成的数组，因此必须用地址值为指针数组初始化。例如：

```
int a[3][3]={1,2,3,4,5,6,7,8,9};
int *pa[3]={a[0],a[1],a[2]};
```

指针数组 pa[3]相当于有 3 个指针，分别为 pa[0]、pa[1]、pa[2]，初始化的结果为 a[0]、a[1]、a[2]。由于数组 a 是一个二维数组，因此，a[0]、a[1]、a[2]为该二维数组的每一行的行首地址，即

```
pa[0]=&a[0][0]=a[0];
pa[1]=&a[1][0]=a[1];
pa[2]=&a[2][0]=a[2];
```

因此，通过指针数组可以引用二维数组中的元素。

```
pa[i]+j=a[i]+j=&a[i][j];
*(pa[i]+j)=*(a[i]+j)=a[i][j];
```

【例 6.13】将若干字符串按照字母顺序（由小到大）输出。其程序代码如下：

```
#include <stdio.h>
main()
```

```
{   void sort(char *name[ ],int n);
    void print(char *name[ ],int n);
    char *name[ ]={"Follow me","Basic","Great Wall","Fortran",
                  "Computer"};
    int n=5;
    sort(name,n);
    print(name,n);
}
void sort(char *name[ ],int n)
{   char *temp;
    int i,j,k;
    for(i=0;i<n-1;i++)
    {   k=i;
        for(j=i+1;j<n;j++)
            if(strcmp(name[k],name[j])>0)
                k=j;
        if(k!=i)
        {   temp=name[i];name[i]=name[k];name[k]=temp;   }
    }
}
void print(char *name[ ],int n)
{   int i;
    for(i=0;i<n;i++)
        printf("%s\n",name[i]);
}
```

其运行结果如图 6.26 所示。

图 6.26　例 6.13 程序的运行结果

main()函数中定义了指针数组 name 并作了初始化赋值。它有 5 个元素，其初值分别为"Follow me"、"Basic"、"Great Wall"、"Fortran"、"Computer"的首地址。这些字符串是不等长的（不是按照同一长度定义的）。此后，分别调用 sort()函数和 print()函数完成排序和输出。sort()函数的作用是对字符串进行排序，其形参为指针数组 name，即为待排序的各字符串数组的指针，形参 n 为字符串的个数。这里使用选择法对字符串进行排序。print()函数用于排序后字符串的输出，其形参与 sort 的形参相同。值得说明的是，在 sort 函数中对两个字符串的比较采用了 strcmp()函数，strcmp()函数允许参与比较的字符串以指针方式出现。name[k]和 name[j]均为指针，因此是合法的。字符串比较后需要交换时，只交换指针数组元素的值，而不交换具体的字符串，这样将大大减少时间的开销，提高运行效率。

【程序说明】

在以前的例子中采用了普通的排序方法，即逐个比较之后交换字符串的位置。交换字符串的位置是通过字符串复制函数完成的。反复的交换将使程序执行的速度很慢，由于各字符串的长度不同，又增加了存储管理的负担。使用指针数组能够很好地解决这些问题。把所有的字符串存放在一个数组中，把这些字符数组的首地址放在一个指针数组中，当需要交换两个字符串时，只需交换指针数组相应两个元素的内容（地址）即可，而不必交换字符串本身。

### 3. 指向指针的指针

如果一个指针变量存放的是另一个指针变量的地址，则称这个指针变量为指向指针的指针变量。

前面已经介绍过，通过指针访问变量称为间接访问。由于指针变量直接指向变量，所以称为"单级间址"，如图 6.27（a）所示；如果通过指向指针的指针变量来访问变量，则构成"二级间址"，如图 6.27（b）所示。

（a）单级间址 　　　　　　　（b）二级间址

图 6.27　间接访问

指针的指针定义格式如下：

　　类型声明符　**指针变量；

例如：

```
char **p;
```

p 前面有两个*，*运算符的结合性是自右向左的，因此**p 相当于*(*p)。显然，*p 是指针变量的定义格式，如果没有最前面的*，则表示定义了一个指向字符数据的指针变量。现在它前面又有一个*，表示指针变量 p 是指向一个字符指针型变量的。*p 是 p 所指向的另一个指针变量。

如图 6.28 所示，name 是一个指针数组，它的每一个元素是一个指针型数据，其值为地址。name 是一个数组，它的每一个元素都有相应的地址。数组名 name 代表该指针数组的首地址。name+i 是 name[i]的地址。name+i 就是指向指针型数据的指针（地址）。还可以设置一个指针变量 p，使它指向指针数组元素。p 就是指向指针型数据的指针变量。

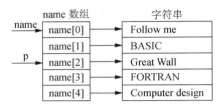

图 6.28　name 指针数组

如果有

```
p=name+2;
printf("%o\n",*p);
printf("%s\n",*p);
```

则第一个 printf()函数语句输出 name[2]的值（它是一个地址），第二个 printf()函数语句以字符串形式（%s）输出字符串"Great Wall"。

【例 6.14】使用指向指针的指针。其程序代码如下：

```
#include <stdio.h>
main()
{   char *name[ ]={"Follow me","BASIC","Great Wall","FORTRAN",
                    "Computer design"};
    char **p;
    int i;
    for(i=0;i<5;i++)
    {   p=name+i;
        printf("%s\n",*p);  }
}
```

其运行结果如图 6.29 所示。

图 6.29　例 6.14 程序的运行结果

【例 6.15】一个指针数组的元素指向整型数据的简单例子。其程序代码如下：

```
#include <stdio.h>
main()
{   int a[5]={1,3,5,7,9};
    int *num[5]={&a[0],&a[1],&a[2],&a[3],&a[4]};
```

```
int **p,i;
p=num;
for(i=0;i<5;i++)
{  printf("%d\t",**p);p++;  }
printf("\n");
}
```

其运行结果如图 6.30 所示。

图 6.30　例 6.15 程序的运行结果

需要说明的是，指针数组 num 的元素只能存放地址。

### 三、任务实施

要求使用指针编写字符串连接函数（_strcat），并在主函数中调用。

【算法分析】

（1）定义一个函数_strcat()，完成将两个字符串连接到一起的任务，形参是指向字符串的指针变量。

（2）主函数调用_strcat()函数，实参是字符数组名，并将连接好的字符串输出。

其程序代码如下。

方法一：

```
#include <stdio.h>
void _strcat(char *str1,char *str2);
main()
{  char str1[80],str2[80];
   printf("Please enter 2 string:");
   scanf("%s %s",str1,str2);                /*读入两个字符串*/
   _strcat(str1,str2);                      /*调用函数将两个字符串连接起来*/
   printf("strcat string is %s:",str1); /*输出连接以后的字符串*/
}
void _strcat(char *str1,char *str2)
{  char *p,*q;
   p=str1;                     /*p 指向字符串 str1 的第一个字符*/
   while(*p!='\0')p++;         /*p 一直向后移动，直到第一个字符串的结束标志*/
   q=str2;                     /*q 指向字符串 str2 的第一个字符*/
   while(*q!='\0')
   {  *p=*q;                   /*q 指向的字符串内容覆盖 p 指向的字符串空间*/
      p++;q++;  }              /*p 和 q 同时向后移动*/
```

```
        *p='\0';                    /*字符串结束*/
    }
```

方法二：

```
    #include <stdio.h>
    void _strcat(char *str1,char *str2)
    {   int i,j;
        i=0;
        while(*(str1+i)!='\0')i++;
        /*i 是 str1 字符串中字符串的结束标志'\0'的下标 */
        j=0;
        while(*(str2+j)!='\0')
        {   *(str1+i)=*(str2+j);
            i++;j++;   }
            *(str1+i)='\0';
    }
    main()
    {   char str1[80],str2[80];
        printf("Please enter 2 string:");
        scanf("%s %s",str1,str2);              /*读入两个字符串*/
        _strcat(str1,str2);                    /*调用函数将两个字符串连接起来*/
        printf("strcat string is %s:",str1); /*输出连接以后的字符串*/
    }
```

**注　意**

为了与系统的 strcat()函数有所区分，这里使用的函数名是_strcat。方法一中使用指针移动处理字符串，方法二中的指针不移动，与数组的操作方法类似。

## 四、深入训练

某字符串包含 n 个字符。编写一个函数，将此字符串从第 m 个字符开始的全部字符复制为另一个字符串。

【算法分析】

（1）定义一个函数 copystr()，完成部分字符串的复制功能，形参是指向字符串的指针变量。

（2）主函数中要判断字符串 1 的长度是不是比 m 小，如果小，则输出错误信息；如果不小，则调用_strcat()函数，实参是字符数组名和 m，并将复制好的字符串输出。

## 任务五　使用指针函数求学生成绩

【知识要点】指针与函数。

### 一、任务分析

有若干名学生的成绩（每名学生学习 4 门课程），要求在用户输入序号后，输出学生的全部成绩，使用指针函数实现。

（1）序号从 0 开始，定义 search() 为指针型函数，它的形参 pointer 是指向包含 4 个元素的一维数组的指针变量。

（2）主函数调用 search() 函数，将 score 数组的首地址传递给 pointer（注意，score 是指向行的指针，而不是指向列元素的指针）。m 是要查找的序号。

（3）调用 search() 函数后，得到一个地址（指向第 m 名学生的第 1 门课程的成绩），赋给 p，输出此学生的 4 门课程的成绩。

### 二、必备知识与理论

1. 函数指针变量的定义

在 C 语言中，每一个函数都对应一段程序，函数运行时，其程序必须调入内存占据一段连续的存储空间，而函数名就是该函数所占的存储空间的首地址。可以把函数的首地址（或称入口地址）赋予一个指针变量，使该指针变量指向该函数，并通过指针变量找到并调用这个函数。这种指向函数的指针变量称为"函数指针变量"。

函数指针变量定义的一般格式如下：

    类型声明符　(*指针变量名)();

其中，"类型声明符"表示被指函数的返回值的类型；"(*指针变量名)"表示"*"后面的变量是定义的指针变量；最后的空括号表示指针变量所指的是一个函数。

例如：

    int(*pf)();

表示 pf 是一个指向函数入口的指针变量，该函数的返回值（函数值）是整型。

2. 函数指针变量的赋值

与其他指针的定义一样，函数指针定义后，应为它赋一个函数的入口地址，即只能使它指向一个函数，才能使用这个指针。C 语言中，函数名代表该函数的入口地址。因此，可用函数名给指向函数的指针变量赋值。其一般格式如下：

    指向函数的指针变量=函数名；

---

**注 意**

函数名后不能带括号和参数。

---

### 3．函数指针变量的引用

函数指针主要用于函数的参数并用它来调用函数。通过函数指针来调用函数的一般格式如下：

　　(*函数指针)(实参表)

【例 6.16】求 a 和 b 中的较大者（此例用于说明以指针形式实现对函数的调用的方法）。其程序代码如下：

```c
#include <stdio.h>
main()
{   int max();
    int (*p)();
    int a,b,c;
    p=max;
    scanf("%d,%d",&a,&b);
    c=(*p)(a,b);
    printf("a=%d,b=%d,max=%d",a,b,c);
}
int max(int x,int y)
{   int z;
    if(x>y)  z=x;
    else z=y;
    return(z);
}
```

此程序中，"p=max;"用于将函数 max()的入口地址赋给 p。

【程序说明】

（1）(*p)()表示定义一个指向函数的指针变量，它不是固定地指向某一个函数，而只是表示定义了一种类型的变量，专门用于存放函数的入口地址。

（2）在给函数指针变量赋值时，只需给出函数名。

（3）使用函数指针调用函数时，(*p)只代替函数名，在(*p)之后的括号中应根据需要加上实参。

（4）对指向函数的指针变量，如 p+n、p++、p--等运算是无意义的。

### 4．返回指针值的函数

前面介绍过，函数的类型是指函数返回值的类型。在 C 语言中，允许一个函数的返回值是一个指针（即地址），这种返回指针值的函数称为指针型函数。

指针型函数定义的一般格式如下：

```
类型声明符 *函数名(形参表)
{
    … /*函数体*/
}
```

其中，函数名之前加了"**\***"，表明这是一个指针型函数，即返回值是一个指针。类型声明符表示返回的指针值所指向的数据类型。

例如：

```
int *ap(int x,int y)
{
    … /*函数体*/
}
```

表示 ap 是一个返回指针值的指针型函数，它返回的指针指向一个整型变量。

【**例 6.17**】通过指针函数，输入一个 1～7 中的整数，输出对应的星期名。其程序代码如下：

```
#include <stdio.h>
main()
{   int i;
    char *day_name(int n);
    printf("input Day No: \n");
    scanf("%d",&i);
    if(i<0) exit(1);
    printf("Day No:%2d-->%s\n",i,day_name(i));
}
char *day_name(int n)
{   static char *name[ ]={"Illegal day","Monday","Tuesday", "Wednesday",
                          "Thursday","Friday","Saturday","Sunday"};
    return((n<1||n>7)?name[0]:name[n]);
}
```

其运行结果如图 6.31 所示。

图 6.31　例 6.17 程序的运行结果

此程序定义了一个指针型函数 day_name()，它的返回值指向一个字符串。该函数中定义了一个静态指针数组 name。name 数组初始化赋值为 8 个字符串，分别表示各个星期名及出错提示。形参 n 表示与星期名所对应的整数。在主函数中，把输入的整数 i 作为实参，在 printf 语句中调用 day_name()函数并把 i 值传送给形参 n。day_name()函数中的 return 语句包含一个条件表达式，n 值若大于 7 或小于 1，则把 name[0]指针返回主函数，输出出错提示字符串"Illegal day"，否则返回主函数并输出对应的星期名。主函数中的第 7 行是一个条件语句，其语义是，若输入为负数（i<0），则终止程序运行并退出程序。exit 是一个库函数，exit(1)表示发生错误后退出程序，exit(0)表示正常退出。

需要特别注意函数指针变量和指针型函数在写法和意义上的区别。例如，int (*p)()和 int *p()是两个完全不同的量。int (*p)()是一个变量声明，声明 p 是一个指向函数入口的指针变量，该函数的返回值是整型量，(*p)两边的括号不能少。int *p()则不是变量声明而是函数声明，声明 p 是一个指针型函数，其返回值是一个指向整型量的指针，*p 两边没有括号。作为函数声明，最好在括号中写入形式参数，这样便于与变量声明进行区分。对于指针型函数定义，int *p()只是函数头部分，一般还应该有函数体部分。

## 三、任务实施

有若干名学生的成绩（每名学生学习 4 门课程），要求在用户输入序号后，输出学生的全部成绩，使用指针函数实现。

【算法分析】

（1）序号从 0 开始。定义 search()为指针型函数，它的形参 pointer 是指向包含 4 个元素的一维数组的指针变量。

（2）主函数调用 search()函数，将 score 数组的首地址传递给 pointer（注意，score 是指向行的指针，而不是指向列元素的指针）。m 是要查找的序号。

（3）调用 search()函数后，得到一个地址（指向第 m 名学生第 1 门课程的成绩），将其赋给 p，并输出此学生的 4 门课程的成绩。

其程序代码如下：

```
#include <stdio.h>
main()
{   float score[][4]={{66,76,86,96},{56,89,67,88},{34,78,90,66}};
    float *search(float (*pointer)[4],int n);
    float *p;
    int i,m;
    printf("Enter the number of student:");
    scanf("%d",&m);
    printf("The scores of No.%d are:\n",m);
    p=search(score,m);
    for(i=0;i<4;i++)
        printf("%6.2f",*(p+i));
    printf("\n");
}
float *search(float (*pointer)[4],int n)
{   float *pt;
    pt=*(pointer+n);
```

```
        return(pt);
    }
```

其运行结果如图 6.32 所示。

图 6.32　使用指针函数求学生成绩的运行结果

## 四、深入训练

对于本任务中的学生信息，找出成绩不及格课程的学生及其序号。

【算法分析】

（1）定义 search()为指针型函数，它的形参 pointer 是指向包含 4 个元素的一维数组的指针变量。

（2）主函数调用 search()函数，从实参传给形参 pointer 的是 score+i，它是 score 数组中第 i 行的首地址。注意在 search()函数中如何判断学生的 4 门课程的成绩不及格的情况。

（3）调用 search()函数后，如果有成绩不及格的学生，则返回该学生成绩的首地址（指向该学生第 1 门课程的成绩），赋给 p，并输出此学生（有不及格课程的学生）的 4 门课程的成绩。

## 五、典型程序实例

指针和数组、函数的关系比较密切。由于指针的存在，访问数组中的元素变得更为直接和容易，提高了数组的访问效率。特别是对于存放字符串的字符数组来说，指针能够更方便地访问到每一个元素，也能更方便地处理这些元素。指针和地址的存在能够说明为什么可以通过形参来改变实参传递过来的数据值，其本质是形参和实参利用地址联系在了一起，就像一间房子的两个名称。接下来通过一个程序的设计研究指针处理数组的情况。

【例 6.18】有两个数组，要求将两个数组合并起来，且新数组中的元素按照升序排列。

假设数组 a 中的元素为{8,11,3,5,2,9,15,20,14,26}，数组 b 中的元素为{49,8,6,38,65,97, 12,50,22,6}，那么合并以后数组 c 中的元素为{2,3,5,6,6,8,8,9,11,12,14,15,20,22,26,38,49, 50, 65,97}，且其为有序数组。

【算法分析】

（1）对两个数组 a、b 进行排序，各自形成升序的数组。可以采用直接插入法对数组中的元素进行排序。

（2）直接插入排序法的思想是把数组分成两个部分——有序部分和无序部分，每次从无序部分中取出一个元素插入有序部分，直到数组中的所有元素有序。初始情况下，有序部分仅有一个元素，其他都是无序部分的元素；利用循环从无序部分取出一个元素，保存到中间变量中，再从有序部分的高地址开始，逐个元素进行比较，如果其小于有序部分的元素，则有序部分的元素后移，否则插入该元素到找到的位置。

（3）依次比较 a、b 中的元素，并将其依次存放到数组 c 中。

其具体过程如下：设两个指针变量 pa、pb，在循环中分别指向数组 a 和数组 b 中的每一个元素；利用如下公式为 c 中的元素赋值，同时相应的指针依次后移；当循环退出时，假设数组 a 或者数组 b 中还有剩余元素，将其全部写到数组 c 中。

$$c[i]=\begin{cases} *pa, & 当 *pa <= *pb 时 \\ *pb, & 当 *pa > *pb 时 \end{cases}$$

其程序代码如下：

```c
#include <stdio.h>
void merge(int *p_a,int *p_b,int *p_c,int n);
void sort(int b[ ],int n);
main()
{   int a[10],b[10];
    int c[20];
    int i,j;
    printf("input 10 elem to array a:\n");
    for(i=0;i<10;i++)
        scanf("%d",a+i);
    printf("input 10 elem to array b:\n");
    for(i=0;i<10;i++)
        scanf("%d",b+i);
    merge(a,b,c,10);                /*数组名作为实参，实现数组的合并*/
    for(i=0;i<20;i++)
    {   printf("%3d",*(c+i));
        if((i+1)%4==0)             /*控制每一行输出的元素的个数*/
            printf("\n");
    }
}
void sort(int b[ ],int n)      /*排序函数，使用数组名作为形参*/
{   int *p,*q;
    int temp;
    for(p=b+1;p<b+n;p++)           /*循环处理数组中的每一个元素*/
        if(*p<*(p-1))              /*如果指针变量p指向的元素小于前一个元素*/
        {   temp=*p;              /*保存当前元素的值*/
            *p=*(p-1);            /*当前元素后移*/
            for(q=p-2;q>=b&&*q>temp;q--)      /*从p-2所指元素开始寻找第
                                               一个小于temp的元素*/
                *(q+1)=*q;        /*实现后移*/
            *(q+1)=temp; }        /*元素插入*/
}
void merge(int *p_a,int *p_b,int *p_c,int n)/*使用指针作为形参*/
```

```
/*使用函数实现数组 p_a、数组 p_b 的有序合并*/
{   int *pa=p_a,*pb=p_b,*pc=p_c;
    sort(pa,n);                      /*进行排序*/
    sort(pb,n);
    while(pa<p_a+n&&pb<p_b+n)
       if(*pa<=*pb)                  /*若当前*pa 小，则写入 pc*/
       { *pc=*pa++;pc++; }
       else if(*pa>*pb)             /*若当前*pb 小，则写入 pc*/
       { *pc=*pb++;pc++; }
    while(pa<p_a+n)                  /*若 pa 有剩余，则一次写入 pc*/
    { *pc=*pa++;pc++; }
    while(pb<p_b+n)                  /*若 pb 有剩余，则一次写入 pc*/
    { *pc=*pb++;pc++; }
}
```

其运行结果如图 6.33 所示。

图 6.33 例 6.18 程序的运行结果

## 项目实训

### 一、实训目的

1. 掌握指针变量的定义与引用。
2. 掌握指针与变量、指针与数组、指针与字符串、指针与函数的关系。
3. 掌握使用数组指针作为函数参数的方法。
4. 在编程中能够灵活运用指针解决实际问题。
5. 在程序的调试过程中，会处理错误信息，提高程序调试能力。

### 二、实训任务

1. 使用指向一维数组的指针解决冒泡法排序问题。

【算法分析】

冒泡法排序的基本思想在前面讲解一维数组的相关知识时已经介绍过，在此用指针法实现。首先，用常规的下标引用法编写该程序；其次，定义一个指针变量指向该数组；最后，程序中所有的数组元素和数组元素的地址都使用指针变量表示。

其程序代码如下：

```c
#include <stdio.h>
main()
{   int n,i,j,x,a[10];
    int *p=a;
    for(i=0;i<10;i++)
        scanf("%d",p+i);
    for(j=0;j<9;j++)
        for(i=0;i<9-j;i++)
            if(*(p+i)>*(p+i+1))
            { x=*(p+i);*(p+i)=*(p+i+1);*(p+i+1)=x;  }
    for(i=0;i<10;i++)
        printf("%4d",*(p+i));
    printf("\n");
}
```

2. 调用函数，求解一维数组中的最大元素。

【算法分析】

假设一维数组中下标为 0 的元素最大，并用指针变量指向该元素。后续元素与该元素一一进行比较，若找到更大的元素，则替换这个元素。函数的形参为一维数组，实参为指向一维数组的指针。

其程序代码如下：

```c
#include <stdio.h>
main( )
{   int sub_max(int b[ ],int i); /*函数声明*/
    int n,a[10];
    int *ptr=a;                    /*定义变量，并使指针指向数组*/
    int max;
    for(n=0;n<=9;n++)              /*输入数据*/
        scanf("%d",&a[n]);
    max=sub_max(ptr,10);          /*函数调用，其实参是指针*/
    printf("max=%d\n",max);
}
int sub_max(int b[ ],int i)       /*函数定义，其形参为数组*/
{   int temp,j;
    temp=b[0];
    for(j=1;j<=i-1;j++)
        if(temp<b[j]) temp=b[j];
    return(temp);
}
```

3. 有若干名学生的成绩（每名学生学习 4 门课程），找出其中不及格课程的学生及其序号。要求使用指针函数实现。

【算法分析】

（1）定义 search() 为指针型函数，它的形参 pointer 是指向包含 4 个元素的一维数组的指针变量。

（2）主函数调用 search() 函数，从实参传给形参 pointer 的是 score+i，它是 score 数组中第 i 行的首地址。注意在 search() 函数中如何判断学生的 4 门课程成绩不及格的情况。

（3）调用 search() 函数后，如果有不及格的学生，则返回该学生成绩的首地址（指向该学生第 1 门课程的成绩），赋给 p，并输出此学生（有成绩不及格课程的学生）的 4 门课程的成绩。

其程序代码如下：

```c
#include <stdio.h>
main()
{   float score[][4]={{66,76,86,96},{56,89,67,88},{34,78,90,66}};
    float *search(float (*pointer)[4]);
    float *p;
    int i,j;
    for(i=0;i<3;i++)
    {  p=search(score+i);
       if(p==*(score+i))
           {  printf("No.%d scores: ",i);
              for(j=0;j<4;j++)
                  printf("%6.2f",*(p+j));
              printf("\n");  }
    }
}
float *search(float (*pointer)[4])
{   int i;
    float *pt;
    pt=*(pointer+1);
    for(i=0;i<4;i++)
        if(*(*pointer+i)<60) pt=*pointer;
    return(pt);
}
```

4．有一个长度不大于 40 的字符串，已知其中共包含两个字符"A"，求处于两个字符"A"中间的字符个数，并列出这些字符。

【算法分析】

（1）定义字符数组 a[40]、b[40]，计数器 n=0。

（2）接收字符数组 a。

（3）定位第一个字符"A"的位置。

（4）从字符"A"的后一个字符开始为字符数组 b 赋值，同时计数器加 1，直到遇到第二个字符"A"。

（5）修正字符数组 b。

（6）输出字符数组 b 和计数器 n。

其程序代码如下：

```
#include <stdio.h>
int sub(char *x,char *y)
{  int i,n=0;
   for(i=0;*(x+i)!='\0';i++)
      if(*(x+i)=='A') break;
   i=i+1;
   while(*(x+i)!='A')
   {  *(y+n)=*(x+i);
      n++;i++;  }
   *(y+n)='\0';
   return(n);
}
main( )
{  char a[40],b[40];
   int l,sub(char *x,char *y);
   gets(a);
   l=sub(a,b);
   printf("l=%d\n",l);
   printf("%s\n",b);
}
```

5. 有一个长度不大于 40 的字符串，已知其中共包含两个字符"A"，编写函数，求处于两个字符"A"中间的字符（用返回指针值的函数来完成）。

解决方法：将求得的字符串在被调函数中直接输出。

【算法分析】

（1）接收字符串。

（2）把字符"A"之间的字符复制到一个字符数组中。

（3）以该字符数组的首地址为起始地址，输出得到的字符串。

其程序代码如下：

```
#include <stdio.h>
char *sub(char *x)
{   int i,n=0;
    char y[40];
    for(i=0;*(x+i)!='\0';i++)
       if(*(x+i)=='A') break;
    i=i+1;
    while(*(x+i)!='A')
    {  y[n]=*(x+i);
       n++;
       i++;  }
```

```
        y[n]='\0';
        printf("%s\n",y);
    }
main( )
{   char a[40];
    char *sub(char *x);
    gets(a);
    sub(a);
}
```

## 项目练习

1. 选择题

（1）变量 i 的值为 3，i 的地址为 2000，若使指针变量 p 指向变量 i，则下列赋值正确的是（      ）。

    A．&i=3;      B．*p=3;      C．*p=2000;      D．p=&i;

（2）设有语句 int s[2]={0,1},*p=s;，则下列 C 语句错误的是（      ）。

    A．s+=1;      B．p+=1;      C．*p++;      D．(*p)++;

（3）设有定义 int a,*pa=&a;，以下 scanf 语句中能正确为变量 a 读入数据的是（      ）。

    A．scanf("%d",a);      B．scanf("%d",pa);

    C．scanf("%d",&pa);      D．scanf("%d",*pa);

（4）对于语句 int *pa[5];的描述，下列说法正确的是（      ）。

    A．pa 是一个指向数组的指针，所指向的数组是 5 个 int 型元素

    B．pa 是一个指向某数组中第 5 个元素的指针，该元素是 int 型变量

    C．pa[5]表示某个数组的第 5 个元素

    D．pa 是一个具有 5 个元素的指针数组，每个元素都是一个 int 型指针

（5）指针可以用于表示数组元素，若已知语句 int a[3][7];，则下列表示中错误的是（      ）。

    A．*(a+1)[5]    B．*(*a+3)    C．*(*(a+1))    D．*(&a[0][0]+2)

（6）设有定义 int a[5],*p;p=a;，则下列描述错误的是（      ）。

    A．表达式 p=p+1 是合法的      B．表达式 a=a+1 是合法的

    C．表达式 p-a 是合法的      D．表达式 a+2 是合法的

（7）设有以下定义，则能够正确表示数组元素 a[1][2]的表达式是（      ）。

```
int a[4][3]={1,2,3,4,5,6,7,8,9,10,11,12};
int (*ptr)[3]=a,*p=a[0];
```

    A．*((*ptr+1)[2])      B．*(*(p+5))

    C．(*ptr+1)+2      D．*(*(a+1)+2)

（8）设有定义 int a[3][4]={{1,3,5,7},{2,4,6,8}};，则*(*a+1)的值为（      ）。

    A．1          B．3          C．2          D．4

（9）设有定义 char b[5],*p=b;，则下列赋值语句正确的是（      ）。

    A．b="abcd";                B．*b="abcd";

    C．p="abcd";                D．*p="abcd";

（10）设有定义 int a[10],*pointer=a;，以下表达式不正确的是（      ）。

    A．pointer=a+5;              B．a=pointer+a;

    C．a[2]=pointer[4];          D．*pointer=a[0];

（11）以下程序执行后，a 的值是（      ）。

```
#include <stdio.h>
main()
{   int a,k=4,m=6,*p1=&k,*p2=&m;
    a=p1==&m;
    printf("%d\n",a);
}
```

    A．4          B．1          C．0        D．运行时出错，无定值

（12）若有如下定义和语句，则其输出结果是（      ）。

```
int **pp,*p,a=10,b=20;
p=&a;p=&b;pp=&p;
printf("%d,%d\n",*p,**pp);
```

    A．10,20      B．10,10      C．20,10    D．20,20

2．程序阅读题

（1）
```
#include <stdio.h>
char b[]="ABCD";
main()
{   char *chp;
    for(chp=b;*chp;chp+=2)
        printf("%s",chp);
    printf("\n");
}
```

程序的运行结果为_____。

（2）
```
#include <stdio.h>
void sub(int x,int y,int *z)
{   *z=y-x;   }
main()
{   int a,b,c;
    sub(10,5,&a);
    sub(7,a,&b);
```

```
        sub(a,b,&c);
        printf("%d,%d,%d\n",a,b,c);
    }
```

程序的运行结果为＿＿＿＿＿＿＿＿＿＿＿＿＿＿＿＿。

（3）
```
#include <stdio.h>
    main()
    {   int k=2,m=4,n=6;
        int *pk=&k,*pm=&m,*p;
        *(p=&n)=*pk*(*pm);
        printf("%d\n",n);
    }
```

程序的运行结果为＿＿＿＿＿＿＿＿＿＿＿＿＿＿＿＿。

（4）
```
#include <stdio.h>
    main()
    {
        int a[10]={19,23,44,17,37,28,49,36},*p;
        p=a;
        printf("%d\n",p[3]);
    }
```

程序的运行结果为＿＿＿＿＿＿＿＿＿＿＿＿＿＿＿＿。

（5）
```
#include <stdio.h>
    main()
    {   int x[]={0,1,2,3,4,5,6,7,8,9};
        int s,i,*p;
        s=0;
        p=&x[0];
        for(i=1;i<10;i+=2)
            s+=*(p+i);
        printf("sum=%d\n",s);
    }
```

程序的运行结果为＿＿＿＿＿＿＿＿＿＿＿＿＿＿＿＿。

（6）
```
#include <stdio.h>
    main()
    {   char *p[4]={"CHINA","JAPAN","ENGLAND","GERMANY"};
        char **pp;
        int i;
        pp=p;
        for(i=0;i<4;i++,pp++)
        printf("%c\n",*(*pp+2)+1);
    }
```

程序的运行结果为＿＿＿＿＿＿＿＿＿＿＿＿＿＿＿＿。

3．编程题

（1）输入 3 个整数 a、b、c，利用指针方法找出其中的最大值。

（2）从键盘上输入一个字符串，将其存入一个数组，求出输入的字符串的长度。

（3）有 n 个整数，使前面各数顺序向后移 m 个位置，最后 m 个数变成最前面 m 个数，编写一个函数完成以上功能，在主函数中输入 n 个整数并输出调整后的 n 个数。

（4）输入一行文字，统计其中大写字母、小写字母、空格、数字及其他字符各有多少。

（5）输入 10 个整数，将其中最小的数与第一个数对换，将最大的数与最后一个数对换。编写 3 个函数：输入 10 个数；进行处理；输出 10 个数。

（6）在主函数中输入 5 个字符串，用另一个函数对它们进行降序排序，并在主函数中输出这 5 个已排好序的字符串。

（7）一个班有 4 名学生，5 门课程。

① 求第一门课程成绩的平均分。

② 找出有 2 门以上课程成绩不及格的学生，输出他们的学号和全部课程成绩及平均成绩。

③ 找出平均成绩在 90 分以上或全部课程成绩在 85 分以上的学生。

分别编写 3 个函数实现以上 3 个要求。

（8）用指向指针的方法对 5 个字符串进行排序并输出。

# 结构体和共用体

前 6 个项目所述程序中所用到的都是基本类型的数据，如整型 int、字符型 char 等。在编写程序时，简单的变量类型不能满足程序中各种复杂数据计算的需求，因此，C 语言允许用户根据需要建立新的数据类型，并定义变量。

## 学习目标

（1）理解结构体的概念。
（2）学会正确地定义结构体。
（3）熟练掌握结构体数组和结构体指针的使用。
（4）掌握链表的使用。
（5）掌握共用体的使用。
（6）了解枚举类型。

## 任务一　使用结构体比较学生成绩

【知识要点】定义和使用结构体。

### 一、任务分析

输入两名学生的学号、姓名和成绩，输出成绩较高的学生的学号、姓名和成绩，要求用结构体来完成。

（1）定义两个结构相同的结构体变量 student1 和 student2。

（2）分别输入两名学生的学号、姓名和成绩。

（3）比较两名学生的成绩，如果学生 1 的成绩高于学生 2 的成绩，则输出学生 1 的全部信息；如果学生 2 的成绩高于学生 1 的成绩，则输出学生 2 的全部信息；如果两者相等，则输出两名学生的全部信息。

## 二、必备知识与理论

### 1. 结构体类型的概念

前面学习了一些基本类型，如整型、实型、字符型等，这些类型都是系统定义好的，程序员可以直接使用它们来定义变量。世界是复杂的，事物的内在关系也是复杂的。例如，一名学生的属性包括学号、姓名、性别、年龄、成绩、家庭地址等（见表 7.1）。但是这样的定义不是一个有机的整体，不符合客观实际。有人可能想到使用数组，但是能否用一个数组来存放这些数据呢？显然是不够的，因为一个数组中只能存放同一类型的数据，也就是说，基本类型不能全面反映客观世界。

表 7.1　学生属性

| 学号（num） | 姓名（name） | 性别（sex） | 年龄（age） | 成绩（score） | 家庭地址（addr） |
|---|---|---|---|---|---|
| 201363301 | ZhangSan | M | 19 | 89 | HeNan |

既然系统没有定义这些复杂的类型，那么用户能不能根据客观实际来定义数据类型呢？C 语言提供了自定义数据类型的方法，通过自定义类型将不同类型的数据组合成一个有机的整体，以便访问。这些数据在这个整体中是互相联系的，这种自定义的数据类型称为结构体。

如果程序要用到表 7.1 所表示的数据结构，则可以在程序中自己建立一个结构体类型。例如：

```
struct Student
{
    int num;                    /*学号为整型*/
    char name[20];              /*姓名为字符串型*/
    char sex;                   /*性别为字符型*/
    int age;                    /*年龄为整型*/
    float score;                /*成绩为实型*/
    char addr[20];              /*家庭地址为字符串型*/
};
```

上面的代码使用关键字 struct 声明了一个名称为 Student 的结构体类型，在结构体中定义的变量是 Student 结构的成员，这些变量表示学生的学号、姓名、性别、年龄、成绩和家庭地址，可以根据数据成员不同的作用选择与其相对应的类型。

声明一个结构体类型的一般格式如下：

```
struct 结构体名
{
    成员表列
};
```

声明结构体类型时需要注意以下几个问题。

（1）结构体类型名为 struct Student，其中 struct 是定义结构体类型的关键字，它与系统提供的基本类型具有相同的地位和作用，都可以用于定义变量的类型。

（2）在{}中定义的变量称为成员，其定义方法与前面变量的定义方法一样，不能忽略最后的分号。

（3）成员可以属于另一个结构体类型。例如：

```
struct Date
{
    int year;
    int month;
    int day;
};
struct Teacher
{
    int num;
    char name[20];
    struct Date birthday;
};
```

这里声明了一个 struct Date 类型，它代表"日期"，包括 3 个成员：年（year）、月（month）、日（day）。声明 struct Teacher 时，将成员 birthday 指定为 struct Date 类型。struct Teacher 的结构如图 7.1 所示。

| num | name | birthday | | |
|---|---|---|---|---|
| | | year | month | day |

图 7.1　struct Teacher 的结构

### 2. 结构体变量的定义

为了能够在程序中使用结构体类型的数据，应当定义结构体类型的变量，并在其中存放具体的数据，可以采用以下 3 种方法定义结构体类型变量。

1）先声明结构体类型，再定义该类型的变量

这里已经声明了一个结构体类型 struct Student，可以用它来定义变量。例如：

```
struct Student student1,student2;
```

这种格式和定义基本类型的变量格式（如 int a,b）是相似的。上面定义了 student1 和 student2 为 struct Student 类型的变量，这样 student1 和 student2 就具有 struct Student 类型的结构。

student1：

| 201363301 | Zhang San | M | 19 | 89 | He Nan |
|---|---|---|---|---|---|

student2：

| 201363302 | Wang Wu | W | 20 | 77.5 | He Nan |
|---|---|---|---|---|---|

在定义了结构体变量后，系统会自动为之分配内存单元。根据结构体类型中包含的成员情况，在 Visual C++中占 53 字节（4+20+1+4+4+20）。

为了使用方便，可以用一个符号常量代表一个结构体类型。在程序开头使用#define STUDENT struct Student 声明，则在程序中，STUDENT 与 struct Student 完全等价。

2）在声明类型的同时定义变量

例如：

```
struct Student
{   int num;
    char name[20];
    char sex;
    int age;
    float score;
    char addr[20];
}student1,student2;
```

它的作用与第一种方法相同，在定义 struct Student 类型的同时定义两个 struct Student 类型的变量 student1、student2。这种定义方法的一般格式如下：

```
struct 结构体名
{
    成员表列
}变量名表列;
```

3）不指定类型名而直接定义结构体类型变量

其一般格式如下：

```
struct
{
    成员表列
}变量名表列;
```

第三种方法与第二种方法的区别在于第三种方法中省略了结构体名，直接给出了结构体变量。在这 3 种定义方法中，经常使用的是第一种方法。

【说明】

（1）结构体类型与结构体变量是不同的概念，不要混淆。只能对变量赋值、存取或运算，而不能对一个类型赋值、存取或运算。在编译时，对类型是不分配空间的，只对变量分配空间。

（2）结构体类型中的成员名可以与程序中的变量名相同，但两者不代表同一对象。

（3）结构体变量中的成员可以单独使用，它的作用与地位相当于普通变量。

3. 结构体变量的初始化

结构体类型与基本类型一样，可以先在定义结构体变量时指定初始值，再引用这个变量，如输出它的成员的值。

【例 7.1】把一名学生的信息（学号、姓名、性别、年龄、成绩、家庭地址）存放到一个结构体变量中，并输出这名学生的信息。

其程序代码如下：

```
#include <stdio.h>
main()
{
    struct Student
    {   int num;
        char name[20];
        char sex;
        int age;
        float score;
        char addr[20];
    }student1={201363301,"ZhangSan",'M',19,89,"HeNan"};
    printf("学号:%d\n 姓名：%s\n 性别：%c\n 年龄：%d\n 成绩：%f\n 家庭地
            址：%s\n",student1.num,student1.name,student1.sex,student
            1.age,student1.score,student1.addr);
}
```

其运行结果如图 7.2 所示。

图 7.2  例 7.1 程序的运行结果

在初始化时要注意，定义的变量后面使用等号，并将其初始化的值放在花括号中，每一个数据要与结构体的成员列表顺序一致。

允许对某一成员进行初始化。例如：

```
struct student2={.name="Wangwu"};  /*成员名前有成员运算符"."*/
```

".name" 隐含代表结构体变量 student2 中的成员 student2.name，其他未初始化的数值型成员被系统初始化为 0，字符型成员被系统初始化为'\0'，指针型成员被系统初始化为 NULL。

4. 结构体变量的引用

（1）可以引用结构体变量中成员的值，引用方式如下：

    结构体变量名.成员名

例如，在例 7.1 中，student1.num 表示 student1 变量中的 num 成员，即 student1 的 num（学号）成员。

在程序中可以对变量的成员进行赋值。例如：

```
student1.num=201363301;
```

"."是成员运算符，它在所有的运算符中优先级最高，因此可以将 student1.num 当作一个整体，相当于一个变量。

只能对结构体变量中的各个成员进行输入和输出。下面的用法不正确。

```
printf("%d%s%c%d%f%s\n",student1);
```

（2）如果成员本身又属于一个结构体类型，则要使用若干个成员运算符一级一级地找到最低一级的成员，只能对最低级的成员进行赋值或存取。例如，上述结构体 struct Teacher 类型的成员中包含了另一个结构体 struct Date 类型的成员 birthday，则引用方式如下：

```
teacher1.birthday.year        /*结构体变量 teacher1 中的成员 birthday 中的
                                成员 year*/
```

（3）同类的结构体变量可以互相赋值。例如：

```
student2=student1;            /*student1 和 student2 为同类型的结构体变量*/
```

（4）结构体变量的成员可以进行各种运算。例如：

```
student1.score=student1.score+10;
student1.age++;
```

（5）可以引用结构体变量成员的地址，也可以引入结构体变量的地址。例如：

```
scanf("%d",&student1.num);   /*输入 student1.num 的值*/
printf("%d",&student1);      /*输出结构体变量 student1 的首地址*/
```

## 三、任务实施

任务要求用结构体来完成，也就是说，完成两名学生成绩比较大小功能需要定义包含学号、姓名和成绩成员的结构体。

其程序代码如下：

```
#include <stdio.h>
void main()
{
    struct Student
    {   int num;
        char name[20];
        float score;
    }student1,student2;
    scanf("%d%s%f",&student1.num,student1.name,&student1.score);
    scanf("%d%s%f",&student2.num,student2.name,&student2.score);
```

```
        printf("较高成绩是：\n");
        if(student1.score>student2.score)
            printf("学号:%d 姓名：%s 成绩：%f\n",
                    student1.num,student1.name,student1.score);
        else if(student1.score<student2.score)
            printf("学号:%d 姓名：%s 成绩：%f\n",
                    student2.num,student2.name,student2.score);
        else
        {   printf("学号:%d 姓名：%s 成绩：%f\n",
                    student1.num,student1.name,student1.score);
            printf("学号:%d 姓名：%s 成绩：%f\n",
                    student2.num,student2.name,student2.score); }
    }
```

其运行结果如图 7.3 所示。

图 7.3　使用结构体比较学生成绩的运行结果

使用 scanf()函数输入结构体变量时，必须分别输入成员的值，不能在 scanf()函数中使用结构体变量名将成员的值全部输入。成员 student1.num 和 student1.score 的前面都有地址符&，而 student1.name 前面没有&，这是由于 name 是数组名，本身代表地址，无须再加&。

根据 student1.score 与 student2.score 的比较结果而输出了不同的结果信息，可以发现结构体变量的好处：由于 student1 是一个组合项，其中存有关联的一组数据，student1.score 属于 student1 变量的一部分，因此如果确定了 student1.score 是成绩较高的，则输出 student1 的全部信息是轻而易举的，因为它们本身是互相关联的。如果使用普通变量，则难以方便地实现这一目的。

## 四、深入训练

在一个职工工资管理系统中，工资项目包括编号、姓名、基本工资、奖金、保险、实发工资。输入一个职工的前 5 项信息，计算并输出其实发工资。

其中，实发工资=基本工资+奖金-保险。

【算法分析】

（1）职工的工资项目被定义为结构类型。

（2）通过结构成员操作符"."对结构类型成员变量进行引用和赋值，通过计算公式完成程序的功能。

# 任务二　使用结构体数组统计不及格人数

【知识要点】使用结构体数组。

## 一、任务分析

本任务要求使用结构体数组计算学生的平均成绩和统计不及格人数。

（1）定义结构体数组 student，数组中有 5 个元素，并进行初始化赋值。

（2）在 main()函数中使用 for 语句逐个累加各元素的 score 成员值并将其存于 s 中，如 score 的值小于 60（不及格），则计数器 c 加 1，循环完毕后计算平均成绩，并输出全班的平均成绩及不及格人数。

## 二、必备知识与理论

数组的元素也可以是结构体类型的，故可以构成结构体数组。结构体数组的每一个元素都是具有相同结构类型的下标结构变量。在实际应用中，经常用结构体数组来表示具有相同数据结构的一个群体，如一个班的学生档案、一个车间职工的工资表等。

（1）定义结构体数组的一般格式如下：

```
struct 结构体名
{
    成员表列
}数组名[数组长度];
```

（2）先声明一个结构体类型（如 struct Person），再利用此类型定义结构体数组，格式如下：

```
结构体类型 数组名[数组长度];
```

例如：

```
struct Person
{  char name[20];
   int age; }
struct Person leader[3];
```

对结构体数组初始化的格式是在定义数组的后面加上"＝{初值表列};"。

例如：

```
struct Person leader[3]={"Li",20,"Zhang",30,"Wang",40};
```

【例 7.2】建立学生通信录。其程序代码如下：

```
#include <stdio.h>
#define NUM 3
struct mem
{
```

```
        char name[20];
        char phone[11];
    };
main()
{
    struct mem man[NUM];
    int i;
    for(i=0;i<NUM;i++)
    {
        printf("input name:\n");
        gets(man[i].name);
        printf("input phone:\n");
        gets(man[i].phone);
    }
    printf("name\t\t\tphone\n\n");
    for(i=0;i<NUM;i++)
        printf("%s\t\t\t%s\n",man[i].name,man[i].phone);
}
```

其运行结果如图 7.4 所示。

图 7.4　例 7.2 程序的运行结果

此程序中定义了一个结构 mem，它有两个成员——name 和 phone，用于表示姓名和电话号码；在主函数中定义 man 为具有 mem 类型的结构数组；在 for 语句中，先用 gets() 函数分别输入各个元素中两个成员的值，再在 for 语句中使用 printf() 函数输出各元素中两个成员的值。

**三、任务实施**

计算学生的平均成绩和统计不及格的人数。

（1）定义结构体数组 student，数组中有 5 个元素，并进行初始化赋值。

（2）在 main()函数中使用 for 语句逐个累加各元素的 score 成员值并将其存于 s 中，如 score 的值小于 60（不及格），则计数器 c 加 1，循环完毕后计算平均成绩，并输出全班的平均成绩及不及格人数。

其程序代码如下：

```c
#include <stdio.h>
struct stu
{
    int num;
    char*name;
    char sex;
    float score;
}student[5]={
        {101,"Li ping",'M',45},
        {102,"Zhang ping",'M',62.5},
        {103,"He fang",'F',92.5},
        {104,"Cheng ling",'F',87},
        {105,"Wang ming",'M',58},
      };
main()
{
    int i,c=0;
    float ave,s=0;
    for(i=0;i<5;i++)
    {
      s+=student[i].score;
      if(student[i].score<60) c+=1;
    }
    ave=s/5;
    printf("平均分=%f\n 不及格人数=%d\n",ave,c);
}
```

其运行结果如图 7.5 所示。

图 7.5    使用结构体数组计算学生的平均成绩和统计不及格人数的运行结果

## 四、深入训练

有 n 名学生的信息（包括学号、姓名、成绩），要求按照成绩的高低顺序输出各学生的信息。

【算法分析】

（1）用结构体数组存放 n 名学生的信息。

（2）采用选择法对各元素进行排序。

## 任务三　使用结构体指针求最高成绩

【知识要点】结构体指针。

### 一、任务分析

有 n 个结构体变量，内含学生学号、姓名和 3 门课程的成绩，要求输出平均成绩最高的学生的信息（利用结构体指针实现）。

（1）将 n 名学生的数据表示为结构体数组，按照功能函数化的思想，分别使用 3 个函数来实现不同的功能。

① 使用 input()函数输入数据和求各学生的平均成绩。

② 使用 max()函数查找平均成绩最高的学生。

③ 使用 print()函数输出成绩最高的学生的信息。

（2）在主函数中先后调用上述 3 个函数，使用指向结构体变量的指针作为实参得到结果。

### 二、必备知识与理论

1. 指向结构体变量的指针

一个指针变量用于指向一个结构体变量时，称为结构体指针变量。结构体指针变量中的值是所指向的结构体变量的首地址。通过结构体指针即可访问该结构体变量，这与数组指针和函数指针的情况是相同的。

结构体指针变量声明的一般格式如下：

```
struct 结构体名*结构体指针变量名;
```

例如，在前面的例子中定义了 Student 结构体，若要声明一个指向 Student 的指针变量 pstu，则可写为

```
struct Student*pstu;
```

当然，也可在定义 Student 结构体时声明 pstu。与前面讨论的各类指针变量相同，结构体指针变量也必须先赋值后使用。

赋值是把结构体变量的首地址赋予该指针变量，不能把结构体名赋予该指针变量。如果 student1 被声明为 Student 类型的结构体变量，则

```
pstu=&student1;
```

是正确的，而

```
pstu=&Student;
```

是错误的。

结构体名和结构体指针变量是两个不同的概念，不能混淆。结构体名只能表示一个结构形式，编译系统并不为它分配内存空间。只有当某变量被声明为这种类型的结构时，才能对该变量分配存储空间。因此，&Student 这种写法是错误的，不可能去取一个结构体名的首地址。有了结构体指针变量，就能更方便地访问结构体变量的各个成员。

其访问的一般格式如下：

```
(*结构体指针变量).成员名
```

或者

```
结构体指针变量->成员名
```

例如：

```
(*pstu).num
```

或者

```
pstu->num
```

**注　意**

(*pstu)两边的括号不可少，因为成员符 "." 的优先级高于 "*"。若删除括号写作*pstu.num，则等效于*(pstu.num)，其意义就完全不同了。

下面通过例子来说明结构体指针变量的具体声明和使用方法。

【例7.3】通过指向结构体变量的指针变量输出结构体变量中成员的信息。其程序代码如下：

```c
#include <stdio.h>
struct stu
{   int num;
    char*name;
    char sex;
    float score;
}   boy1={102,"Zhang ping",'M',78.5},*pstu;
main()
{
    pstu=&boy1;
    printf("Number=%d\nName=%s\n",boy1.num,boy1.name);
    printf("Sex=%c\nScore=%f\n\n",boy1.sex,boy1.score);
    printf("Number=%d\nName=%s\n",(*pstu).num,(*pstu).name);
    printf("Sex=%c\nScore=%f\n\n",(*pstu).sex,(*pstu).score);
    printf("Number=%d\nName=%s\n",pstu->num,pstu->name);
    printf("Sex=%c\nScore=%f\n\n",pstu->sex,pstu->score);
}
```

其运行结果如图 7.6 所示。

图 7.6　例 7.3 程序的运行结果

2. 指向结构体数组的指针

结构体指针变量不仅可以指向一个结构体变量，还可以指向结构体数组，此时指针变量的值就是结构体数组的首地址。

结构体指针变量也可以指向结构体数组中的元素，此时指针变量的值就是该结构体数组元素的首地址。例如，定义一个结构体数组 student[5]，使用结构体指针指向该数组，其语句如下：

```
struct Student*pstu;
pstu=student;
```

> **注 意**
>
> 由于数组不使用下标时表示数组的第一个元素的地址，因此指针指向数组的首地址。如果想利用指针指向第 5 个元素，则在数组名后附加下标，并在数组名前使用取地址符号&。例如：
>
> ```
> pstu=&student[4];
> ```

【例 7.4】使用结构体指针变量指向结构体数组。其程序代码如下：

```
#include <stdio.h>
struct stu
{
    int num;
    char*name;
    char sex;
    float score;
```

```
        }student[5]={
                    {101,"Li ping",'M',45},
                    {102,"Zhang ping",'M',62.5},
                    {103,"He fang",'F',92.5},
                    {104,"Cheng ling",'F',87},
                    {105,"Wang ming",'M',58},
            };
main()
{   int i;
    struct stu *pstu;
    pstu=student;
    for(i=0;i<5;i++,pstu++)
    {   printf("Number=%d\nName=%s\nSex=%c\nScore=%f\n",pstu->num,
                pstu->name,pstu->sex,pstu->score);
    }
}
```

其运行结果如图 7.7 所示。

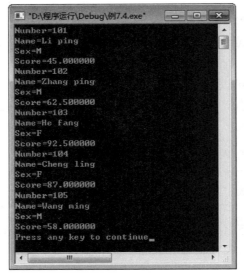

图 7.7　例 7.4 程序的运行结果

利用 for 语句对数组进行循环操作。在循环语句中，pstu 刚开始指向数组的首地址，即第一个元素的地址，因此使用 pstu->引用的是第一个元素的成员。当第一次循环结束之后，循环变量进行自加操作，同时 pstu 执行自加操作。

注　意

pstu++表示 pstu 的增加值为一个数组元素的大小，即 pstu 表示的是数组元素中的第二个元素 student[1]。

3. 结构体作为函数参数

函数是有参数的，结构体变量的值可以作为一个函数的参数，使用结构体作为函数的参数有 3 种形式：使用结构体变量作为函数的参数，使用结构体变量的成员作为函数的参数，使用指向结构体变量的指针作为函数的参数。

【例 7.5】使用结构体变量作为函数的参数。其程序代码如下：

```c
#include <stdio.h>
struct stu
{
    int num;
    char *name;
    float score[3];
}student={101,"Li ping",78,89,96};
void display(struct stu student)
{
    printf("Number=%d\nName=%s\nScore[0]=%.2f\nScore[1]=%.2f\n
            Score[2]=%.2f\n",student.num,student.name,
            student.score[0],student.score[1], student.score[2]);
}
main()
{
    display(student);
}
```

其运行结果如图 7.8 所示。

图 7.8　例 7.5 程序的运行结果

使用结构体变量作为函数的实参时，采取的是"值传递"，会将结构体变量所占内存单元的内容全部顺序传递给形参，形参也必须是同类型的结构体变量。而当成员为数组时，将会使传递的时间和空间开销很大，严重降低了程序的效率。因此，最好的办法是使用指针，即用指针变量作为函数参数进行传送。此时，由实参传向形参的只是地址，从而减少了时间和空间的开销。

【例 7.6】使用结构体变量指针作为函数的参数。

此例对例 7.5 做了一些小的改动，使用结构体变量的指针作为函数的参数，并在参数中改动结构体成员的数据。其程序代码如下：

```
#include <stdio.h>
struct stu
{
    int num;
    char*name;
    float score[3];
}student={101,"Li ping",78,89,96};
void display(struct stu*pstudent)
{
    printf("Number=%d\nName=%s\nScore[0]=%.2f\nScore[1]=%.2f\n
        Score[2]=%.2f\n",pstudent->num,pstudent->name,
        pstudent->score[0],pstudent->score[1],pstudent->score[2]);
    pstudent->score[1]=57;
}
main()
{   struct stu*pstu;
    pstu=&student;
    display(pstu);
    printf("修改后成绩\nscore[1]=%.2f\n",pstu->score[1]);
}
```

其运行结果如图 7.9 所示。

图 7.9　例 7.6 程序的运行结果

在主函数中，定义了结构体变量指针，并将结构体变量的地址传递给指针，将指针作为函数的参数进行传递。函数调用完成后，再显示一次变量中的成员数据。此例中函数的参数是结构体变量的指针，在函数体中要使用指向运算符"->"引用成员的数据。

注　意

　　由于传递的是变量的地址，如果在函数中改变成员中的数据，那么返回函数时变量会发生改变。

三、任务实施

（1）将 n 名学生的数据表示为结构体数组，按照功能函数化的思想，分别用 3 个函数来实现不同的功能。

① 使用 input()函数输入数据和求每名学生的平均成绩。

② 使用 max()函数找平均成绩最高的学生。

③ 使用 print()函数输出成绩最高的学生的信息。

（2）在主函数中先后调用上述 3 个函数，使用指向结构体变量的指针作为实参得到结果。

其程序代码如下：

```
#include <stdio.h>
#define N 3
struct Student
{
    int num;
    char name[20];
    float score[3];
    float aver;
};
void main()
{
    void input(struct Student stu[]);
    struct Student max(struct Student stu[]);
    void print(struct Student stu);
    struct Student stu[N],*p=stu;
    input(p);
    print(max(p));
}
void input(struct Student stu[])
{
    int i;
    printf("录入学生的学号、姓名、三门课程的成绩\n");
    for(i=0;i<N;i++)
    {
        scanf("%d %s %f %f %f",&stu[i].num,stu[i].name, &stu[i].
            score[0],&stu[i].score[1],&stu[i].score[2]);
        stu[i].aver=(stu[i].score[0]+stu[i].score[1]+stu[i]. score[2])/3;
    }
}

    struct Student max(struct Student stu[])
{
    int i,m=0;
    for(i=0;i<N;i++)
        if(stu[i].aver>stu[m].aver) m=i;
    return stu[m];
}
```

```
void print(struct Student stud)
{
    printf("\n 成绩最高的学生是:\n");
    printf("学号：%d\n 姓名：%s\n3 门课程的成绩：%5.1f,%5.1f,%5.1f\n 平均成
            绩：%6.2f\n",stud.num,stud.name,stud.score[0],stud.score[1],
            stud.score[2],stud.aver);
}
```

其运行结果如图 7.10 所示。

图 7.10　使用结构体指针求最高成绩的运行结果

【程序说明】

（1）调用 input()函数时，实参是指针变量 p，形参是结构体数组，传递的是结构体元素地址，函数无返回值。

（2）调用 max()函数时，实参是指针变量 p，形参是结构体数组，传递的是结构体元素的地址，函数的返回值是结构体类型数据。

（3）调用 print()函数时，实参是结构体变量，形参是结构体变量，传递的是结构体变量中各成员的值，函数无返回值。

## 四、深入训练

（1）有 3 个候选人，每个选民只能投票选择一人，要求编写一个统计选票的程序，先后输入被选人的名字，最后输出各人的得票结果（利用结构体实现）。

【算法分析】

设计一个结构体数组，数组中包含 3 个元素，每个元素中的信息应包括候选人的姓名、得票数。录入被选人的姓名，与数组元素中的"姓名"成员相比较，如果相同，则为这个元素中的"得票数"成员的值加 1，最后输出所有元素的信息。

（2）输入 10 名学生的学号、姓名和成绩，输出学生的成绩等级和不及格的人数。要求用结构体指针变量作为函数参数。

【算法分析】

① 设计一个结构体，包含学生的信息（学号、姓名、成绩及成绩等级）。

② 定义求成绩等级函数，其形参为结构指针变量，在函数中完成成绩等级分类和

统计不及格人数的工作并输出结果。

③ 学生等级：A——85～100；B——70～84；C——60～69；D——0～59。

# 任务四　利用链表录入及输出学生信息

【知识要点】链表。

## 一、任务分析

本任务要求利用链表录入及输出学生的信息。

（1）声明一个结构体类型，其成员包括 num（学号）、score（成绩）、next（指针变量）。

（2）将第 1 个结点的起始地址赋给头指针 head，将第 2 个结点的起始地址赋给第 1 个结点的 next 成员，将第 3 个成员的起始地址赋给第 2 个结点的 next 成员，以此类推，将最后一个结点的 next 成员赋值为 NULL，形成链表。

（3）从头指针开始，设一个指针变量 p，先指向第 1 个结点，输出 p 所指的结点，使 p 后移一个结点，再输出结果，直至链表的尾结点。

## 二、必备知识与理论

### 1. 链表的概念

链表是一种常见的重要的数据结构，它是动态进行存储单元分配的一种结构。每次可分配一块空间用于存放一名学生的数据，称为一个结点。有多少名学生就应该申请分配多少块内存空间，即建立多少个结点。当然，使用结构体数组也可以完成上述工作，但如果预先不能准确把握学生人数，就无法确定数组大小，当学生留级、退学之后，也不能把该元素占用的空间从数组中释放出来。

用动态存储的方法可以很好地解决这些问题。有一名学生就分配一个结点，无须预先确定学生的准确人数，某学生退学后，可删去该结点，并释放该结点占用的存储空间，从而节约宝贵的内存资源。此外，使用数组的方法必须占用一块连续的内存区域，而使用动态存储方法时，每个结点之间可以是不连续的（结点内是连续的）。结点之间的联系可以用指针实现，即在结点结构中定义一个成员项用于存放下一个结点的首地址，该成员常称为指针域。

可在第 1 个结点的指针域内存入第 2 个结点的首地址，在第 2 个结点的指针域内存放第 3 个结点的首地址，如此下去直到最后一个结点。最后一个结点因无后续结点连接，其指针域可赋值为 0。这种连接方式在数据结构中被称为"链表"。

简单链表如图 7.11 所示。图中，第 0 个结点称为头结点，存放了第 1 个结点的首地址，它没有数据，只是一个指针变量。以后每个结点都分为两个域：一个是数据域，用于存放各种实际的数据，如 num、name、sex 和 score 等；另一个域为指针域，用于存放下一个结点的首地址。链表中的结点都是同一种结构类型。

图 7.11　简单链表

例如，一个存放学生学号和成绩的结点应为以下结构。

```
struct stu
{ int num;
  int score;
  struct stu*next;
};
```

**2．建立动态链表及输出（主要针对单向链表）**

建立单向链表的主要步骤如下：

（1）读取数据。

（2）生成新结点。

（3）将数据存入结点的成员变量。

（4）将新结点插入链表，重复上述操作，直至输入结束。

在实际编程中，往往会发生这种情况：所需的内存空间取决于实际输入的数据，而无法预先确定。对于这种情况，使用数组的办法很难解决。为了解决上述问题，C 语言提供了一些内存管理函数，这些内存管理函数可以按照需要动态地分配内存空间，也可把不再使用的空间回收待用，为有效地利用内存资源提供了手段。

C 语言的头文件 stdlib.h 中提供的内存管理函数如下。

1）分配内存空间函数 malloc()

其调用格式如下：

```
(类型声明符*) malloc (size);
```

作用如下：在内存的动态存储区中分配一块长度为 size 个字节的连续区域。函数的返回值为该区域的首地址。类型声明符表示把该区域用于何种数据类型。(类型声明符*)表示把返回值强制转换为该类型的指针。size 是一个无符号数。

例如：

```
pc=(char*)malloc(100);
```

表示分配 100 字节的内存空间，并强制转换为字符数组类型，函数的返回值为指向该字符数组的指针，把该指针赋予指针变量 pc。

2）释放内存空间函数 free()

其调用格式如下：

```
free(void*ptr);
```

作用如下：释放 ptr 所指向的一块内存空间，ptr 是一个任意类型的指针变量，它指向被释放区域的首地址。被释放区应是由 malloc()函数所分配的区域。

【例 7.7】建立和输出单向动态链表。

编写函数 creatlist()，建立带有头结点的单向链表。结点数据域中的数值从键盘上输入，以-1 作为输入结束标志。链表的头结点的地址由函数值返回。

编写函数 print()，利用工具指针 p 从头到尾依次指向链表的每个结点，当指向某个结点时，输出该结点的内容，直至遇到链表结束标志为止。

其程序代码如下：

```c
#include <stdio.h>
#include <stdlib.h>
struct node
{
    int data;
    struct node*next;
};
struct node*creatlist()
{
    int i;
    struct node*begin,*end,*current;
    begin=(struct node*)malloc (sizeof(struct node));
    end=begin;
    scanf("%d",&i);
    while(i!=-1)
    {
        current=(struct node*)malloc (sizeof(struct node));
        current->data=i;
        end->next=current;
        end=current;
        scanf("%d",&i);
    }
    end->next='\0';
    return begin;
}
void print(struct node*head)
{
    struct node*p;
    p=head->next;
    if(p=='\0')
        printf("Linklist is null\n");
    else
    {
        printf("head");
        do
        {
            printf("->%d",p->data);
            p=p->next;
```

```
        }while(p!='\0');
    }
    printf("->end\n");
}
void main()
{
    struct node*head;
    head=creatlist();
    print(head);
}
```

其运行结果如图 7.12 所示。

图 7.12 例 7.7 程序的运行结果

## 三、任务实施

（1）声明一个结构体类型，其成员包括 num（学号）、score（成绩）、next（指针变量）。

（2）将第 1 个结点的起始地址赋给头指针 head，将第 2 个结点的起始地址赋给第 1 个结点的 next 成员，将第 3 个成员的起始地址赋给第 2 个结点的 next 成员，以此类推，将最后一个结点的 next 成员赋值为 NULL，形成链表。

（3）从头指针开始，设一个指针变量 p，先指向第 1 个结点，输出 p 所指向的结点，使 p 后移一个结点，再输出结果，直至链表的尾结点。

其程序代码如下：

```
#include<stdio.h>
#include<stdlib.h>
#define LEN sizeof(struct Student)
struct Student
{
    long num;
    float score;
    struct Student*next;
};
int n;
struct Student*creat()
{
    struct Student*head;
    struct Student*p1,*p2;
    n=0;
    p1=p2=(struct Student*)malloc(LEN);
```

```
        scanf("%ld,%f",&p1->num,&p1->score);
        head=NULL;
        while(p1->num!=0)
        {
            n++;
            if(n==1)  head=p1;
            else p2->next=p1;
            p2=p1;
            p1=(struct Student*)malloc(LEN);
            scanf("%ld,%f",&p1->num,&p1->score);
        }
        p2->next=NULL;
        return(head);
}
void print(struct Student*head)
{
        struct Student*p;
        printf("\nNow,These %d records are:\n",n);
        p=head;
        if(head!=NULL)
            do
            {
                printf("%ld %5.1f\n",p->num,p->score);
                p=p->next;
            }while(p!=NULL);
}
void main()
{
        struct Student*head;
        head=creat();
        print(head);
}
```

其运行结果如图 7.13 所示。

图 7.13　利用链表录入及输出学生信息的运行结果

## 四、深入训练

对链表中的 name（姓名）进行查找。

【算法分析】

（1）声明一个结构体类型，其成员主要由 name（姓名）和 next（指针变量）组成，使其形成链表。

（2）对单链表的结点依次进行扫描，检测其数据域是否为所要查找的值，若是，则返回该结点的指针，否则返回 NULL。

## 任务五　利用共用体处理学生和教师信息

【知识要点】共用体。

## 一、任务分析

本任务要求使用共用体处理学生和教师信息。

学生信息包括姓名、号码、性别、职业、班级。

教师信息包括姓名、号码、性别、职业、职务。

可以看出，学生和教师的信息项目大多数是相同的，只有一项是不同的，要求把它们放在同一表格中，显然可以采用共用体来处理不同项，即将班级和职务放在同一段存储单元中。

## 二、必备知识与理论

共用体看起来很像结构体，只不过关键字由 struct 变成了 union。

### 1. 共用体的概念

共用体也称为联合体，是使几个不同的变量共占同一段内存的结构。因此，共用体在同一时刻只能有一个值，它属于某一个数据成员，因为所有成员位于同一块内存，所以共用体的大小等于最大成员的大小。

共用体类型变量定义的一般格式如下：

```
union  共用体名
{
    成员表列
} 变量表列;
```

例如：

```
union data
{
    int i;
```

```
    char ch;
    float f;
}a,b,c;
```

也可以将类型声明与变量定义分开。例如：

```
union data
{
    int i;
    char ch;
    float f;
};
union data a,b,c;
```

或者直接定义共用体变量。例如：

```
union
{
    int i;
    char ch;
    float f;
}a,b,c;
```

结构体变量所占内存长度是各成员占的内存长度之和，每个成员分别占有自己的内存单元，而共用体变量所占的内存长度等于最长的成员的长度。例如，上面定义的共用体变量 a、b、c 各占 4 字节（因为一个 float 型变量占 4 字节），而不是 4+1+4=9 字节。

2．共用体变量的引用

共用体变量也是先定义后引用，且不能引用共用体变量，而只能引用共用体变量中的成员。例如，上面定义了 a、b、c 为共用体变量，下面的引用方式是正确的：

```
a.i            /*引用共用体变量中的整型变量 i*/
a.ch           /*引用共用体变量中的字符变量 ch*/
a.f            /*引用共用体变量中的实型变量 f*/
```

不能只引用共用体变量，如下面的语句是错误的：

```
printf("%f",a);
```

因为 a 的存储区可以按照不同的类型存放数据，有不同的长度，仅写共用体变量名 a，系统无法知道究竟应输出哪一个成员的值。

【例 7.8】引用共用体变量。

其程序代码如下：

```
#include <stdio.h>
union Demo
{
    char a;
```

```
        int b;
        int c;
    };
    main()
    {
        union Demo d;
        d.a = 'H';
        d.b = 63;
        d.c = 97;
        printf("size: %d\n", sizeof(d));
        printf("%c\t%d\t%d\n", d.a, d.b, d.c);
    }
```

其运行结果如图 7.14 所示。

图 7.14　例 7.8 程序的运行结果

【程序说明】

共用体变量中起作用的成员是最后一次被赋值的成员，在对共用体变量中的一个成员赋值后，原有变量存储单元中的值会被取代。例 7.8 中，d.a、d.b、d.c 先后被赋值，那么最终起作用的是最后被赋值的 d.c＝97，原来的'H'和 63 都被覆盖了，对 d.a 按照"%c"输出，97 是字符"a"的 ASCII 值，因此输出字符'a'。

3．共用体类型数据的特点

（1）同一个内存段可以用于存放几种不同类型的成员，但在每一瞬间只能存放其中一种，而不是同时存放几种。

（2）共用体变量中起作用的成员是最后一次存放的成员，在存入一个新的成员后，原有的成员就失去作用。

（3）共用体变量的地址和其成员使用同一个地址。

（4）不能对共用体变量名赋值，也不能企图引用变量名来得到一个值，不能在定义共用体变量时对它进行初始化。

（5）不能把共用体变量作为函数参数，也不能使函数带回共用体变量，但可以使用指向共用体变量的指针。

（6）共用体类型可以出现在结构体类型定义中，也可以定义共用体数组。反之，结构体可以出现在共用体类型定义中，数组可以作为共用体的成员。

## 三、任务实施

先录入前 4 项数据，再用 if 语句检查录入的职业（job），如果是'S'，则表示是学生，第 5 项应输入一个班级号，用输入格式符"%d"把一个整数送到共用体数据元素的成员 category.clas 中，如果是'T'，则表示是教师，输入第 5 项时使用输入格式符"%s"把一个字符串（职位）送到共用体数组元素的成员 category.position 中。处理后，结构体数组元素 person[0]的共用体成员 category 的存储空间中存放的是整数，而 person[1]的共用体成员 category 的存储空间中存放的是字符串。

其程序代码如下：

```c
#include <stdio.h>
struct
{
    int num;
    char name[10];
    char sex;
    char job;
    union
    {
        int clas;
        char position[10];
    }category;
}person[2];
void main()
{   int i;
    for(i=0;i<2;i++)
    {
        printf("请录入人员信息:\n");
        scanf("%d %s %c %c",&person[i].num,&person[i].name,
            &person[i].sex, &person[i].job);
        if(person[i].job == 'S')
            scanf("%d", &person[i].category.clas);
        else if(person[i].job == 'T')
            scanf("%s", person[i].category.position);
        else
            printf("Input error!");
    }
    printf("\n");
    printf("No.   name     sex job class/position\n");
    for(i=0;i<2;i++)
    {
        if (person[i].job == 'S')
            printf("%-6d%--10s%-5c%-5c%-6d\n",person[i].num,
                    person[i].name, person[i].sex, person[i].job,
                    person[i].category.clas);
```

```
        else
            printf("%-6d%-10s%-5c%-5c%-6s\n",person[i].num,person[i].
                name, person[i].sex, person[i].job, person[i].
                category.position);
    }
}
```

其运行结果如图 7.15 所示。

图 7.15  利用共用体处理学生和教师信息的运行结果

**注 意**

此程序的代码中班级成员定义为 clas（class 是 C++ 的关键字，故这里未使用 class 表示班级）。

### 四、深入训练

利用共用体设计企业职工婚姻状况管理系统。

【算法分析】

（1）涉及某个人的婚姻状况时，一般有 3 种可能——未婚 0、已婚 1、离婚 2。任何一个人在同一时间只能处于某一种状态。如果是已婚，则需要了解其结婚日期、配偶姓名、子女数；如果是离婚，则需了解其离婚日期、子女数。

（2）职工个人信息如图 7.16 所示。

| 姓名 | 性别 | 年龄 | 婚姻状况 | | | | | | 婚姻状况标记 |
|------|------|------|----------|------|------|------|------|------|----------|
| | | | 未婚 | 已婚 | | | 离婚 | | |
| | | | | 结婚日期 | 配偶姓名 | 子女数量 | 离婚日期 | 子女数量 | |

图 7.16  职工个人信息

## 任务六  利用枚举类型模拟机器人控制系统指令

【知识要点】枚举类型。

### 一、任务分析

本任务要求利用枚举类型模拟机器人控制系统的指令，并控制机器人在平面内的移动。

机器人在移动过程中，可以接收上、下、前、后、左、右指令，利用枚举类型enum Direction{up,down,forward,back,left,right}定义机器人可以处理的指令集合。函数int move(enum Direction command,int*px,int*py)描述了翻译与执行系统，从而实现机器人根据控制指令的移动。

### 二、必备知识与理论

在实际问题中，有些变量的取值被限定在一个有限的范围内。例如，一个星期只有 7 天，一年只有 12 个月，一个班每周有 6 门课程等。如果把这些变量声明为整型、字符型或其他类型，则显然是不妥的。为此，C 语言提供了一种称为"枚举"的类型。在枚举类型的定义中列举了所有可能的取值，该枚举类型的变量取值不能超过定义的范围。应该说明的是，枚举类型是一种基本数据类型，而不是一种构造类型，因为它不能再分解为任何基本类型。

1. 枚举类型的定义

枚举类型定义的一般格式如下：

```
enum 枚举名{ 枚举值表 };
```

在枚举值表中应罗列出所有可用值，这些值也称为枚举元素。
例如：

```
enum weekday{sun,mon,tue,wed,thu,fri,sat};
```

该枚举名为 weekday，枚举值共有 7 个，即一周中的 7 天。凡被声明为 weekday 类型的变量取值只能是 7 天中的某一天。

2. 枚举变量的声明

如同结构体和共用体一样，枚举变量也可用不同的方式声明，即先定义后声明、同时定义及声明或直接声明。

设有变量 a、b、c 被声明为上述的 weekday，可采用下述任一种方式实现：

```
enum weekday{ sun,mon,tue,wed,thu,fri,sat };
```

```
enum weekday a,b,c;
```

或者

```
enum weekday{ sun,mon,tue,wed,thu,fri,sat }a,b,c;
```

或者

```
enum { sun,mon,tue,wed,thu,fri,sat }a,b,c;
```

3. 枚举类型的引用

枚举类型在使用中有以下规定：枚举值是常量，不是变量；不能在程序中用赋值语句对它进行赋值。

例如：对枚举 weekday 的元素再作以下赋值是错误的。

```
sun=5;
mon=2;
sun=mon;
```

枚举元素本身由系统定义了一个表示序号的数值，从 0 开始顺序定义为 0、1、2 等。例如，在 weekday 中，sun 值为 0、mon 值为 1、…、sat 值为 6。

【例 7.9】枚举元素的序号数值。

其程序代码如下：

```
main()
{
    enum weekday
    { sun,mon,tue,wed,thu,fri,sat } a,b,c;
    a=sun;
    b=mon;
    c=tue;
    printf("%d,%d,%d\n",a,b,c);
}
```

其运行结果如图 7.17 所示。

图 7.17 例 7.9 程序的运行结果

【程序说明】

只能把枚举值赋予枚举变量，不能把元素的数值直接赋予枚举变量。

例如：

```
a=sum;
b=mon;
```

是正确的。而

```
a=0;
b=1;
```

是错误的。若一定要把数值赋予枚举变量，则必须使用强制类型转换。

例如：

```
a=(enum weekday)2;
```

其意义是将顺序号为 2 的枚举元素赋予枚举变量 a，相当于

```
a=tue;
```

这里还应该说明的是枚举元素不是字符常量也不是字符串常量，使用时不要加单、双引号。

也可以人为地指定枚举元素的数值，在定义枚举类型时显式地指定。例如：

```
enum weekday{ sun=7,mon=1,tue,wed,thu,fri,sat }workday,week_end;
```

其指定枚举常量 sun 的值为 7、mon 的值为 1，以后顺序加 1，sat 为 6。

【例 7.10】循环显示枚举类型。其程序代码如下：

```
#include <stdio.h>
void main()
{
    enum body{a,b,c,d} month[29];
    int i,j;
    j=0;
    for(i=1;i<=28;i++){
        month[i]=(enum body)j;
        j++;
        if (j>d) j=0;
    }
    for(i=1;i<=28;i++){
        switch(month[i])
        {
            case a:printf(" %2d  %c\t",i,'a'); break;
            case b:printf(" %2d  %c\t",i,'b'); break;
            case c:printf(" %2d  %c\t",i,'c'); break;
            case d:printf(" %2d  %c\t",i,'d'); break;
            default:break;
        }
        if(i%4==0)  printf("\n");
    }
    printf("\n");
}
```

其运行结果如图 7.18 所示。

图 7.18　例 7.10 程序的运行结果

#### 4. 类型定义符 typedef

C 语言不仅提供了丰富的数据类型，还允许由用户自定义类型声明符，即允许由用户为数据类型取"别名"。类型定义符 typedef 即可用于完成此功能。例如，有整型量 a、b，其声明如下：

```
int a,b;
```

其中，int 是整型变量的类型声明符。int 的完整写法为 integer，为了增加程序的可读性，可将整型声明符以 typedef 定义为

```
typedef int INTEGER
```

此后即可用 INTEGER 来代替 int 做整型变量的类型声明。例如：

```
INTEGER a,b;
```

等效于

```
int a,b;
```

使用 typedef 定义数组、指针、结构等类型将带来很大的方便，不仅能使程序书写简单，还能使意义更为明确，因而增强了可读性。例如：

```
typedef char NAME[20];
```

表示 NAME 是字符数组类型，数组长度为 20，即可用 NAME 声明变量。例如：

```
NAME a1,a2,s1,s2;
```

完全等效于

```
char a1[20],a2[20],s1[20],s2[20]
```

又如：

```
typedef struct stu
{ char name[20];
  int age;
  char sex;
}STU;
```

定义 STU 表示 stu 的结构类型，即可用 STU 来声明结构变量。例如：

```
STU body1,body2;
```

**typedef** 定义的一般格式如下：

```
typedef 原类型名  新类型名
```

其中，原类型名中含有定义部分，新类型名一般用大写字母表示，以便于区分。

### 三、任务实施

机器人在移动过程中，可以接收上、下、前、后、左、右指令，利用枚举类型 enum Direction{up,down,forward,back,left,right} 定义机器人可以处理的指令集合。函数 int move (enum Direction command,int*px,int*py)描述了翻译与执行系统，从而实现机器人根据控制指令的移动。

其程序代码如下：

```c
#include <stdio.h>
enum Direction{up,down,forward,back,left,right};
void main()
{
    enum Direction commands[10]={forward,right,forward,right,forward,
                                 right,forward,right,forward,right};
    int move(enum Direction command,int*px,int*py);
    int x=0,y=0;
    int i=0;
    for (i=0;i<10;i++)
    {
        move(commands[i],&x,&y);
        printf("Position[%d] is (%d,%d)\n",i+1,x,y);
    }
}
int move(enum Direction command,int*px,int*py)
{
    int nRet=1;
    static int x=0,y=0;
    switch(command)
    {
    case left:
        x-=1; break;
    case right:
        x+=1; break;
    case forward:
        y+=1; break;
    case back:
        y-=1; break;
```

```
    default:
        nRet=0; break;
    }
    *px=x;
    *py=y;
    return nRet;
}
```

其运行结果如图 7.19 所示。

图 7.19　利用枚举类型模拟机器人控制系统指令的运行结果

### 四、深入训练

口袋中有红、黄、蓝、白、黑 5 种颜色的球若干个，每次从口袋中先后取出 3 个球，问得到 3 种不同颜色的球的可能取法，输出每种排列的情况。

【算法分析】

球只能是 5 种颜色之一，而且要判断各球是否同色，可以用枚举类型变量进行处理。设某次取出的 3 个球的颜色分别为 i、j、k。根据题意，i、j、k 分别是 5 种球色之一，并要求 3 个球的颜色各不相同，即 i≠j、i≠k、j≠k。可以用穷举法，即将每一种组合都试一下，若符合条件，则输出 i、j、k。

## 项目实训

### 一、实训目的

1．掌握结构体的定义、初始化和引用。
2．掌握结构体数组的定义。
3．掌握结构体变量的指针、结构体数组的指针、结构体作为函数参数的方法。
4．掌握链表的使用。
5．掌握共用体变量的定义、引用及特点。

6. 了解枚举类型的定义、声明和引用。

## 二、实训任务

1. 在一个职工工资管理系统中，工资项目包括编号、姓名、基本工资、奖金、保险、实发工资。输入一个职工的前 5 项信息，计算并输出其实发工资。

其中，实发工资=基本工资+奖金-保险。

【算法分析】

（1）职工的工资项目被定义为结构类型。

（2）通过结构成员操作符 "." 对结构类型成员变量进行引用和赋值，通过计算公式完成程序的功能。

其程序代码如下：

```c
#include <stdio.h>
/*员工的信息*/
struct employee
{
    int num;
    char name[20];
    float jbgz;          /*基本工资*/
    float jj;            /*奖金*/
    float bx;            /*保险*/
    float sfgz;          /*实发工资*/
};
main()
{
    int i,n;
    struct employee e;
    printf("请输入职工的编号及姓名：\n");
    scanf("%d%s",&e.num,e.name);
    printf("请输入职工的基本工资、奖金及保险：\n");
    scanf("%f%f%f",&e.jbgz,&e.jj,&e.bx);
    e.sfgz=e.jbgz+e.jj-e.bx;
    printf("编号：%d\n 姓名：%s\n 实发工资：%.2f\n",e.num,e.name,e.sfgz);
}
```

2. 有 n 名学生的信息（包括学号、姓名、成绩），要求按照成绩的高低顺序输出每名学生的信息。

【算法分析】

（1）用结构体数组存放 n 名学生的信息。

（2）采用选择排序法对各元素进行排序。

其程序代码如下：

```c
#include <stdio.h>
#define N 10
```

```
struct student
{
    char num[10];
    char name[20];
    int score;
};
struct student stu[N];
main()
{
    int i,j,index;
    struct student temp;
    for(i=0;i<N;i++)
    {
        printf("输入第%d名学生的信息:\n",i+1);
        scanf("%s%s%d",stu[i].num,stu[i].name,&stu[i].score);
    }
    /*使用选择排序法从高到低排列学生的成绩*/
    for(i=0;i<N;i++)
    {
        index=i;
        for(j=i+1;j<N;j++)
            if(stu[j].score>stu[index].score)
                index=j;
            temp=stu[index];stu[index]=stu[i];stu[i]=temp;
    }
    printf("学号\t姓名\t成绩\n");
    for(i=0;i<N;i++)
    {
        printf("%s\t%s\t%d",stu[i].num,stu[i].name,stu[i].score);
        printf("\n");
    }
}
```

3. 有 3 个候选人，每个选民只能投票选择一人，要求编写一个统计选票的程序，先后输入被选人的姓名，最后输出各人得票结果（利用结构体实现）。

【算法分析】

设计一个结构体数组，数组中包含 3 个元素，每个元素中的信息应包括候选人的姓名、得票数。录入被选人的姓名，并与数组元素中的"姓名"成员相比较，如果相同，则给这个元素中的"得票数"成员的值加 1，最后输出所有元素的信息。

其程序代码如下：

```
#include <string.h>
#include <stdio.h>
struct Person
{
```

```
        char name[20];
        int count;
}leader[3]={"Zhang",0,"Wang",0,"Li",0};
main()
{
        int i,j;
        char leader_name[20];
        for(i=1;i<=10;i++)
        {
                scanf("%s",leader_name);
                for(j=0;j<3;j++)
                        if(strcmp(leader_name,leader[j].name)==0)
                                leader[j].count++;
        }
        printf("\n 结果: \n");
        for(i=0;i<3;i++)
                printf("%s:%d\n",leader[i].name,leader[i].count);
}
```

4. 输入 10 名学生的学号、姓名和成绩，输出学生的成绩等级和不及格的人数。使用结构指针变量作为函数参数进行编程。

【算法分析】

（1）设计一个结构体，包含学生的信息（学号、姓名、成绩及成绩等级）。

（2）定义求成绩等级函数，其形参为结构体指针变量，在函数中完成成绩等级分类和统计不及格人数的工作并输出结果。

（3）学生等级。A——85～100；B——70～84；C——60～69；D——0～59。

其程序代码如下：

```
#include <stdio.h>
#define N 2
struct student
{
        char num[10];
        char name[20];
        int score;
        char grade;
};
struct student stu[N];
main()
{
        int set_grade(struct student*p);
        struct student stu[N],*ptr;
        int i,count;
        ptr=stu;
        for(i=0;i<N;i++)
```

```
    {
        printf("输入第%d名学生的信息:\n",i+1);
        scanf("%s%s%d",stu[i].num,stu[i].name,&stu[i].score);
    }
    count=set_grade(ptr);
    printf("学号\t姓名\t成绩\t等级\n");
    for(i=0;i<N;i++)
    {
        printf("%s\t%s\t%d\t%c",stu[i].num,stu[i].name,stu[i].score,
                stu[i]. grade);
        printf("\n");
    }
    printf("不及格的人数为: %d\n",count);
}
int set_grade(struct student*p)
{
    int i,n=0;
    for(i=0;i<N;i++,p++)
    {
        if(p->score>=85)
            p->grade='A';
        else if(p->score>=70)
            p->grade='B';
        else if(p->score>=60)
            p->grade='C';
        else
        {
            p->grade='D';
            n++;
        }
    }
    return n;
}
```

5．对链表中的 name（姓名）进行查找。

【算法分析】

（1）声明一个结构体类型，其成员主要由 name（姓名）和 next（指针变量）组成，将其形成链表。

（2）对单链表的结点依次进行扫描，检测其数据域是否为所要查找的值，若是，则返回该结点的指针，否则返回 NULL。

其程序代码如下。

```
#include <stdio.h>
#include <stdlib.h>
#include <string.h>
```

```
#define N 4
struct node
{
    char name[10];
    struct node*next;
};

struct node*creat(int n)  /*建立链表的函数*/
{
    struct node*p,*h,*s;
    int i;
    h=(struct node*)malloc(sizeof(struct node));
    h->name[0]='\0';
    h->next=NULL;
    p=h;
    for(i=0;i<n;i++)
    {
        s=(struct node*)malloc(sizeof(struct node));
        p->next=s;
        printf("请输入第%d 个人的姓名",i+1);
        scanf("%s",s->name);
        s->next=NULL;
        p=s;
    }
    return(h);
}
struct node*search(struct node*h,char*x)  /*查找链表的函数, 其中 h 指
                                针是链表的表头指针, x 指针是要查找的人的姓名*/
{
    struct node*p;              /*当前指针, 指向要与所查找的姓名相比较的结点*/
    char*y;                     /*保存结点数据域内姓名的指针*/
    p=h->next;
    while(p!=NULL)
    {
        y=p->name;
        if(strcmp(y,x)==0)  /*对数据域中的姓名与所要查找的姓名进行比较, 若相
                            同, 则返回 0, 即条件成立*/
            return(p);
            else p=p->next;
    }
    if(p==NULL)
        return p;
}
void main()
{
    int number;
    char fullname[20];
```

```
        struct node*head,*searchpoint;   /*head 是表头指针，searchpoint 是保
                                            存符合条件的结点地址的指针*/

        number=N;
        head=creat(number);
        printf("请输入要查找的人的姓名:");
        scanf("%s",fullname);
        searchpoint=search(head,fullname);  /*调用查找函数，并把结果赋给
                                              searchpoint 指针*/

        if(searchpoint!=NULL)
            printf("链表中有此人的信息\n");
        else
            printf("无此人信息\n");
    }
```

6. 利用共用体设计企业职工婚姻状况管理系统。

【算法分析】

涉及某个人的婚姻状况时，一般有 3 种可能——未婚、已婚、离婚。任何一个人在同一时间只能处于某一种状态。如果是已婚，则需要了解其结婚日期、配偶姓名、子女数；如果是离婚，则需要了解其离婚日期、子女数。

其程序代码如下：

```
#include <stdio.h>
struct date                    /*日期*/
{
    int year;
    int month;
    int day;
};
struct marriedstate            /*结婚状态*/
{
    struct date marraytime;
    char spousename[10];
    int child;
};
struct divorcestate            /*离婚状态*/
{
    struct date divorcetime;
    int child;
};
union maritalstate             /*婚姻状态(共用体)*/
{
    int single;
    struct marriedstate married;
    struct divorcestate divorce;
};
struct person                  /*职工信息*/
```

```
{
    char name[10];
    char sex;
    int age;
    union maritalstate marital;
    int marryFlag;
};
void main()
{
    struct person e;
    printf("请录入职工姓名、性别、年龄、婚姻状况(未婚0，已婚1，离婚2):\n");
    scanf("%s",e.name);
    scanf("%c",&e.sex);          /*%c前有一个空格*/
    scanf("%d\n",&e.age);
    scanf("%d",&e.marryFlag);
    if(e.marryFlag==0)
        e.marital.single=1;
    else if(e.marryFlag == 1)
    {
        printf("输入结婚日期、配偶姓名、子女数：\n");
        scanf("%d%d%d", &e.marital.married.marraytime.year,&e.
            marital.married.marraytime.month,&e.marital.married.ma
            rraytime.day);
        scanf("%s",&e.marital.married.spousename);
        scanf("%d",&e.marital.married.child);
    }
    else if(e.marryFlag==2)
    {
        printf("输入离婚日期、子女数：\n");
        scanf("%d%d%d",&e.marital.divorce.divorcetime.year, &e.marital.
            divorce.divorcetime.month,&e.marital.divorce.divorcetime.day);
        scanf("%d",&e.marital.divorce.child);
    }
    else
        printf("Input error!");
    printf("\n");
    printf("姓名：%s\n性别：%c\n年龄：%d\n",e.name,e.sex,e.age);
    if(e.marryFlag==0)
        printf("婚姻状况：%d\n",e.marital.single);
    if(e.marryFlag==1)
    {
        printf("结婚日期：%d%d%d\n",e.marital.married.marraytime.
            year,e.marital.married.marraytime.month,
            e.marital.married.marraytime.day);
        printf("配偶姓名：%s\n",e.marital.married.spousename);
        printf("子女数:%d\n",e.marital.married.child);
```

```
    }
    if(e.marryFlag==2)
    {
        printf("离婚日期：%d%d%d\n",e.marital.divorce.divorcetime.
                year,e.marital.divorce.divorcetime.month,
                e.marital.divorce.divorcetime.day);
        printf("子女数:%d\n",e.marital.divorce.child);
    }
}
```

7. 口袋中有红、黄、蓝、白、黑 5 种颜色的球若干个，每次从口袋中先后取出 3 个球，问得到 3 种不同颜色的球的可能取法，输出每种排列的情况。

【算法分析】

球只能是 5 种颜色之一，而且要判断各球是否同色，可以用枚举类型变量进行处理。设某次取出的 3 个球的颜色分别为 i、j、k。根据题意，i、j、k 分别是 5 种球色之一，并要求 3 个球的颜色各不相同，即 i≠j、i≠k、j≠k。可以用穷举法，即将每一种组合都试一下，若符合条件，则输出 i、j、k。

其程序代码如下：

```c
#include <stdio.h>
main()
{
    enum Color {red,yellow,blue,white,black};
    enum Color i,j,k,pri;
    int n,loop;
    n=0;
    for(i=red;i<=black;i++)
        for(j=red;j<=black;j++)
            if(i!=j)
            {
                for(k=red;k<=black;k++)
                    if((k!=i)&&(k!=j))
                    {
                        n=n+1;
                        printf("%-4d",n);
                        for(loop=1;loop<=3;loop++)
                        {
                            switch(loop)
                            {
                                case 1:pri=i;break;
                                case 2:pri=j;break;
                                case 3:pri=k;break;
                                default:break;
                            }
                            switch(pri)
```

```
                        {
                            case red:printf("%-10s","red");break;
                            case yellow:printf("%-10s","yellow");break;
                            case blue:printf("%-10s","blue");break;
                            case white:printf("%-10s","white"); break;
                            case black:printf("%-10s","black");break;
                            default:break;
                        }
                    }
                    printf("\n");
                }
            }
            printf("\ntotal:%5d\n",n);
}
```

# 项目练习

1. 选择题

（1）下列程序中，结构体变量 a 所占内存字节数是（　　　）。

```
union U
{   char st[4];
    int i;
    long j;
};
struct A
{   int c;
    union U u;
}a;
```

　　A．4　　　　　　　　B．5　　　　　　　C．6　　　　　　　　D．8

（2）设有以下说明语句，下列叙述中不正确的是（　　　）。

```
struct ex
{   int x; float y; char z;}example;
```

　　A．struct 是结构体类型的关键字

　　B．example 是结构体类型名

　　C．x、y、z 都是结构体成员名

　　D．struct ex 是结构体类型名

（3）若有以下结构体定义，则（　　　）是正确的引用或定义。

```
struct example
{
```

```
    int x;
    int y;
}v1;
```

  A．example.x=10;　　　　　　　　B．example v2; v2.x=10;

  C．struct v2;v2.x=10;　　　　　　　D．struct example v2={10};

（4）以下对结构体变量 stu1 中成员 age 的引用中，非法的是（　　）。

```
struct student
{   int age;
    int num;
}stu1,*p;
p=&stu1;
```

  A．stu1.age　　　　B．student.age　　　　C．p->age　　　D．(*p).age

（5）在 16 位的 PC 上使用 C 语言，若有如下定义，则结构变量 b 占用内存的字节数是（　　）。

```
struct s
{
    int i;
    char ch;
    double f;
}b;
```

  A．1　　　　　　　B．2　　　　　　　　C．8　　　　　　　　D．11

（6）以下对 C 语言中共用体类型数据的描述正确的是（　　）。

  A．一旦定义了一个共用体变量，即可引用该变量或该变量中的任意成员

  B．一个共用体变量中可以同时存放其所有成员

  C．一个共用体变量中不能同时存放其所有成员

  D．共用体类型数据可以出现在结构体类型定义中，但结构类型数据不能出现在共用体类型定义中

（7）根据以下定义，能够输出字母 M 的语句是（　　）。

```
struct person
{   char name[9];
    int age;
};
    struct person class[10]= {"John", 17, "Paul" ,19, "Mary",18, "Adam",16};
```

  A．printf("%c\n",class[3].name);　　　　B．printf("%c\n",class[3].name[1]);

  C．printf("%c\n",class[2].name[1]);　　　D．printf("%c\n",class[2].name[0]);

（8）以下程序的输出结果是（　　）。

```
#include <stdio.h>
main()
{
```

```
struct cmplx
{
    int x;
    int y;
}cnum[2]={1,3,2,7};
printf("%d\n",cnum[0].y/cnum[0].x*cnum[1].x);
}
```

A．0　　　　　　　B．1　　　　　　　C．3　　　　　　D．6

（9）已知字符 0 的 ASCII 值的十进制数是 48，以下程序的输出结果是（　　）。

```
#include <stdio.h>
main()
{
    union{ int i[2];
           long k;
           char c[4];
         }r,*s=&r;
    s->i[0]=0x39;
    s->i[1]=0x38;
    printf("%x\n",s->c[0]);
}
```

A．39　　　　　　　B．9　　　　　　　C．38　　　　　　D．8

（10）有以下结构体声明和变量的定义，指针 p 指向变量 a，指针 q 指向变量 b，则不能把结点 b 连接到结点 a 之后的语句是（　　）。

```
struct node
{   char data;
    struct node*next;
}a,b,*p=&a,*q=&b;
```

A．a.next＝q;　　　　　　　　　B．p.next=&b;

C．p->next=&b;　　　　　　　　D．(*p).next=q;

2．填空题

（1）已知形成链表的存储结构如下，请填空。

```
struct link
{   char data;
```

| data | next |
|------|------|

```
    _____;
}node;
```

（2）函数 creat()用于建立一个带头结点的单向链表，新产生的结点总是插在链表的末尾，结点数据域中的数值从键盘上输入，以字符"?"作为输入结束标志，单向链表的头指针作为函数值返回，请填空。

```
#include <stdio.h>
struct list
{   char data;
    struct list*next;
};
struct list*creat()
{
    struct list*h,*p,*q;
    char ch;
    h=_____malloc(sizeof(_____));
    p=q=h;
    ch=getchar();
    while(ch!= '?')
    {
        p=_____malloc(sizeof(_____));
        p->data=ch;
        q->next=p;
        q=p;
        ch=getchar();
    }
    p->next='\0';
    return _____;
}
```

（3）若已有定义：

```
struct num
{
    int a;
    int b;
    float f;
}n={1,3,5.0};
struct num*pn=&n;
```

则表达式 pn->b/n.a*++pn->b 的值是_____，表达式(*pn).a+pn->f 的值是_____。

3. **程序阅读题**

（1）
```
#include <stdio.h>
union change
{
    char c[2];
    int i;
}un;
main()
{
```

```
    un.i=26984;
    printf("%d,%c\n",un.c[0],un.c[0]);
    printf("%d,%c\n",un.c[1],un.c[1]);
}
```

程序的运行结果为_____。

（2）
```
#include <stdio.h>
main()
{
    struct Example
    {
        struct{
                int x;
                int y;
                }in;
        int a;
        int b;
    }e;
    e.a=1;
    e.b=2;
    e.in.x=e.a*e.b;
    e.in.y=e.a+e.b;
    printf("%d,%d",e.in.x,e.in.y);
}
```

程序的运行结果为_____。

（3）
```
#include <stdio.h>
struct ks
{
    int a;
    int*b;
}s[4],*p;
main()
{
    int n=1,i;
    printf("\n");
    for(i=0;i<4;i++)
    {
        s[i].a=n;
        s[i].b=&s[i].a;
        n=n+2;
    }
    p=&s[0];
    p++;
    printf("%d,%d\n",(++p)->a,(p++)->a);
}
```

程序的运行结果为_____。

(4)
```c
#include <stdio.h>
union ks
{
    int a;
    int b;
};
union ks s[4];
union ks *p;
main()
{
    int n=1,i;
    printf("\n");
    for(i=0;i<4;i++)
    {
        s[i].a=n;
        s[i].b=s[i].a+1;
        n=n+2;
    }
    p=&s[0];
    printf("%d,",p->a);
        printf("%d",++p->a);
}
```

程序的运行结果为_____。

4. 编程题

（1）定义一个结构体变量（包括年、月、日），计算该日在当年中是第几天（注意闰年问题）。

（2）编写一个函数 print()，输出一个学生的成绩数组，该数组中有 5 个学生的数据记录，每个记录包括 num、name、score[3]，用主函数输入这些记录，用 print()函数输出这些记录。

（3）12 个人围成一圈，从第 1 个人开始顺序报号 1、2、3，凡报到 3 者退出圈子，找出最后留在圈子中的人原来的序号，要求用链表实现。

（4）在例 7.7 的基础上，编写函数 del()，用于删除动态链表中指定的结点；编写函数 insert()，用于向链表中插入结点。实现链表的建立、输出、删除和插入。

# 文　件

前 7 个项目所学的程序都是从键盘上输入数据，在显示器上显示数据。程序所使用的数据是存放在计算机内存中的，不能长久保存，当程序运行结束时，内存中的数据就会丢失。这样每次运行程序都要重新输入数据。有没有可长久保存数据的方法呢？答案是肯定的，方法就是使用文件，文件是程序设计中的一个重要概念。在现代计算机的应用领域，数据处理是一个重要方面，数据处理往往是以文件的形式实现的。本项目介绍如何将数据写入文件和从文件中读出数据。

## 学习目标

（1）理解文件的概念和什么是文件类型指针。
（2）掌握文件打开与关闭的方法。
（3）熟练掌握顺序读写数据文件的方法。
（4）掌握随机读写数据文件的方法。

## 任务一　文件的打开与关闭

【知识要点】文件的打开与关闭。

### 一、任务分析

任务要求用 C 程序打开数据文件，在使用结束后关闭该文件。
（1）使用 fopen() 函数以"读"的使用方式打开文件。
（2）使用 fclose() 函数关闭数据文件。

### 二、必备知识与理论

1. 文件的概念

在此之前，所有的输入和输出只涉及键盘和显示器。在运行 C 程序时，通过键盘输入数据，并借助显示器把程序的运算结果显示出来。但是，计算机作为一种先进的数据处理工具，它所面对的数据信息量十分庞大，仅依赖于键盘输入和显示器输出等方式是远远不够的。解决的办法通常是将这些数据记录在某些介质上，利用这些介质的存储特征携带数据或长久地保存数据。这种记录在外部介质上的数据集合称为"文件"。这个数据集有一个名称，称为文件名。实际上，在前面的各项目中已经多次使用了文件，如源程序文件、目标文件、可执行文件、库文件（头文件）等。

文件通常是驻留在外部介质（如磁盘等）上的，在使用时才调入内存。从不同的角度可对文件进行不同的分类。从用户的角度看，文件可分为普通文件和设备文件两种。

普通文件是指驻留在磁盘或其他外部介质上的一个有序数据集，可以是源文件、目标文件、可执行程序，也可以是一组待输入处理的原始数据，或者是一组输出结果。源文件、目标文件、可执行程序可以称为程序文件，输入/输出数据可以称为数据文件。本项目主要讨论数据文件。

设备文件是指与主机相连的各种外部设备，如显示器、打印机、键盘等。在操作系统中，外部设备也被当作文件来进行管理，把它们的输入、输出等同于对磁盘文件的读和写。

一个文件要有唯一的文件标识，以便用户识别和引用。文件标识包括 3 部分：文件路径、文件名主干、文件扩展名。例如，E:\c\file1.dat 中，E:\c 为文件路径，表示文件在外部存储设备中的位置；file1 为文件名主干；.dat 为文件扩展名。

为了方便起见，文件标识常被称为文件名。文件名主干的命名规则遵循标识符的命名规则。扩展名用于表示文件的性质，如.txt（文本文件）、.c（C 语言源程序文件）、.obj（目标文件）、.exe（可执行文件）等。

根据数据的组织形式，数据文件可以分为 ASCII 码文件和二进制文件。ASCII 码文件又称为文本文件，每个字节存放一个字符的 ASCII 值。二进制文件把内存中的数据按照其在内存中的存储形式原样输出到外部介质上存放。

例如，如果要存放整数 12345，则整数在内存中是占 2 字节的，12345 作为 ASCII 码文件和二进制文件在内存中存放时有着较大的区别。

$(12345)_{10} = (11000000111001)_2$

| ASCII 码文件形式： | 00110001 | 00110010 | 00110011 | 00110100 | 00110101 |
|---|---|---|---|---|---|

| 二进制文件形式： | 0011000 | 00111001 |
|---|---|---|

以 ASCII 码文件形式输出时，字节与字符一一对应，一个字节代表一个字符，因而便于对字符进行逐个处理，也便于输出字符，但一般占用存储空间较多，且要花费转换时间（二进制形式与 ASCII 码间的转换）。

以二进制形式输出数据时，可以节省外存空间和转换时间，把内存存储单元中的内容原封不动地输出到磁盘上，此时每一个字节并不一定代表一个字符。如果程序在运行过程中有中间数据需要保存在外部介质上，以便需要时输入内存，则一般用二进制文件比较方便。在事务管理上，常将大批数据存放在磁盘上，随时调入计算机进行查询处理，并将修改后的信息存回磁盘。

C 语言处理文件采用"缓冲文件"方式。缓冲文件方式是指系统自动在内存区为每一个正在使用的文件开辟一个缓冲区，从内存向磁盘输出数据时必须先送到内存中的缓冲区，装满缓冲区后才一起送到磁盘。如果从磁盘向内存读入数据，则先从磁盘文件中将一批数据输入内存缓冲区，再从缓冲区将数据逐个送到程序数据区中，如图8.1所示。

图8.1 文件缓冲区

引入文件缓冲机制的好处：能够有效地减少对外部设备（如磁盘、打印机等）的频繁访问，减少内存与外设间的数据交换，填补内、外设备的速度差异，提高数据读写的效率。

2．文件指针

当使用一个文件时，系统会为该文件在内存中开辟一个区域来存放该文件的相关信息，如该文件的名称、状态、位置等，这些信息都被保存到由系统定义的名为 FILE 的一个结构体类型的变量中。声明 FILE 结构体类型的信息包含在头文件 stdio.h 中，在程序中可以直接用 FILE 类型名定义变量。

声明文件指针定义的一般格式如下：

```
FILE *指针变量标识符;
```

其中，FILE 应为大写，它实际上是由系统定义的一个结构，该结构含有文件名、文件状态和文件当前位置等信息。不同的 C 语言编译系统的 FILE 类型包含的内容不完全相同，但大同小异，在编写源程序时不必关心 FILE 结构的细节。

例如：

```
FILE *fp;
```

表示 fp 是指向 FILE 结构的指针变量，通过 fp 即可找到存放某个文件信息的结构变量，并按结构变量提供的信息找到该文件，实施对文件的操作。习惯上，会笼统地把 fp 称为指向一个文件的指针。

如果有 n 个文件，则需要设置 n 个指针变量，分别指向 n 个 FILE 类型变量，以实现对 n 个文件的访问。指向文件的指针变量并不是指向外部介质上数据文件的开头，而是指向内存中的文件信息区的开头。

3．文件打开

文件在进行读写操作之前要先打开，使用完毕要关闭。打开文件实际上是建立文件的各种有关信息，并使文件指针指向该文件，以便进行其他操作。关闭文件则断开指针与文件之间的联系，即禁止对该文件进行操作。

fopen()函数用于打开一个文件，其调用的一般格式如下：

```
文件指针名=fopen(文件名,使用文件方式);
```

其中，"文件指针名"必须是被声明为 FILE 类型的指针变量；"文件名"是被打开文件的文件名；"使用文件方式"是指文件的类型和操作要求。

例如：

```
FILE *fp;
fp=fopen("file1", "r");
```

其意义是在当前目录下打开文件 file1，只允许进行"读"操作，并使 fp 指向该文件。

又如：

```
FILE *fp1;
fp1=fopen=("D:\\file2","rb")
```

其意义是打开 D 磁盘的根目录下的文件 file2，这是一个二进制文件，只允许按照二进制方式进行读操作。两个反斜线"\\"中的第一个表示转义字符，第二个表示根目录。

由上面两个例子可以看出，在打开一个文件时，需要通知编译系统 3 项信息：需要打开文件的名称，即准备访问的文件名；使用文件的方式（"读"还是"写"）；让哪一个指针指向被打开的文件。

使用文件的方式共有 12 种，表 8.1 中列出了它们的符号和意义。

表 8.1 使用文件的方式的符号和意义

| 文件使用方式 | 意 义 |
|---|---|
| "r"（只读） | 打开一个文本文件，只允许读数据 |
| "w"（只写） | 打开或建立一个文本文件，只允许写数据 |
| "a"（追加） | 打开一个文本文件，并在文件末尾写数据 |
| "rb"（只读） | 打开一个二进制文件，只允许读数据 |
| "wb"（只写） | 打开或建立一个二进制文件，只允许写数据 |
| "ab"（追加） | 打开一个二进制文件，并在文件末尾写数据 |
| "r+"（读写） | 打开一个文本文件，允许读和写 |
| "w+"（读写） | 打开或建立一个文本文件，允许读和写 |
| "a+"（读写） | 打开一个文本文件，允许读，或在文件末尾追加数据 |
| "rb+"（读写） | 打开一个二进制文件，允许读和写 |
| "wb+"（读写） | 打开或建立一个二进制文件，允许读和写 |
| "ab+"（读写） | 打开一个二进制文件，允许读，或在文件末尾追加数据 |

（1）当用"r"方式打开一个文件时，该文件必须已经存在，且只能从该文件读出。

（2）用"w"方式打开的文件只能向该文件写入数据。若打开的文件不存在，则以指定的文件名建立该文件；若打开的文件已经存在，则将该文件删除，重建一个新文件。

（3）若向一个已存在的文件追加新的信息，则只能用"a"方式打开文件。但此时该文件必须是存在的，否则将会出错。

（4）在打开一个文件时，如果出错，则 fopen()将返回一个空指针值 NULL。在程序中可以用这一信息来判别是否完成打开文件的操作，并作相应的处理。

（5）把一个文本文件读入内存时，要将 ASCII 码转换成二进制码，而把文件以文本方式写入磁盘时，要将二进制码转换成 ASCII 码，因此文本文件的读写要花费较多的转换时间。对二进制文件的读写不存在这种转换。

（6）标准输入文件（键盘）、标准输出文件（显示器）、标准出错输出（出错信息）是由系统打开的，可直接使用。

（7）凡带"+"的打开方式，打开文件时总是既能"读"又能"写"。

如果使用 fopen()函数打开文件成功，则返回一个有确定指向的 FILE 类型指针；若打开失败，则返回 NULL，通常打开失败的原因有以下几个方面。

① 指定的盘符或路径不存在。

② 文件名中含有无效字符。

③ 以"r"方式打开一个不存在的文件。

### 4．文件关闭

文件一旦使用完毕，应使用关闭文件函数把文件关闭，以避免文件中的数据丢失等错误发生。

fclose()函数调用的一般格式如下：

```
fclose(文件指针);
```

例如：

```
fclose(fp);
```

前面打开文件（使用 fopen()函数）时函数返回的指针赋给了 fp，现在把 fp 指向的文件关闭，此后 fp 不再指向该文件。正常完成关闭文件操作时，fclose()函数返回值为 0，否则返回 EOF（-1）。

如果不关闭文件，则会丢失数据。因为在向文件写数据时，是先将数据输出到缓冲区中，待缓冲区充满后才正式输出给文件。如果数据文件未充满缓冲区而程序结束运行，则有可能使缓冲区中的数据丢失。要用 fclose()函数关闭文件，应先把缓冲区中的数据输出到磁盘文件中，再撤销文件信息区。C 语言初学者应该养成在程序终止之前关闭所有文件的习惯。

## 三、任务实施

任务要求用 C 程序打开数据文件，在使用结束后关闭该文件。

使用 fopen()函数以"读"方式打开文件，当不能打开文件时，提示相关的错误信息；否则提示打开正确，使用 fclose()函数关闭数据文件。

其程序代码如下：

```
#include <stdio.h>
#include <conio.h>
#include <stdlib.h>
void main()
{
    FILE *fp;
    fp=fopen("d:\\file.txt","r");
    if(fp==NULL)
    {
        printf("\n 错误，不能打开该文件，请检查!");
        getch();
        exit(1);
    }
    else
    {
        printf("\nOK,能打开文件!\n");
        fclose(fp);
        getch();
        exit(1);
    }
}
```

其运行结果如图 8.2 所示。

图 8.2　文件的打开与关闭的运行结果

此程序的意义是，如果返回的指针为空，则表示不能打开 D 盘根目录下的 file 文件，并给出提示信息"错误，不能打开该文件，请检查!"。getch()函数的功能是从键盘上输入一个字符，但不在显示器上显示，这里该行的作用是等待，只有当用户从键盘上按任意键时，程序才继续执行，用户可利用该等待时间阅读出错提示，调用 getch()函数时必须引入头文件 conio.h，按键后执行 exit(1)退出程序，调用 exit()，需要引入头文件 stdlib.h。如果返回的指针不为空，则表示可以打开 D 盘根目录下的 file 文件，给出提示信息"OK，能打开文件!"，并关闭该文件。

**四、深入训练**

判断系统中是否存在某一个文本文件，若不存在，则建立文件；若存在，则提示该文件已存在。

# 任务二　将学生成绩存入文件

【*知识要点*】顺序文件的读写。

## 一、任务分析

编程计算每名学生 4 门课程的平均分，将学生的各科成绩及平均分输出到文件 score.txt 中。

（1）设计学生信息（学号、姓名和性别）及成绩（4 门课程的成绩、平均分）的结构体。

（2）输入 n 名学生的信息及成绩。

（3）计算学生 4 门课程的平均分。

（4）输出学生信息及成绩到文件 score.txt 中。

## 二、必备知识与理论

打开文件后即可对文件进行读出或写入操作。C 语言提供了丰富的文件操作函数。在顺序写时，先写入的数据存放在文件中前面的位置，后写入的数据存放在文件后面的位置；在顺序读时，先读文件中前面的数据，再读文件中后面的数据，即文件读写数据的顺序与数据在文件中的物理顺序是一致的。顺序读写需要用库函数实现。

1. 字符读/写函数 fgetc()和 fputc()

字符读/写函数是以字符（字节）为单位的，每次可从文件读出或向文件写入一个字符。

1）读字符函数 fgetc()

fgetc()函数的功能是从指定的文件中读一个字符，其调用的格式如下：

```
字符变量=fgetc(文件指针);
```

例如：

```
ch=fgetc(fp);
```

该函数的作用是从指定的文件（fp 指向文件）中读取一个字符并赋值给 ch。

对于 fgetc()函数的使用，有以下几点需要说明。

（1）在 fgetc()函数调用中，读取的文件必须是以读或读写方式打开的。

（2）读取字符的结果可以不向字符变量赋值，例如：

```
fgetc(fp);
```

但是其读出的字符不能保存。

（3）文件内部有一个位置指针，用于指向当前读/写的字节。在文件打开时，该指针总是指向文件的第一个字节；使用 fgetc()函数后，该位置指针将向后移动一个字节，因此可连续多次使用 fgetc()函数读取多个字符。注意，文件指针和文件内部的位置指针是不同的，文件指针是指向整个文件的，须在程序中定义声明，只要不重新赋值，文件指针的值是不变的；文件内部的位置指针用于指示文件内部当前读/写的位置，每次读/写后，该指针均向后移动，它不需要在程序中定义声明，而是由系统自动设置的。

【例 8.1】要求在程序执行前创建文件 D:\file.txt，文档的内容为"I am a student."，在显示器上显示该文件的内容。其程序代码如下：

```c
#include <stdio.h>
void main()
{   FILE *fp;
    char ch;
    fp=fopen("D:\\file.txt","r");
    ch=fgetc(fp);                /*fgetc()函数带回一个字符并赋给 ch*/
    while(ch!=EOF)
    {   putchar(ch);             /*将读入的字符输出在显示器上*/
        ch=fgetc(fp);
    }
    fclose(fp);
}
```

其运行结果如图 8.3 所示。

图 8.3　例 8.1 程序的运行结果

2）写字符函数 fputc()

fputc 函数的功能是把一个字符写入指定的文件，其调用的格式如下：

```c
fputc(字符量,文件指针);
```

其中，待写入的字符量可以是字符常量或变量。

例如：

```c
fputc('a',fp);
```

其作用是把字符 a 写入到 fp 所指向的文件中。

对于 fputc()函数的使用，有以下几点需要说明。

（1）被写入的文件可以用写、读写、追加方式打开，用写或读写方式打开一个已存在的文件时，将清除原有的文件内容，写入字符从文件首部开始。如果需要保留原有文件内容，希望写入的字符从文件末尾开始存放，则必须以追加方式打开文件。若被写入的文件不存在，则创建该文件。

（2）每写入一个字符，文件内部位置指针向后移动一个字节。

（3）fputc()函数有一个返回值，若写入成功，则返回写入的字符；否则，返回 EOF。可以此来判断写入是否成功。

【例 8.2】编程实现向 D:\file1.txt 中写入"Hello World!"，以#结束输入。其程序代码如下：

```c
#include <stdio.h>
void main()
{   FILE *fp;
    char ch;
    fp=fopen("D:\\file1.txt","w");
    if(fp==NULL)
    {   printf("不能打开文件\n");
        exit(0);
    }
    ch=getchar();
    while(ch!='#')              /*当输入'#'时结束循环*/
    {   fputc(ch,fp);
        ch=getchar();
    }
    fclose(fp);
}
```

从键盘上输入"Hello World!#"，并按 Enter 键，其运行结果如图 8.4 所示。

图 8.4  例 8.2 程序的运行结果

运行结束后，查看 D 盘根目录下是否存在 file1.txt 文件，若存在，则打开该文件，查看其中是否包含内容"Hello World!"。file1.txt 文件的内容如图 8.5 所示。

图 8.5  file1.txt 文件的内容

**2. 字符串读/写函数 fgets()和 fputs()**

**1）读字符串函数 fgets()**

该函数的功能是从指定的文件中读一个字符串到字符数组中，其调用的格式如下：

```c
fgets(字符数组名,n,文件指针);
```

其中，n 是一个正整数，表示从文件中读出的字符串不超过 n-1 个字符。在读出的最后一个字符后加上串结束标志'\0'。

例如：

```
fgets(str,n,fp);
```

其作用是从 fp 所指向的文件中读出 n-1 个字符并送入字符数组 str。

对于 fgets()函数的使用，有以下两点需要说明。

（1）在读出 n-1 个字符之前，若遇到换行符或 EOF，则读出结束。

（2）fgets()函数也有返回值，其返回值是字符数组的首地址。

【例 8.3】从 D:\file1.txt 文件中读入一个含 10 个字符的字符串。其程序代码如下：

```c
#include <stdio.h>
void main()
{   FILE *fp;
    char str[11];
    if((fp=fopen("D:\\file1.txt","rt"))==NULL)
    {   printf("\n 不能打开文件");
        getch();
        exit(1);
    }
    fgets(str,11,fp);
    printf("\n%s\n",str);
    fclose(fp);
}
```

其运行结果如图 8.6 所示。

图 8.6 例 8.3 程序的运行结果

由于 file1.txt 文件中含有字符串"Hello World!"，故这里取前 10 个字符，其中包括一个空格。

2）写字符串函数 fputs()

fputs()函数的功能是向指定的文件写入一个字符串，其调用的格式如下：

```
fputs(字符串,文件指针);
```

其中，字符串可以是字符串常量，也可以是字符数组名，或指针变量。

例如：

```
fputs("abcd",fp);
```

其作用是把字符串"abcd"写入 fp 所指向的文件。

【例 8.4】对 D:\file1.txt 文件追加一个字符串。其程序代码如下：

```c
#include <stdio.h>
main()
{   FILE *fp;
    char ch,st[20];
    if((fp=fopen("D:\\file1.txt","a"))==NULL)
    {   printf("不能打开文件");
        getch();
        exit(1);
    }
    printf("输入字符串:\n");
    scanf("%s",st);
    fputs(st,fp);
    fclose(fp);
}
```

从键盘上输入字符串"abcdef"，并按 Enter 键，其运行结果如图 8.7 所示。

图 8.7　例 8.4 程序的运行结果

运行后，查看 D:\file1.txt 文件，发现文件内容变为"Hello World!abcdef"，表示字符串追加成功。file1.txt 文件变更后的内容如图 8.8 所示。

图 8.8　file1.txt 文件变更后的内容

**3. 数据块读/写函数 fread()和 fwtrite()**

C 语言还提供了用于整块数据的读/写函数，可用于读/写一组数据，如一个数组元素、一个结构变量的值等。

读数据块函数调用的一般格式如下：

```c
fread(buffer,size,count,fp);
```

其作用是从 fp 所指向的文件中读入 count 次，每次读 size 字节，读入的信息保存在

buffer 地址中。

写数据块函数调用的一般格式如下：

```
fwrite(buffer,size,count,fp);
```

其作用是将从 buffer 地址开始的信息输出 count 次，每次写 size 字节到 fp 所指向的文件中。

【说明】

（1）buffer 是一个指针，在 fread()函数中，它表示存放输入数据的首地址；在 fwrite() 函数中，它表示存放输出数据的首地址。

（2）size 表示数据块的字节数。

（3）count 表示要读/写的数据块块数。

（4）fp 表示文件指针。

例如：

```
fread(a,2,3,fp);
```

其意义是从 fp 所指的文件中每次读两个字节送入数组 a，连续读 3 次。

【例 8.5】从键盘上输入两名学生通信的信息，将其写入一个文件，并将所输入的信息显示出来。其程序代码如下：

```
#include <stdio.h>
struct student
{
    char name[10];
    int num;
    int age;
    char addr[15];
}stu1[2],stu2[2],*pp,*qq;
void main()
{   FILE *fp;
    char ch;
    int i;
    pp=stu1;
    qq=stu2;
    if((fp=fopen("D:\\C\\stu_list","wb+"))==NULL)
    {  printf("不能打开文件");
       getch();
       exit(1);
    }
    printf("\n 录入学生信息：姓名、学号、年龄、地址\n");
    for(i=0;i<2;i++,pp++)
    scanf("%s%d%d%s",pp->name,&pp->num,&pp->age,pp->addr);
    pp=stu1;
    fwrite(pp,sizeof(struct student),2,fp);
```

```
    rewind(fp);
    fread(qq,sizeof(struct student),2,fp);
    printf("\n\n 姓名\t 学号、年龄、地址\n");
    for(i=0;i<2;i++,qq++)
    printf("%s\t%5d%7d%s\n",qq->name,qq->num,qq->age,qq->addr);
    fclose(fp);
}
```

其运行结果如图 8.9 所示。

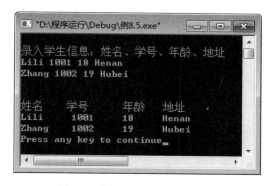

图 8.9　例 8.5 程序的运行结果

### 4. 格式化读/写函数 fscanf()和 fprintf()

fscanf()函数、fprintf()函数与前面使用的 scanf()函数和 printf()函数的功能相似，都是格式化读/写函数。两者的区别在于 fscanf()函数和 fprintf()函数的读/写对象不是键盘和显示器，而是磁盘文件。

这两个函数的调用格式如下：

```
fscanf(文件指针,格式字符串,输入表列);
fprintf(文件指针,格式字符串,输出表列);
```

例如：

```
fscanf(fp,"%d%s",&i,s);
fprintf(fp,"%d%c",j,ch);
```

【例 8.6】将数字 66 以字符的形式写入磁盘文件。其程序代码如下：

```
#include <stdio.h>
void main()
{    FILE *fp;
    int i=66;
    if((fp=fopen("D:\\C\\file2.txt","w"))==NULL)
    {   printf("不能打开文件");
        getch();
        exit(1);
    }
```

```
    fprintf(fp,"%c",i);
    fclose(fp);
}
```

程序运行后，打开 D:\C 目录，可看到一个名称为"file2.txt"的文件，打开该文件，其内容是字符"B"，如图 8.10 所示。

图 8.10　file2.txt 文件的内容

【例 8.7】将 D:\C\file2.txt 文件的内容修改为字符串"ABCDEF"，保存并关闭该文件，将文件中的前 5 个字符以整数形式输出。其程序代码如下：

```
#include <stdio.h>
#include <conio.h>
#include <stdlib.h>
void main()
{   FILE *fp;
    int i;
    char ch;
    if((fp=fopen("D:\\C\\file2.txt","r"))==NULL)
    {   printf("不能打开文件");
        getch();
        exit(0);
    }
    for(i=0;i<5;i++)
    {   fscanf(fp,"%c",&ch);
        printf("%5d\n",ch);
    }
    fclose(fp);
}
```

其运行结果如图 8.11 所示。

图 8.11　例 8.7 程序的运行结果

## 三、任务实施

编程计算每名学生 4 门课程的平均分，将学生的各科成绩及平均分输出到文件 score.txt 中。

【算法分析】

（1）设计学生信息（学号、姓名和性别）及成绩（4 门课程的成绩、平均分）的结构体 student。

（2）自定义函数 inputscore()，用于输入 n 名学生的信息及成绩。

（3）自定义函数 averscore()，用于计算学生 4 门课程的平均分。

（4）自定义函数 writetofile()，用于输出学生信息及成绩到文件 score.txt 中。

其程序代码如下：

```c
#include <stdio.h>
#include <stdlib.h>
#define N 20
struct student
{
    int num;
    char name[10];
    char sex;
    int score[4];
    float aver;
};
/*从键盘上录入学生的学号、姓名、性别及 4 门课程的成绩*/
void inputscore(struct student stu[],int n,int m)
{   int i,j;
    for(i=0;i<n;i++)
    {
        printf("输入记录%d:\n",i+1);
        scanf("%d",&stu[i].num);
        scanf("%s",stu[i].name);
        scanf("%c",&stu[i].sex);   /*%c 前有一个空格*/
        for(j=0;j<m;j++)
        {
            scanf("%d",&stu[i].score[j]);
        }
    }
}
/*求学生的平均分，并将其存入数组*/
void averscore(struct student stu[],int n,int m)
{   int i,j,sum[N];
    for(i=0;i<n;i++)
    {
        sum[i]=0;
        for(j=0;j<m;j++)
        {
```

```
            sum[i]=sum[i]+stu[i].score[j];
        }
        stu[i].aver=(float)sum[i]/m;
    }
}
/*将学生相关信息存入文件 score.txt*/
void writetofile(struct student stu[],int n,int m)
{   FILE *fp;
    int i,j;
    /*假如 d:\c 目录下没有 score.txt 文件，则系统会自动创建该文件*/
    if((fp=fopen("d:\\c\\score.txt","w"))==NULL)
    {
        printf("不能打开文件");
        exit(0);
    }
    for(i=0;i<n;i++)
    {   /*将学生的基本信息写入文件*/
        fprintf(fp,"%10d%8s%3c",stu[i].num,stu[i].name,stu[i].sex);
        for(j=0;j<m;j++)
        {   /*将学生的成绩写入文件*/
            fprintf(fp,"%4d",stu[i].score[j]);
        }
        fprintf(fp,"%5.1f\n",stu[i].aver);
    }
    fclose(fp);
}
/*主函数*/
void main()
{   struct student stu[N];
    int n;
    printf("输入学生人数");
    scanf("%d",&n);
    inputscore(stu,n,4);
    averscore(stu,n,4);
    writetofile(stu,n,4);
}
```

将学生成绩存入文件，如图 8.12 所示。

图 8.12　将学生成绩存入文件

此程序执行完毕,其数据信息会写入 D:\c\score.txt 文件,该文件的内容如图 8.13 所示。

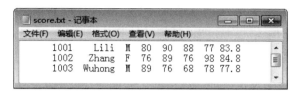

图 8.13 文件 score.txt 的内容

## 四、深入训练

从本项目任务二生成的 score.txt 文件中读取每个学生的学号、姓名、性别、各课程的成绩及平均分,并输出到显示器上。

【算法分析】

(1)从文件中读取学生的学号、姓名、性别及成绩到结构体数组中,并返回学生数。

(2)输出 n 名学生的学号、姓名、性别、各课程的成绩及平均分到显示器上。

# 任务三 读取文件中的学生成绩

【知识要点】随机文件的读/写。

## 一、任务分析

磁盘文件上存有 10 名学生的数据,要求将第 1/3/5/7/9 名学生数据输入计算机,并在显示器上显示。

(1)按照"二进制只读"方式打开指定文件,准备从磁盘文件中读取学生数据。

(2)将文件位置标记指向文件的开头,从磁盘文件读入一名学生的信息,并显示在显示器上。

(3)将文件位置标记指向文件中第 3/5/7/9 名学生的数据区的开头,从磁盘文件中读入相应学生的信息,并显示在显示器上。

(4)关闭文件。

## 二、必备知识与理论

### 1. 文件定位

对文件进行顺序读/写比较容易理解,也容易操作,但有时效率不高。例如,文件中有 1000 项数据,若只查第 1000 项数据,则必须先逐个读入前面 999 项数据,才能读入第 1000 项数据。如果文件中的数据有上百万,逐一对文件数据进行查找,则等待的时间将是无法忍受的。

随机访问不是按照数据在文件中的物理位置次序进行读/写，而是可以对任何位置上的数据进行访问。显然，这种方法比顺序访问效率高得多。

移动文件内部位置指针的函数主要有两个，即 rewind()函数和 fseek()函数。

rewind()函数用于把文件内部的位置指针移到文件首部，其调用格式如下：

```
rewind(文件指针);
```

fseek()函数用于移动文件内部位置指针，其调用格式如下：

```
fseek(文件指针,位移量,起始点);
```

其中，文件指针指向被移动的文件；位移量表示移动的字节数，要求位移量是 long 型数据，以便在文件长度大于 64KB 时不会出错，当用常量表示位移量时，要求加后缀 "L"；起始点表示从何处开始计算位移量，规定的起始点有 3 种，即文件首部、当前位置和文件末尾。起始点的表示方法见表 8.2。

表 8.2  起始点的表示方法

| 起始点 | 表示符号 | 数字表示 |
|---|---|---|
| 文件首部 | SEEK_SET | 0 |
| 当前位置 | SEEK_CUR | 1 |
| 文件末尾 | SEEK_END | 2 |

例如：

```
fseek(fp,-20L,1);
```

表示将位置指针从当前位置向后退 20 个字节。

又如：

```
fseek(fp,20L,1);
```

表示将位置从当前位置向前进 20 个字节。

fseek()函数一般用于二进制文件，由于在文本文件中要进行转换，往往计算的位置会出现错误。

【例 8.8】向任意一个二进制文件中写入一个长度大于 6 的字符串，并从该字符串的第 6 个字符开始输出余下字符。

【算法分析】

先通过键盘输入任意二进制文件，并以写方式打开二进制文件，输入字符串，将其写入二进制文件，关闭文件；以读方式打开该文件，通过 fseek()函数将文件指针指向距文件首 5 个字节的位置，即指向字符串中的第 6 个字符；读取余下的字符串，并显示在显示器上，关闭文件。

其程序代码如下：

```
#include <stdio.h>
void main()
{
```

```
    FILE *fp;
    char filename[20],str[30];
    printf("请输入文件名：");
    scanf("%s",filename);
    fp=fopen(filename,"wb");
    if(fp==NULL)
    {   printf("不能打开文件\n");
        getchar();
        exit(0);
    }
    printf("请输入字符串");
    scanf("%s",str);
    fputs(str,fp);
    fclose(fp);
    fp=fopen(filename,"rb");
    if(fp==NULL)
    {   printf("不能打开文件\n");
        getchar();
        exit(0);
    }
    fseek(fp,5L,0);
    fgets(str,sizeof(str),fp);
    putchar('\n');
    puts(str);
    fclose(fp);
}
```

其运行结果如图 8.14 所示。

图 8.14　例 8.8 程序的运行结果

2. 文件的随机读/写

在移动位置指针之后，即可用前面介绍的任意一种读/写函数进行读/写。由于一般是读/写一个数据块，因此常用 fread() 和 fwrite() 函数。

【例 8.9】在学生文件 D:\c\stu_list 中读出第二名学生的数据。

【算法分析】

以只读方式打开该文件；由于要读出第二名学生的数据，因此将文件指针从文件首部向后退 sizeof（struct stu）个字节；从该位置读取一名学生的信息，并将其显示出来；

关闭文件。

其程序代码如下：

```c
#include <stdio.h>
struct stu
{   char name[10];
    int num;
    int age;
    char addr[15];
}boy,*qq;
main()
{   FILE *fp;
    char ch;
    int i=1;
    qq=&boy;
    if((fp=fopen("d:\\c\\stu_list","rb"))==NULL)
    {   printf("不能打开文件");
        getch();
        exit(1);
    }
    rewind(fp);
    fseek(fp,i*sizeof(struct stu),0);
    fread(qq,sizeof(struct stu),1,fp);
    printf("name\tnumber      age      addr\n");
    printf("%s\t%5d  %7d %s\n",qq->name,qq->num,qq->age, qq->addr);
    fclose(fp);
}
```

其运行结果如图 8.15 所示。

图 8.15　例 8.9 程序的运行结果

## 三、任务实施

磁盘文件 stu_list 中存有若干名学生的数据，要求输出第 n 名学生的数据，n 值从键盘输入。

【算法分析】

（1）从键盘上输入 n 值，表示准备显示第 n 名学生的记录。

（2）按照"二进制只读"的方式打开指定文件，准备从磁盘文件中读取学生数据。

（3）将文件位置标记指向磁盘文件第 1 名学生的信息，并把其显示在显示器上。

（4）关闭文件。

其程序代码如下：

```c
#include <stdio.h>
#include <stdlib.h>
#define N 20
struct student
{  char name[10];
   int num;
   int age;
   char addr[15];
};
/*将学生相关信息显示在显示器上*/
void searchfile(int k)
{   struct student stu;
    FILE *fp;
    int j;
    if((fp=fopen("d:\\C\\stu_list","r"))==NULL)
    {   printf("不能打开文件");
        exit(0);
    }
    fseek(fp,(k-1)*sizeof(struct student),0);
    fread(&stu,sizeof(struct student),1,fp);
    printf("%10s%10d%3d%15s",stu.name,stu.num,stu.age,stu.addr);
    printf("\n");
    fclose(fp);
}
void main()
{  int k;
   printf("准备显示第几名学生的记录：");
   scanf("%d",&k);
   searchfile(k);
}
```

其运行结果如图 8.16 所示。

图 8.16 读取文件中的学生成绩的运行结果

## 四、深入训练

编程，将文件 2 中的内容复制到文件 1 中。

【算法分析】

（1）输入两个文件名。

（2）将文件 1 以追加的方式打开。

（3）将文件 2 以写方式打开。

（4）将文件 1 的文件指针定位在文件末尾。

（5）依次从文件 2 中取数据并追加到文件 1 中，直至结束。

（6）关闭文件 1 和文件 2。

# 项目实训

## 一、实训目的

1．掌握文件的定义、分类，文件缓冲区及文件指针的用法。

2．掌握文件的打开及关闭的方法。

3．掌握顺序文件的读/写方法。

4．掌握随机文件的读/写方法。

## 二、实训任务

1．判断系统中是否存在某一文本文件，若不存在，则建立该文件；若存在，则提示该文件已存在。

【算法分析】

（1）通过 scanf()函数输入文件名。

（2）用"只读"方式打开该文本文件，假如返回值不为空，表示文件存在，则显示提示信息"该文件存在！"；否则，表示该文件不存在，利用"写"方式新建文件，提示"文件不存在，新文件创建成功"，最后关闭该文件。

其程序代码如下：

```
#include <stdio.h>
#include <conio.h>
#include <stdlib.h>
void main()
{   FILE *fp;
    char filename[20];
    printf("请输入文件名:\n");
    scanf("%s",filename);
    printf("\n");
    fp=fopen(filename,"r");
    if(fp!=NULL)
    {   printf("\n该文件存在! \n");
        getch();
```

```
        exit(1);
    }
    else
    {   fp=fopen(filename,"w");
        if(fp!=NULL)
        {   printf("文件不存在，新文件创建成功\n");
            fclose(fp);
            getch();
            exit(1);
        }
    }
}
```

2. 从本项目任务二生成的 score.txt 文件中读取每名学生的学号、姓名、性别、各科成绩及平均分，并输出到显示器上。

【算法分析】

（1）从文件中读取学生的学号、姓名、性别、各科成绩及平均分到结构体数组中，并返回学生数。

（2）输出 n 名学生的学号、姓名、性别、各科成绩及平均分到显示器上。

其程序代码如下：

```
#include <stdio.h>
#include <stdlib.h>
#define N 20
struct student
{   int num;
    char name[10];
    char sex;
    int score[4];
    float aver;
};
/*输出学生的学号、姓名、性别、各科成绩及平均分到结构体数组中并返回学生数*/
void printscore(struct student stu[],int n,int m)
{   int i,j;
    for(i=0;i<n;i++)
    {   printf("%10d%10s%3c",stu[i].num,stu[i].name,stu[i].sex);
        for(j=0;j<m;j++)
        {
            printf("%4d",stu[i].score[j]);
        }
        printf("%5.1f",stu[i].aver);
        printf("\n");
    }
}
/*将学生相关信息存入文件 score.txt*/
```

```
int readfromfile(struct student stu[],int m)
{   FILE *fp;
    int i,j;
    if((fp=fopen("d:\\c\\score.txt","r"))==NULL)
    {   printf("不能打开文件");
        exit(0);
    }
    for(i=0;!feof(fp);i++)
    {   fscanf(fp,"%10d",&stu[i].num);
        fscanf(fp,"%10s",stu[i].name);
        fscanf(fp,"%c",&stu[i].sex);
        for(j=0;j<m;j++)
        {   fscanf(fp,"%d",&stu[i].score[j]);
        }
        fscanf(fp,"%f",&stu[i].aver);
    }
    fclose(fp);
    printf("学生总人数是：%d\n",i-1);
    return i-1;
}
void main()
{   struct student stu[N];
    int n;
    n=readfromfile(stu,4);
    printscore(stu,n,4);
}
```

3．编程，将文件 2 中的内容复制到文件 1 中。

【算法分析】

（1）输入两个文件名。

（2）将文件 1 以追加的方式打开。

（3）将文件 2 以写的方式打开。

（4）将文件 1 的文件指针定位在文件末尾。

（5）依次从文件 2 中取数据并追加到文件 1 中，直至结束。

（6）关闭文件 1 和文件 2。

其程序代码如下：

```
#include <stdio.h>
void main()
{   FILE *fp1,*fp2;
    char ch,filename1[20],filename2[20];
    printf("请输入文件 1 的名称：\n");
    scanf("%s",filename1);
    printf("请输入文件 2 的名称：\n");
```

```
        scanf("%s",filename2);
        if((fp1=fopen(filename1,"ab+"))==NULL)
        {   printf("不能打开文件 1");
            getch();
            exit(1);
        }
        if((fp2=fopen(filename2,"rb+"))==NULL)
        {   printf("不能打开文件 2");
            getch();
            exit(1);
        }
        fseek(fp1,0L,2);
        while((ch=fgetc(fp2))!=EOF)
        {   fputc(ch,fp1);
        }
        fclose(fp1);
        fclose(fp2);
    }
```

## 项目练习

1. 选择题

（1）若 fp 是指向某文件的指针，且已读到文件的末尾，则表达式 feof(fp)返回的值是（　　）。

    A．EOF                B．-1                C．非零值        D．NULL

（2）下述关于 C 语言文件操作的结论中，（　　）是正确的。

    A．对文件进行操作前必须先关闭文件

    B．对文件进行操作前必须先打开文件

    C．对文件进行操作时顺序无要求

    D．对文件进行操作前必须先测试文件是否存在，再打开文件

（3）C 语言可以处理的文件类型是（　　）。

    A．文本文件和数据文件                B．文本文件和二进制文件

    C．数据文件和二进制文件            D．以上选项都不完整

（4）C 语言中系统的标准输出文件是指（　　）。

    A．显示器         B．键盘                C．硬盘         D．U 盘

（5）在 C 语言的文件存取方式中，文件（　　）。

    A．只能顺序存取

    B．只能随机存取（也称直接存取）

    C．既可以顺序存取，也可以随机存取

D．只能从文件的开头存取

（6）如果需要打开一个已经存在的非空文件"FILE"，并向文件尾添加数据，则正确的打开文件的语句是（　　）。

A．fp=fopen("FILE","r");　　　　　　　B．fp=fopen("FILE","r+");

C．fp=fopen("FILE","w+");　　　　　　D．fp=fopen("FILE","a+");

（7）函数调用语句 fseek(fp,-10L,2);的含义是（　　）。

A．将文件位置指针移动到距离文件首部 10 字节处

B．将文件位置指针从当前位置向文件尾部方向移动 10 字节

C．将文件位置指针从当前位置向文件首部方向移动 10 字节

D．将文件位置指针从文件末尾处向文件首部方向移动 10 字节

（8）在高级语言中，对文件操作的一般步骤是（　　）。

A．打开文件→操作文件→关闭文件　　B．操作文件→修改文件→关闭文件

C．读/写文件→打开文件→关闭文件　　D．读文件→写文件→关闭文件

（9）若要以"a+"方式打开一个已存在的文件，则以下叙述正确的是（　　）。

A．文件打开时，原有文件内容不被删除，位置指针移动到文件末尾，可做添加和读操作

B．文件打开时，原有文件内容不被删除，位置指针移动到文件开头，可做重写和读操作

C．文件打开时，原有文件内容被删除，只可做写操作

D．以上说法都不正确

（10）函数 ftell(fp)的作用是（　　）。

A．得到流式文件的当前位置　　　　　B．移动流式文件的位置指针

C．初始化流式文件的位置指针　　　　D．以上选项均正确

（11）在执行 fopen()函数时，ferror()函数的初值是（　　）。

A．TRUE　　　　　B．-1　　　　　C．1　　　　　D．0

（12）若程序

```
main(int argc,char *argv[])
{   while(argc-->0)
    {   ++argv;printf("%s",*argv);}
}
```

所生成的可执行文件名为 file1.exe，当输入以下命令执行该程序时，程序的输出结果是（　　）。

```
FILEL CHINA BEIJING SHANGHAI
```

A．CHINA BEIJING SHANGHAI　　B．FILEL CHINA BEIJING

C．C B S　　　　　　　　　　　　D．F C B

（13）fscanf()函数的正确调用格式是（　　）。

A．fscanf(文件指针,格式字符串,输出列表);

B. fscanf(格式字符串,输出列表,文件指针);

C. fscanf(格式字符串,文件指针,输出列表);

D. fscanf(文件指针,格式字符串,输入列表);

（14）若要使用 fopen()函数打开一个新的二进制文件，该文件要既能读也能写，则打开方式是（　　）。

A. "ab+"  B. "wb+"  C. "rb+"  D. "ab"

（15）fgetc()函数的作用是从指定文件中读入一个字符，该文件的打开方式必须是（　　）。

A. 只写  B. 追加

C. 读或读写  D. 选项 B 和 C 都正确

2. 填空题

（1）在 C 语言中，数据可以用_____和_____两种代码格式存放。

（2）若执行 fopen()函数时发生错误，则函数的返回值是_____。

（3）feof(fp)函数用于判断文件是否结束，如果遇到文件结束，则函数值为_____，否则为_____。

（4）以下程序用于将从终端读入的 10 个整数以二进制数方式写到一个名称为 bi.dat 的新文件中，请填空。

```
#include <stdio.h>
FILE *fp;
main()
{   int i,j;
    if((fp=fopen(_____, "wb"))==NULL)exit(0);
    for(i=0;i<10;i++)
    {   scanf("%d",&j);
        fwrite(&j,sizeof(int),1,_____);
    }
    fclose(fp);
}
```

（5）以下程序用于由终端输入一个文件名，并将从终端键盘输入的字符依次存放到该文件中，以"#"作为结束输入的标志，请填空。

```
#include <stdio.h>
main()
{   FILE *fp;
    char ch,fname[10];
    printf("Input the name of file\n");
    gets(fname);
    if((fp=_____)==NULL)
    {   printf ("Cannot open\n");   exit(0);   }
    printf ("Enter data\n");
```

```
        while((ch=getchar())!="#")    fputc(_____,fp);
        fclose(fp);
    }
```

（6）以下程序中，用户从键盘上输入一个文件名，并输入一串字符（以"#"结束输入）存放到此文件中形成文本文件，将字符的个数写到文件尾部，请填空。

```
#include <stdio.h>
main()
{   FILE *fp;
    char ch,fname[32];
    int count=0;
    printf("Input the filename:\n");
    scanf("%s",fname);
    if((fp=fopen(_____, "w+"))==NULL)
    {  printf ("Cannot open file:%s \n",fname);   exit(0);  }
    printf ("Enter data\n");
    while((ch=getchar())!="#"){fputc(ch,fp); count++;}
    fprintf(_____,"\n%d\n",--count);
    fclose(fp);
}
```

3. 编程题

（1）有两个磁盘文件"A"和"B"，各存放一行字母，现要求将这两个文件中的信息合并（按字母顺序排列），并输出到新文件"C"中。

（2）有5名学生，每名学生有3门课程的成绩，从键盘上输入学生数据（包括学号、姓名、3门课程的成绩），计算出平均成绩，将原有数据和计算出的平均成绩存放在磁盘文件"stud"中。

（3）从键盘上输入一个字符串，将其中的小写字母全部转换成大写字母，然后输出到磁盘文件"test"中进行保存，输入的字符串以"!"结束。

（4）有一个磁盘文件"employee"，其中存放着职工的数据。每名职工的数据包括职工姓名、职工号、性别、年龄、住址、工资、健康状况、文化程度。现要求：将职工姓名、工资信息单独取出并创建一个简明的职工工资文件；从职工工资文件中删除一名职工的数据，并存回原文件。

通过前面的学习，读者已经掌握了简单程序设计的方法。但是，随着问题复杂程度的增加，简单的程序设计已经不能满足解决问题的需要。一般而言，复杂问题的解决方法是采用模块化编程。在 C 语言中，模块化编程是用函数来实现的。函数是模块化程序设计的最小单位，它是程序功能的载体，函数在一般情况下要求完成的功能单一，这样做的好处是便于函数设计与重用，一般由主函数来完成模块的整体组织。所以设计 C 语言程序，实际上就是设计 C 语言函数。

### 学习目标

（1）掌握如何进行需求分析。
（2）掌握如何进行系统设计。
（3）熟练掌握功能设计中各个模块的设计方法。

## 任务一 需 求 分 析

需求分析是指对要解决的问题进行详细的分析，弄清楚问题的要求，包括需要输入什么数据，要得到什么结果，最后应输出什么。可以说，在软件工程中，需求分析就是确定要计算机"做什么"，要达到什么样的效果。需求分析是系统设计之前必做的。

在软件工程发展的历史中，很长一段时间内，人们一直认为需求分析是整个软件工程中最简单的一个步骤，但是越来越多的人认识到它是整个开发过程中最关键的一个过程。假如在需求分析时未能正确地认识到顾客的需求，那么最后的软件就不可能满足用户的实际需要，或者无法在规定的时间内完工。

目前，随着我国教育事业的不断发展，各类学校的在校生人数不断增加，依靠传统方式管理学生成绩给日常工作带来了诸多不便，造成了大量的人力和时间上的浪费。而计算机信息技术的发展为学生成绩管理注入了新的活力。通过对学校的调查分析，合格的学生成绩管理系统必须具备以下功能。

（1）能够对学生成绩信息进行增加、删除、修改。
（2）能够对学生成绩信息进行集中管理。
（3）能够按照学生的成绩进行排序。

（4）能够极大地提高工作效率。

（5）输入系统的信息能够长时间保存。

（6）用户操作界面良好。

学生成绩管理系统最重要的功能是增加、修改、删除学生成绩信息，对学生的成绩进行排序。

## 任务二　系　统　设　计

系统分析的主要任务是将在系统详细调查中所得到的文档资料集中到一起，对组织内部整体管理状况和信息处理过程进行分析。它侧重于从业务全过程的角度进行分析。分析的主要内容包括业务和数据的流程是否通畅，是否合理；数据、业务过程和实现管理功能之间的关系；旧系统管理模式改革和新系统管理方法的实现是否具有可行性等。

系统分析的目的是确定用户的需求及其解决方法，需要确定的因素包括开发者关于现有组织管理状况的了解；用户对信息系统功能的需求；数据和业务流程；管理功能和管理数据指标体系；新系统拟改动和新增的管理模型等。系统分析所确定的内容是今后系统设计、系统实现的基础。

本项目中学生的信息主要包含学生的学号、姓名、语文成绩、数学成绩和C语言成绩。根据上面的需求分析，得出该学生成绩管理系统要实现的主要功能如下。

（1）增加学生成绩信息。

（2）修改学生成绩信息，可以输入学号，修改相应的信息。

（3）删除学生成绩信息，可以输入学号，删除相应的信息，在删除以前，系统弹出确认对话框，以防止误删。

（4）按照学生的姓名或学号查询学生的成绩信息。

（5）对学生的成绩进行排名，主要是对学生的平均成绩进行从高到低的排序。

（6）退出系统。

学生成绩管理系统的系统结构设计如图9.1所示。

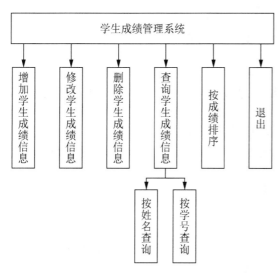

图 9.1　学生成绩管理系统的系统结构设计

## 任务三  功能设计

功能设计就是按照产品定位的初步要求，在对用户需求及现有产品进行功能调查分析的基础上，对所定位产品应具备的目标功能系统进行概念性构建的创造活动。

根据上述的需求分析和系统设计，对学生成绩管理系统的具体功能进行详细描述。

### 一、功能选择界面

良好的用户界面可以让使用者更快地入手。本项目通过功能选择界面，以数字与功能一一对应，用户可以根据系统的提示完成相应功能的选择。功能选择界面如图9.2所示。

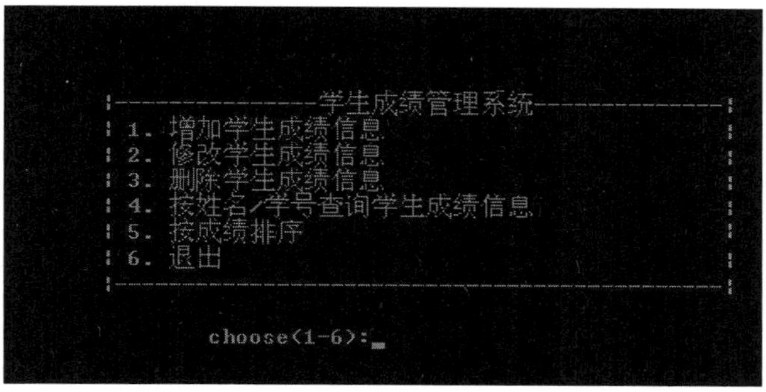

图9.2  功能选择界面

其程序代码如下：

```
void menu()
{
    system("cls");
    printf("\n\n\n\n\n");
    printf("\t\t|--------------学生成绩管理系统-------------|\n");
    printf("\t\t| 1. 增加学生成绩信息                       |\n");
    printf("\t\t| 2. 修改学生成绩信息                       |\n");
    printf("\t\t| 3. 删除学生成绩信息                       |\n");
    printf("\t\t| 4. 按姓名/学号查询学生成绩信息            |\n");
    printf("\t\t| 5. 按成绩排序                             |\n");
    printf("\t\t| 6. 退出                                  |\n");
    printf("\t\t|------------------------------------------|\n\n");
    printf("\t\t\tchoose(1-6):");
}
```

menu()函数将整个项目的基本功能列出，根据用户界面的提示，输入相应的数字，系统即可调用相应的功能。例如，当选择输入数字6时，即退出该系统。这部分功能通过main()函数来实现。

其程序代码如下：

```
void main()
{
    int choice;
    IO_ReadInfo();
    while(1)
    {
        /*主菜单*/
        menu();
        scanf("%d",&choice);
        getchar();
        switch(choice)
        {
        case 1:
            Student_Insert();
            break;
        case 2:
            Student_Modify();
            break;
        case 3:
            Student_Delete();
            break;
        case 4:
            Student_Select();
            break;
        case 5:
            Student_SortByAverage();
            Student_Display();
            break;
        case 6:
            exit(0);
            break;
        }
        IO_WriteInfo();
    }
}
```

在主函数中，通过 while（1）循环语句使系统每执行完一个具体的功能后返回到功能选择界面，这样用户就不会在调用某个功能之后，由于忘记功能对应的数字而重新打开系统。

## 二、增加学生成绩信息

当输入"1"时，进入增加学生成绩信息界面，根据系统提示，逐一添加学生成绩的相关信息，如图 9.3 所示。

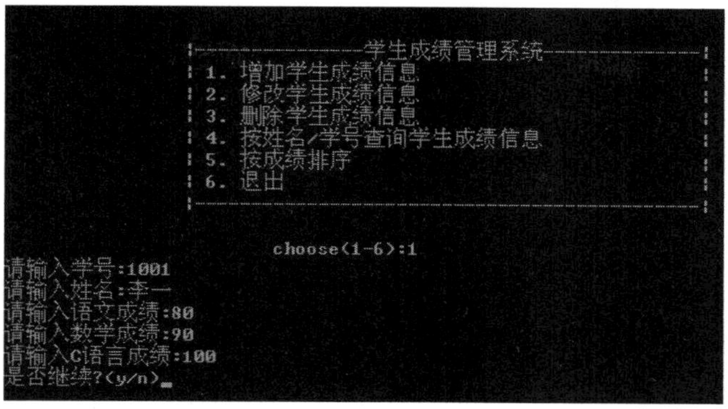

图9.3　增加学生成绩信息界面

输入一个学生的所有信息之后，系统会提示用户"是否继续？（y/n）"，假如仍需要输入学生的成绩信息，则输入"y"，允许用户继续输入下一名学生的成绩信息；否则，输入"n"，退出该界面。

在系统运行以前，先要定义学生结构体。其程序代码如下：

```
/*定义学生结构体*/
struct Student
{    char Number[20];
     char Name[20];
     float Chinesescore;
     float Mathsscore;
     float Cscore;
     float Average;
};
/*声明学生数组及学生数量*/
struct Student students[1000];
```

系统运行时，首先要做的是打开相关的文件，从文件中读取学生的成绩信息到结构体数组中。

其程序代码如下：

```
void IO_ReadInfo()
{    FILE *fp;
     int i;
     if ((fp=fopen("Database.txt","rb"))==NULL)
     {
         printf("不能打开文件!\n");
         return;
     }
     if (fread(&num,sizeof(int),1,fp)!=1)
     {
         num=-1;
     }
```

```
        else
        {
            for(i=0;i<num;i++)
            {
                fread(&students[i],sizeof(struct Student),1,fp);
            }
        }
        fclose(fp);
    }
```

增加学生成绩信息由 Student_Insert()函数实现。

其程序代码如下：

```
    void Student_Insert()
    {
        while(1)
        {
            printf("请输入学号:");
            scanf("%s",&students[num].Number);
            getchar();
            printf("请输入姓名:");
            scanf("%s",&students[num].Name);
            getchar();
            printf("请输入语文成绩:");
            scanf("%f",&students[num].Chinesescore);
            getchar();
            printf("请输入数学成绩:");
            scanf("%f",&students[num].Mathsscore);
            getchar();
            printf("请输入 C 语言成绩:");
            scanf("%f",&students[num].Cscore);
            getchar();
            students[num].Average=Avg(students[num]);
            num++;
            printf("是否继续?(y/n)");
            if (getchar()=='n')
            {
                system("pause");
                break;
            }
        }
    }
```

## 三、修改学生成绩信息

输入"2"，进入修改学生成绩信息界面，输入学号，若该学生的学号存在，则显示该学生的成绩信息，并给出修改该学号对应的学生成绩信息的提示，根据系统提示，对学生的成绩信息进行修改；若学号不存在，则给出相应的提示信息。修改学生成绩信息界面如图9.4所示。

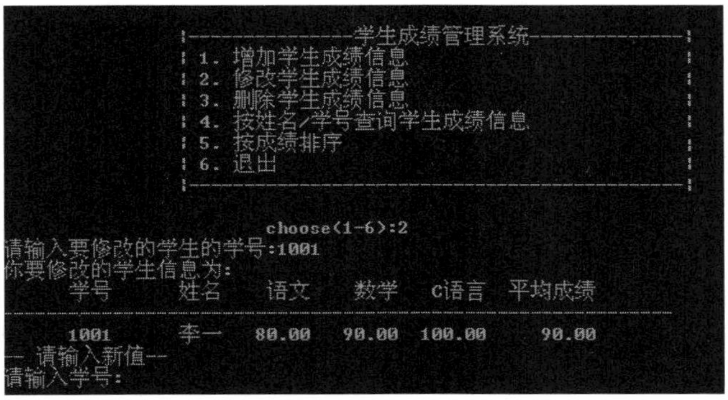

图 9.4　修改学生成绩信息界面

其相关代码如下：

```c
void Student_Modify()
{
    while(1)
    {
        char Number[20];
        int index;
        printf("请输入要修改的学生的学号:");
        scanf("%s",&Number);
        getchar();
        index=Student_SearchByIndex(Number);
        if (index==-1)
        {
            printf("学生不存在!\n");
        }
        else
        {
            printf("你要修改的学生信息为:\n");
            Student_DisplaySingle(index);
            printf("-- 请输入新值--\n");
            printf("请输入学号:");
            scanf("%s",&students[index].Number);
            getchar();
            printf("请输入姓名:");
            scanf("%s",&students[index].Name);
            getchar();
            printf("请输入语文成绩:");
            scanf("%f",&students[index].Chinesescore);
            getchar();
            printf("请输入数学成绩:");
            scanf("%f",&students[index].Mathsscore);
```

```
            getchar();
            printf("请输入 C 语言成绩:");
            scanf("%f",&students[index].Cscore);
            getchar();
            students[index].Average=Avg(students[index]);
        }
        printf("是否继续?(y/n)");
        if (getchar()=='n')
        {
            system("pause");
            break;
        }
    }
}
```

## 四、删除学生成绩信息

输入"3"，进入删除学生成绩信息界面，输入学号，若该学生的学号存在，则显示该学生的成绩信息，并给出提示"是否真的要删除？（y/n）"，根据系统提示，输入"y"或"n"；若学号不存在，则给出相应的提示信息。删除学生成绩信息界面如图 9.5 所示。

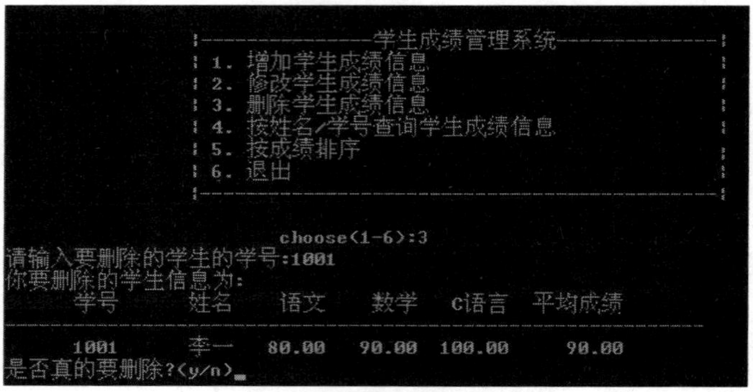

图 9.5    删除学生成绩信息界面

其程序相关代码如下：

```
void Student_Delete()
{
    int i;
    while(1)
    {
        char Number[20];
        int index;
        printf("请输入要删除的学生的学号:");
        scanf("%s",&Number);
        getchar();
        index=Student_SearchByIndex(Number);
        if (index==-1)
        {
```

```
        printf("学生不存在!\n");
    }
    else
    {
        printf("你要删除的学生信息为:\n");
        Student_DisplaySingle(index);
        printf("是否真的要删除?(y/n)");
        if (getchar()=='y')
        {
            for (i=index;i<num-1;i++)
            {
                students[i]=students[i+1];/*将后边的对象向前移动*/
            }
            num--;
        }
        getchar();
    }
    printf("是否继续?(y/n)");
    if (getchar()=='n')
    {
        system("pause");
        break;
    }
    }
}
```

### 五、按姓名/学号查询学生成绩信息

输入 "4"，进入查询学生成绩信息界面。对于学生成绩信息的查询，可以通过两种渠道实现，一种是通过学号进行查询，另一种是通过姓名进行查询。查询学生成绩信息界面如图 9.6 所示。

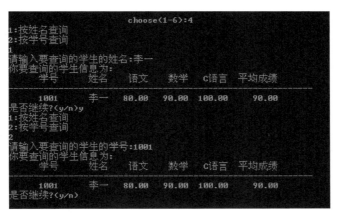

图 9.6　查询学生成绩信息界面

其程序代码如下：

```c
void Student_Select()
{
    while(1)
    {
        int choose;
        char name[20],Num[20];
        int index;
        printf("1:按姓名查询\n2:按学号查询\n");
        scanf("%d",&choose);
        if(choose==1)
        {
            printf("请输入要查询的学生的姓名:");
            scanf("%s",&name);
            getchar();
            index=Student_SearchByName(name);
            if (index==-1)
            {
                printf("学生不存在!\n");
            }
            else
            {
                printf("你要查询的学生信息为:\n");
                Student_DisplaySingle(index);
            }
        }
        if(choose==2)
        {
            printf("请输入要查询的学生的学号:");
            scanf("%s",Num);
            getchar();
            index=Student_SearchByNumber(Num);
            if (index==-1)
            {
                printf("学生不存在!\n");
            }
            else
            {
                printf("你要查询的学生信息为:\n");
                Student_DisplaySingle(index);
            }
        }
        printf("是否继续?(y/n)");
        if (getchar()=='n')
        {   system("pause");
            break;
        }
    }
}
```

### 六、按成绩排序

输入"5",进入按成绩排序界面,此系统主要是按照学生的平均成绩从高到低进行排序。按成绩排序界面如图 9.7 所示。

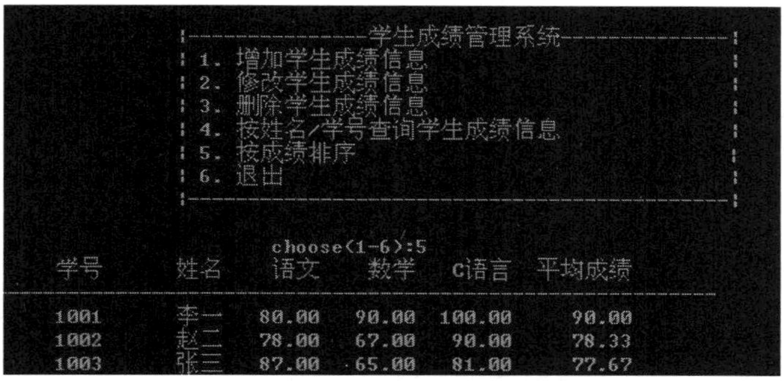

图 9.7　按成绩排序界面

其程序代码如下。

首先,求出每个学生的平均分,其程序如下:

```
float Avg(struct Student stu)
{
    return(stu.Chinesescore+stu.Mathsscore+stu.Cscore)/3;
}
```

其次,对平均分进行排序,其程序如下:

```
void Student_SortByAverage()
{
    int i,j;
    struct Student tmp;
    for (i=0;i<num;i++)
    {
        for (j=1;j<num-i;j++)
        {
            if (students[j-1].Average<students[j].Average)
            {
                tmp=students[j-1];
                students[j-1]=students[j];
                students[j]=tmp;
            }
        }
    }
}
```

## 七、将操作的数据写入文件

此系统为了提高运行效率，并不是每一次操作都写入文件，而是在操作功能运行结束时，将学生的成绩信息写入文件。

其程序代码如下：

```
void IO_WriteInfo()
{   FILE *fp;
    int i;
    if ((fp=fopen("Database.txt","wb"))==NULL)
    {
        printf("不能打开文件!\n");
        return;
    }
    if (fwrite(&num,sizeof(int),1,fp)!=1)
    {
        printf("写入文件错误!\n");
    }
    for (i=0;i<num;i++)
    {
        if (fwrite(&students[i],sizeof(struct Student),1,fp)!=1)
        {
            printf("写入文件错误!\n");
        }
    }
    fclose(fp);
}
```

## 八、建议

本项目实现了学生成绩管理系统，整个系统中并没有太多的难点。通过此系统的学习，学生应了解管理系统开发的整个流程，为以后的开发工作奠定基础。只要多读、多写、多练习程序开发相关的实例，开发软件系统将不是一件困难的事情。

# 参 考 文 献

陈兴无，2009．C 语言程序设计项目化教程[M]．武汉：华中科技大学出版社.

程立倩，2012．C 语言程序设计案例教程[M]．北京：北京邮电大学出版社.

方风波，2008．C 语言程序设计[M]．北京：地质出版社.

李泽中，孙红艳，2010．C 语言程序设计[M]．北京：清华大学出版社.

廖雷，2006．C 语言程序设计[M]．2 版．北京：高等教育出版社.

刘丕顺，2011．C 语言宝典[M]．2 版．北京：电子工业出版社.

谭浩强，1991．C 语言程序设计[M]．北京：清华大学出版社.

向华，杨焰，2012．C 语言程序设计[M]．2 版．北京：清华大学出版社.

谢乐军，2004．C 语言程序设计及应用[M]．北京：冶金工业出版社.

张新成，杨志帮，2009．C 语言程序设计[M]．郑州：河南科学技术出版社.

赵凤芝，2010．C 语言程序设计能力教程[M]．2 版．北京：中国铁道出版社.

# 常用字符与 ASCII 值对照表

| ASCII 值 | 字符 | ASCII 值 | 字符 | ASCII 值 | 字符 | ASCII 值 | 字符 |
|---|---|---|---|---|---|---|---|
| 0 | NUL | 32 | SPACE | 64 | @ | 96 | ` |
| 1 | SOH | 33 | ! | 65 | A | 97 | a |
| 2 | STX | 34 | " | 66 | B | 98 | b |
| 3 | ETX | 35 | # | 67 | C | 99 | c |
| 4 | EOT | 36 | $ | 68 | D | 100 | d |
| 5 | ENQ | 37 | % | 69 | E | 101 | e |
| 6 | ACK | 38 | & | 70 | F | 102 | f |
| 7 | BEL | 39 | ' | 71 | G | 103 | g |
| 8 | BS | 40 | ( | 72 | H | 104 | h |
| 9 | HT | 41 | ) | 73 | I | 105 | i |
| 10 | LF | 42 | * | 74 | J | 106 | j |
| 11 | VT | 43 | + | 75 | K | 107 | k |
| 12 | FF | 44 | , | 76 | L | 108 | l |
| 13 | CR | 45 | - | 77 | M | 109 | m |
| 14 | SO | 46 | . | 78 | N | 110 | n |
| 15 | SI | 47 | / | 79 | O | 111 | o |
| 16 | DLE | 48 | 0 | 80 | P | 112 | p |
| 17 | DC1 | 49 | 1 | 81 | Q | 113 | q |
| 18 | DC2 | 50 | 2 | 82 | R | 114 | r |
| 19 | DC3 | 51 | 3 | 83 | S | 115 | s |
| 20 | DC4 | 52 | 4 | 84 | T | 116 | t |
| 21 | NAK | 53 | 5 | 85 | U | 117 | u |
| 22 | SYN | 54 | 6 | 86 | V | 118 | v |
| 23 | ETB | 55 | 7 | 87 | W | 119 | w |
| 24 | CAN | 56 | 8 | 88 | X | 120 | x |
| 25 | EM | 57 | 9 | 89 | Y | 121 | y |
| 26 | SUB | 58 | : | 90 | Z | 122 | z |
| 27 | ESC | 59 | ; | 91 | [ | 123 | { |
| 28 | FS | 60 | < | 92 | \ | 124 | \| |
| 29 | GS | 61 | = | 93 | ] | 125 | } |
| 30 | RE | 62 | > | 94 | ^ | 126 | ~ |
| 31 | US | 63 | ? | 95 | _ | 127 | DEL |

| 序号 | 关键字 | 序号 | 关键字 |
|------|--------|------|--------|
| 1 | auto | 17 | int |
| 2 | break | 18 | long |
| 3 | case | 19 | register |
| 4 | char | 20 | return |
| 5 | const | 21 | short |
| 6 | continue | 22 | signed |
| 7 | default | 23 | sizeof |
| 8 | do | 24 | static |
| 9 | double | 25 | struct |
| 10 | else | 26 | switch |
| 11 | enum | 27 | typedef |
| 12 | extern | 28 | union |
| 13 | float | 29 | unsigned |
| 14 | for | 30 | void |
| 15 | goto | 31 | volatile |
| 16 | if | 32 | while |

| 运算符 | 描述 | 优先级 | 结合性 |
|---|---|---|---|
| () | 圆括号 | 1 | 从左向右 |
| [] | 下标符号 | | |
| -> | 对象或结构体指针运算符 | | |
| . | 对象或结构体对象运算符 | | |
| ! | 逻辑非运算符 | 2 | 从右向左 |
| ~ | 按位取反运算符 | | |
| ++ | 自增运算符 | | |
| -- | 自减运算符 | | |
| - | 负号运算符 | | |
| (类型) | 类型转换运算符 | | |
| * | 指针运算符 | | |
| & | 取地址运算符 | | |
| sizeof | 求字节数运算符 | | |
| * | 乘法运算符 | 3 | 从左向右 |
| / | 除法运算符 | | |
| % | 求余运算符 | | |
| + | 加法运算符 | 4 | 从左向右 |
| - | 减法运算符 | | |
| << | 左移位运算符 | 5 | 从左向右 |
| >> | 右移位运算符 | | |
| > | 大于 | 6 | 从左向右 |
| >= | 大于等于 | | |
| < | 小于 | | |
| <= | 小于等于 | | |
| == | 等于 | 7 | 从左向右 |
| != | 不等于 | | |
| & | 按位与运算符 | 8 | 从左向右 |
| ^ | 按位异或运算符 | 9 | 从左向右 |
| \| | 按位或运算符 | 10 | 从左向右 |
| && | 逻辑与运算符 | 11 | 从左向右 |

续表

| 运算符 | 描述 | 优先级 | 结合性 |
|---|---|---|---|
| \|\| | 逻辑或运算符 | 12 | 从左向右 |
| ?　: | 三目条件运算符 | 13 | 从右向左 |
| = | 赋值运算符 | 14 | 从右向左 |
| +=　、　-= | | | |
| *=　、　/= | | | |
| %= | | | |
| >>=　、　<<= | | | |
| &=　、　^= | | | |
| \|= | | | |
| , | 逗号运算符 | 15 | 从左向右 |